"十四五"职业教育国家规划教材

增材制造系列教材

3D打印技术基础
（第三版）

主　编　朱　红　易　杰　谢　丹
副主编　业　冬　侯高雁　王华雄
参　编　刘　凯　魏　雪　钟　凯

华中科技大学出版社
中国·武汉

内 容 简 介

本书第三版根据近年来国内外3D打印技术的发展现状编写而成，汇集了大量国内外相关文献中的精华，以目前最新的教育改革精神和行业标准、职业标准为指导，并结合编者近年来对3D打印技术的研究和实践成果，以3D打印技术的应用为主线，以五种主流3D打印技术（包括SLA、FDM、SLS、SLM、3DP）为依托，系统地阐述了3D打印技术的成形原理、成形材料、成形设备、成形件后处理及最新的应用进展。

本书第一版为全国应用型高校3D打印领域人才培养"十三五"规划教材，于2017年出版，根据3D打印技术的发展和读者的使用需求，2021年修订后出版第二版。本书第三版可作为高等职业教育制造工程类、材料工程类和产品设计类专业的学习教材和教学参考书，也可作为本科院校相关专业的教材，同时可供从事3D打印技术领域研究、开发、设计、制造的工程技术人员学习参考。

图书在版编目(CIP)数据

3D打印技术基础/朱红，易杰，谢丹主编. —3版. —武汉：华中科技大学出版社，2023.9(2025.7重印)

ISBN 978-7-5680-9907-3

Ⅰ.①3… Ⅱ.①朱… ②易… ③谢… Ⅲ.①快速成型技术 Ⅳ.①TB4

中国国家版本馆CIP数据核字(2023)第174110号

3D打印技术基础(第三版)　　　　朱　红　易　杰　谢　丹　主编

3D Dayin Jishu Jichu(Di-san Ban)

策划编辑：张少奇
责任编辑：刘　飞
封面设计：廖亚萍
责任监印：朱　玢

出版发行：华中科技大学出版社(中国·武汉)　　电话：(027)81321913
武汉市东湖新技术开发区华工科技园　　邮编：430223

录　　排：武汉市洪山区佳年华文印部
印　　刷：武汉科源印刷设计有限公司
开　　本：710mm×1000mm　1/16
印　　张：16.5
字　　数：339千字
版　　次：2025年7月第3版第3次印刷
定　　价：49.80元

序

3D 打印技术也称增材制造技术、快速成形技术、快速原型制造技术等，是近30年来全球先进制造领域兴起的一项集光/机/电、计算机、数控及新材料于一体的先进制造技术。它不需要传统的刀具和夹具，利用三维设计数据在一台设备上由程序控制自动地制造出任意复杂形状的零件，可实现任意复杂结构的整体制造。如同蒸汽机、福特汽车流水线引发的工业革命一样，3D 打印技术符合现代和未来制造业对产品个性化、定制化、特殊化需求日益增加的发展趋势，被视为“一项将要改变世界的技术”，已引起全球关注。

3D 打印技术将使制造活动更加简单，使得每个家庭、每个人都有可能成为创造者。这一发展方向将给社会的生产和生活方式带来新的变革，同时将对制造业的产品设计、制造工艺、制造装备及生产线、材料制备、相关工业标准、制造企业形态乃至整个传统制造体系产生全面、深刻的影响：(1)拓展产品创意与创新空间，优化产品性能；(2)极大地降低产品研发创新成本、缩短创新研发周期；(3)能制造出传统工艺无法加工的零部件，极大地增加工艺实现能力；(4)与传统制造工艺结合，能极大地优化和提升工艺性能；(5)是实现绿色制造的重要途径；(6)将全面改变产品的研发、制造和服务模式，促进制造与服务融合发展，支撑个性化定制等高级创新制造模式的实现。

随着 3D 打印技术在各行各业的广泛应用，社会对相关专业技能人才的需求也越来越旺盛，很多应用型本科院校和高职高专院校都迫切希望开设 3D 打印专业(方向)。但是目前没有一套完整的适合该层次人才培养的教材。为此，我们组织了相关专家和高校的一线教师，编写了这套增材制造系列教材，希望能够系统地讲解 3D 打印及相关应用技术，培养出适合社会需求的 3D 打印人才。

在这套教材的编写和出版过程中，得到了很多单位和专家学者的支持和帮助，西安交通大学卢秉恒院士担任本套教材的顾问，很多在一线从事 3D 打印技术教学工作的教师参与了具体的编写工作，也得到了许多 3D 打印企业和湖北省 3D 打印产业技术创新战略联盟等行业组织的大力支持，在此不一一列举，一并表示感谢！

我们希望该套教材能够比较科学、系统、客观地向读者介绍 3D 打印技术这一新兴制造技术，使读者对该技术的发展有一个比较全面的认识，也为推动我国 3D

打印技术与产业的发展贡献一份力量。本套书可作为高等院校机械工程专业、材料工程专业、职业教育制造工程类的教材与参考书，也可作为产品开发与相关行业技术人员的参考书。

我们想使本套书能够尽量满足不同层次人员的需要，涉及的内容非常广泛，但由于我们的水平和能力有限，编写过程中有疏漏和不妥在所难免，殷切地希望同行专家和读者批评指正。

史玉升

2017 年 7 月于华中科技大学

第三版前言

3D打印(3D printing)技术，又称为增材制造(additive manufacturing)技术，是以数字模型为基础，将材料逐层堆积制造出实体的先进制造技术，体现了信息网络技术与先进材料技术、数字制造技术的交叉融合。相对于传统的减材制造(材料去除，如切削加工)技术，3D打印是一种自底向上叠加材料的制造技术，它可以打印任意复杂形状的产品且不需要预制任何模具，可实现小批量、个性化私人订制。3D打印技术的核心是基于离散降维思想的材料累加制造，即将具备复杂形貌乃至多材料、多尺度结构特征的三维零部件分解为一系列二维离散层面(可以为平面或者曲面)或者连续的一维加工路径，由此以一种统一的、简单的方式实现零部件的逐点逐域成形，并且完全(针对平面分层)或很大程度上(针对曲面分层)规避了加工头与待完成零部件间的干涉效应。相对于传统的减材制造而言，增材制造极大地降低了复杂零部件的制造和装配难度，且可实现全自动工艺编程。

3D打印的实质是以数字三维CAD模型文件为基础，利用计算机将成形零件的3D模型切成一系列一定厚度的“薄片”，运用高能束源或其他方式，将熔融体、液体、粉末、丝或片等特殊材料进行逐层堆积粘合，叠加成形，从而最终“打印”出真实而立体的固态物体。3D打印成形的通用化过程为：设计者首先在计算机上利用三维软件建立3D模型，再用切片软件将3D模型分解成多层的截面，打印机逐层打印2D轮廓，堆叠形成三维实体。本书将以3D打印技术的成形原理为主线，以五种主流3D打印技术(包括SLA、FDM、SLS、SLM、3DP)为依托，详细介绍3D打印技术的成形过程，包括三维建模、模型数据处理、3D打印材料、成形设备及工艺、成形件后处理等。

本书以3D打印技术的应用为基本思想,全书内容分为9个项目。项目1简要介绍3D打印技术的起源和发展、成形原理、成形特点以及意义。项目2介绍3D打印基础理论,包括3D打印技术成形过程中的前两个环节:三维建模和模型数据处理;项目3至项目8介绍3D打印的五种常用及其他成形工艺,分别介绍SLA、FDM、SLS、SLM、3DP以及其他3D打印技术的成形原理、成形材料、成形设备及成形件后处理;项目9介绍3D打印技术的应用,并分别列举了3D打印在工业制造领域、文化艺术领域、生物医学领域、建筑领域等多领域的应用情况。

本书由武汉职业技术大学朱红、湖南工业职业技术学院易杰、武汉职业技术大学谢丹任主编;深圳职业技术大学业冬、武汉职业技术大学侯高雁、广东机械技师学院王华雄任副主编;参加编写工作的有武汉职业技术大学刘凯、魏雪,武汉惟景三维科技有限公司钟凯。其中朱红负责编写项目1、2,易杰负责编写项目4,谢丹负责编写项目3,侯高雁负责编写项目5,王华雄负责编写项目6,业冬负责编写项目7,刘凯负责编写项目8、项目9任务3,魏雪负责编写项目9任务1~2和附录,钟凯负责编写项目9任务4~7,全书由朱红统稿。

本书在编写过程中,参考了大量的相关资料,除书中注明的参考文献外,其余的参考资料有:公开出版的报纸、杂志、刊物和书籍,因特网上的检索。本书中所采用的图片、模型等素材,均为所属公司、网站和个人所有,本书引用仅为说明之用,绝无侵权之意,特此声明。在此向参考资料的各位作者表示衷心的感谢。

由于编者水平有限,编写时间仓促,书中缺点、错误在所难免,恳请使用本书的师生和有关人士批评指正。

编　者

2023年5月

PPT 教学课件

教学大纲

目录

项目1

绪论

视野拓展

3D打印(3D printing),是制造业领域中正在迅速发展的一项新兴技术,被称为“具有工业革命意义的制造技术”。近年来,为鼓励3D打印行业发展与创新,我国各部门纷纷出台了一系列政策。例如:2022年7月,人力资源社会保障部办公厅等部门发布新修订的工程技术人员等职业信息的通知,将“增材制造工程技术人员”列入新职业。据悉,本次公布的新职业是以数字产业化和产业数字化两个基本视角,数字语言表达、数字信息传输、数字内容生产三个维度,以及工具、环境、目标、内容、过程、产出等六项指标进行界定的,充分体现了数字经济发展中催生的数字职业。2022年8月,工信部发布《关于首批增材制造典型应用场景名单的公示》,评选出了首批可复制可借鉴的增材制造典型应用场景,分布在工业领域、医疗领域、建筑领域和文化领域。2023年1月,《国家发展改革委等部门关于统筹节能降碳和回收利用 加快重点领域产品设备更新改造的指导意见》发布,意见指出推广增材制造、柔性加工等技术工艺,提升再制造加工水平。2023年2月,国家标准化管理委员会发布《2023年国家标准立项指南》,将增材制造材料正式列入国家标准立项。

运用增材制造技术进行生产的主要流程是:应用计算机软件,设计出立体的加工样式,然后通过特定的成形设备(俗称“3D打印机”),用液化、粉末化、丝化的固体材料逐层“打印”出产品。增材制造技术原理示意图如图1.1所示。

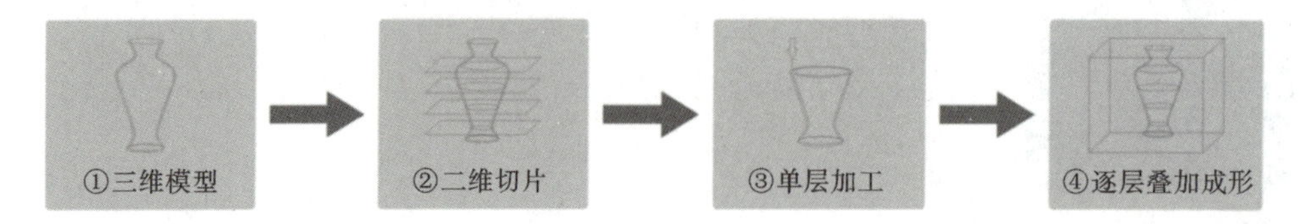

图 1.1　增材制造技术原理示意图

案例导入

以传递运动和动力为主要功能的齿轮在机械装备中具有举足轻重的作用。某企业需要生产小批量不同规格的塑料齿轮，对注塑成形、机加工成形和 3D 打印技术三种方式进行了分析。

1. 注塑成形

采用注塑成形，需要先设计模具，在保证齿轮制造精度的情况下，可以通过“一模多腔”，实现快速大批量生产，还可对注塑齿轮进行优化设计，得到质量优化的齿轮。在注塑成形齿轮中，由于模具的设计成本较贵，需要保证模具设计的合理性。如果要改变齿轮形貌，需对注塑模具进行重新设计，如图 1.2 所示。

图 1.2　注塑模具

2. 机加工成形

机加工成形的齿轮需要按照公差要求进行切削加工，加工过程中不仅要对齿轮进行设计，还需要切换刀具进行切割。从经济方面考虑，注塑成形适合大批量生产齿轮，机加工成形适合小批量生产齿轮。

3. 3D 打印技术

对于采用 3D 打印技术成形的齿轮，不再需要传统的刀具、夹具、机床或任何模具，就能根据计算机图形数据生成任何形状进行打印，可以一体成形。在加工的过程中，也不会有材料的浪费现象，不需要剔除边角料，可充分提升材料的利用率。采用3D打印技术成形的齿轮如图1.3所示。3D打印技术比注塑成形和机加工成形更加便捷，在降低成本的同时，提高了生产效率，特别适合定制小批量不同规格的产品。

图1.3 3D打印的齿轮

任务1 3D打印概述

什么是3D打印技术

任务单

1. 了解3D打印技术的工艺原理。
2. 了解3D打印技术与传统减材制造技术的区别。
3. 了解3D打印技术与2D打印方式的不同之处。

3D打印技术，又称为增材制造(additive manufacturing，AM)技术，是以数字模型为基础，将材料逐层堆积制造出实体的一种先进制造技术，体现了信息技术、先进材料技术与数字制造技术的交叉融合。相对于传统的减材制造(材料去除，如切削加工)技术，3D打印是一种“自下而上”进行材料累加的制造方法，如图1.4所示。3D打印技术自20世纪80年代末诞生以来不断发展，期间也被称为材料累加制造(material increase manufacturing)、快速原型(rapid prototyping)、分层制造(layered manufacturing)、实体自由成形制造(solid free form fabrication)等技术。名称各异的叫法分别从不同侧面表达了3D打印技术的特点。

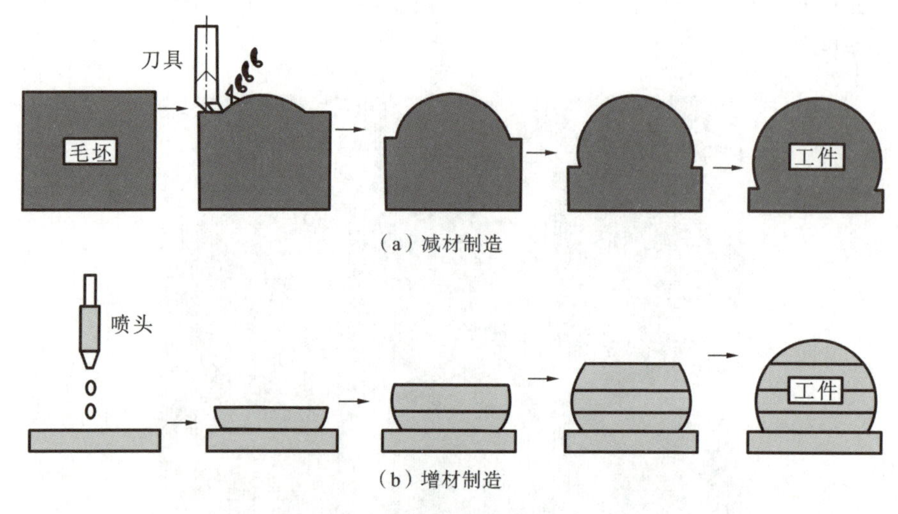

图1.4 机械制造方法

3D打印作为一个术语,有多个层次的含义。美国材料与试验协会(ASTM)F42国际委员会对增材制造和3D打印两个词汇有明确的概念定义。增材制造是依据三维CAD(computer aided design,计算辅助设计)数据将材料连接制成物体的过程,相对于减材制造它通常是逐层累加的制造过程。狭义层次上的3D打印是指采用打印头、喷嘴或其他打印技术沉积材料来制造物体的技术。在特指设备时,3D打印通常指相对价格或总体功能低端的增材制造设备。广义层次上的3D打印常用来表示增材制造技术,在本书中,取其广义含义。

3D打印技术不需要传统的刀具、夹具及多道加工工序,利用三维设计数据在一台设备上可快速而精确地制造出任意复杂形状的零件,从而实现"自由制造",解决了许多过去难以制造的复杂结构零件的成形问题,并大大减少了加工工序,缩短了加工周期。而且对于结构越复杂的产品,采用3D打印技术制造的优势越显著。

近30年来,3D打印技术取得了快速的发展,在各个领域都得到了广泛的应用,如模具、汽车、船舶、航空航天、文化艺术、生物医学、建筑、食品,以及教育等领域。3D打印最显著的特点是特别适合单件或小批量的快速制造,这一技术特点决定了3D打印在产品创新中具有显著的作用。同时,美国惠普公司的多射流熔融(multi-jet fusion)与惠普金属喷射(HP metal jet)技术,美国Carbon 3D公司的连续液面生产(continuous liquid interface production)等新型3D打印技术则有望在批量制造(万件甚至更多)中获得与传统注塑机及加工中心基本一致的生产效率，且加工的形状可以非常复杂，每一件产品都可以具备个性化的设计，有可能颠覆未来的制造业。美国《时代》周刊将3D打印列为“美国十大增长最快的工业”之一。英国《经济学人》杂志于2012年4月发表“第三次工业革命：制造业与创新”的专题报道，其中将3D打印技术与前两次工业革命技术（蒸汽机技术、电力技术）进行类比，并定义了以3D打印技术为代表的第三次工业革命。该报道认为3D打印技术可改变未来的生产与生活模式，实现社会化制造，每个人都可以成为一个制造者，它将改变制造商品的方式，并改变世界的经济格局，进而改变人类的生活方式。例如，在日后的制造业中，原材料的形式有可能是粉体或液体，每个家庭都可以成为一个工厂，企业可能只生产一些控制部件，对于外壳之类的部件，用户完全可以在家中自行打印。这一方面节约了成本，另一方面也能满足个性化的需求。设计师也有可能不再隶属于某个企业，而是成为一个“创客”，他们的设计可直接放在云计算平台上，顾客看到漂亮的设计图可以直接购买、下载、打印出实物。

任务2　3D打印工艺分类

任务单

1. 掌握3D打印技术常用的工艺。
2. 掌握3D打印技术中材料挤压工艺的特点。

自20世纪80年代美国出现第一台商用3D打印设备（光固化成形机）后，3D打印技术得到了快速发展，各种风格迥异的3D打印工艺层出不穷。但它们都是基于离散降维思想的材料累加制造，即将具备复杂形貌乃至多材料、多尺度结构特征的三维零件分解为一系列二维离散层面（可以为平面或者曲面）或者连续的一维加工路径，由此以一种统一的、简单的方式实现零件的逐点逐域成形。ASTM在3D打印工艺层面将当前主流的3D打印技术分为以下七类：材料挤压(material extrusion)、光固化(vat photopolymerization)、粉末床融化(powder bed fusion)、黏合剂喷射(binder jetting)、材料喷射(material jetting)、层积(sheet lamination)、定向能量沉积(directed energy deposition)。

(1) 材料挤压工艺。所用的材料为塑料丝材或者泥浆（建筑打印领域）等，材料通过可加热的挤出头以液态的形式挤出，逐层打印，最终在成形台面上得到制件实体，如图1.5(a)所示。该工艺设备价格低廉，操作简单，支撑去除方便，不需要化学清洗,可用于桌面打印办公环境,且打印出来的制件结构性能较高。在市场上应用此工艺的典型技术有熔融沉积制造(fused deposition modeling,FDM)等。

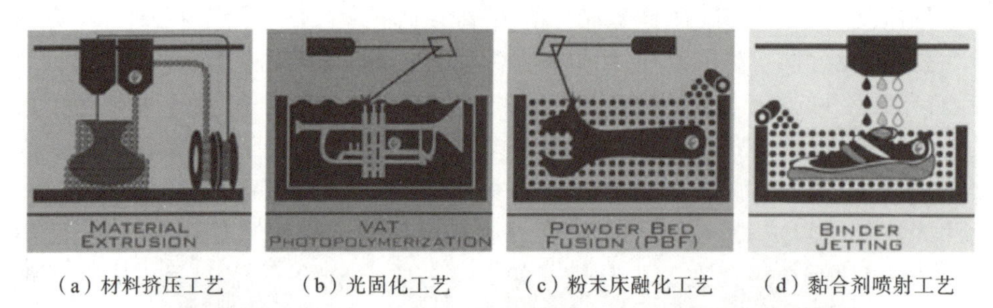

(a) 材料挤压工艺　(b) 光固化工艺　(c) 粉末床融化工艺　(d) 黏合剂喷射工艺

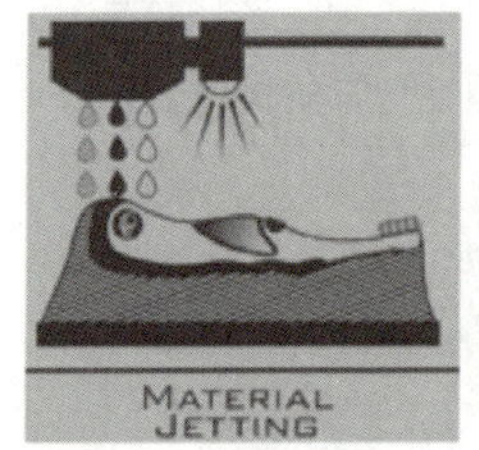

(e) 材料喷射工艺

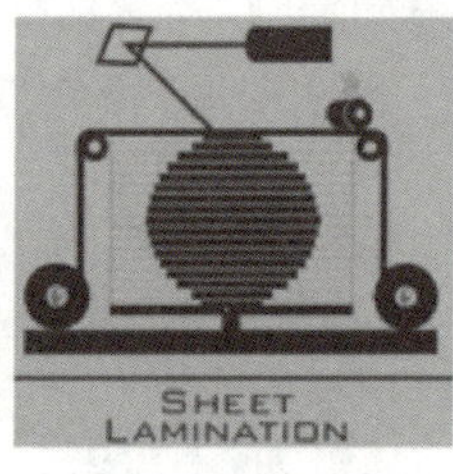

(f) 层积工艺

(g) 定向能量沉积工艺

图 1.5　ASTM 划分的七种 3D 打印工艺

(2) 光固化工艺。所用的材料主要是光敏树脂,利用光敏树脂在激光、紫外线或者投影的照射下发生固化反应,凝固成产品的形状,如图 1.5(b)所示。该工艺成形过程自动化程度高,成形制件具有较高的尺寸精度和表面质量。在市场上应用此工艺的典型技术有:光固化成形(stereo lithography apparatus,SLA),数字化光照加工(digital light processing,DLP)等。

(3) 粉末床融化工艺。所用的材料主要是塑料、金属粉末、陶瓷粉末、砂等,通过有选择性地融化粉末床材料,逐层打印最终得到制件实体,如图 1.5(c)所示。该工艺所用材料广泛,打印的过程不需要考虑支撑情况,制作工艺比较简单。在市场上应用此工艺的典型技术有:激光选区烧结(selective laser sintering,SLS)、激光选区熔化(selective laser melting,SLM)、电子束熔化(electron beam melting,EBM)、多射流熔融(multi-jet fusion,MJF)、直接金属激光烧结(direct metal laser sintering,DMLS)等。

(4) 黏合剂喷射工艺。塑料粉末、金属粉末、陶瓷粉末等材料通过喷射黏合剂逐层挤入材料粉末床上,最终得到制件实体,如图 1.5(d)所示。该工艺所用材料广泛且支持全彩打印,粉末在成形过程中起支撑作用,且成形结束后比较容易去除。在市场上应用此工艺的典型技术有:三维打印(3D printing,3DP)等。

(5) 材料喷射工艺。树脂、蜡等材料一层一层地铺放,并通过化学和热熔方式成形制件，如图 1.5(e)所示。该工艺可以打印出高质量、细节清晰的 3D 模型，可以成形全彩制件以及同时含有多种材料的制件。在市场上应用此工艺的典型技术有：光固化快速成形(polyjet)、弧度平滑打印(smooth curvatures printing，SCP)、多喷嘴成形(multi-jet model，MJM)等。

(6) 层积工艺。所用的材料主要是纸张、塑料以及金属铂等，将片状材料利用黏胶化学方法或者超声焊接、钎焊的方式压合在一起，多余的部分被层层切割，并在最终制件成形后剥离取出，如图 1.5(f)所示。该工艺打印成本较低。在市场上应用此工艺的典型技术有：分层实体制造(laminated object manufacture，LOM)、选择性沉积纹理(selective deposition lamination，SDL)、超声增材制造(ultrasonic additive manufacturing，UAM)等。

(7) 定向能量沉积工艺。所用的材料主要是金属粉末、金属丝材、陶瓷等，利用激光或者电子束将金属粉末或者金属丝材等材料在制件表面上熔融固化，如图 1.5(g)所示。此工艺容易实现大尺寸制件加工，且配合机械手加工自由度较高，可以在同一种制件上采用多种材料进行加工处理。在市场上应用此工艺的典型技术有：激光金属沉积(laser metal deposition，LMD)、激光近净成形(laser engineered net shaping，LENS)、直接金属沉积(direct metal deposition，DMD)等。

任务3 3D 打印技术优势

1. 3D 打印技术为什么能够实现自由制造？
2. 了解 3D 打印技术的工艺优势。

3D 打印技术将三维实体加工变为若干二维平面的堆积成形，规避了刀具干涉效应，因而不需要考虑传统的刀具和夹具以及多道加工工序，在一台设备上可快速、精密地制造出任意复杂形状的制件，大大降低了制造复杂度，从而实现了零件的“自由制造”。而且产品结构越复杂，其优势就越显著。基于逐点逐域成形原理，现代多材料 3D 打印技术可以实现在一个零件的不同部分选用不同的材料、微结构乃至调节微观组织结构，实现传统加工技术难以完成的材料-结构一体化加工。概括地说，3D 打印技术正在逐步突破以下四个方面的制造技术复杂性瓶颈。

(1) 形状复杂性：3D 打印几乎可以制造任意复杂程度的形状和结构。

(2) 材料复杂性：3D 打印既可以制造单一材料的产品，又能够实现异质材料零件乃至梯度功能材料零件的直接制造。

（3）层次复杂性：3D 打印允许跨越多个尺度（从微观结构到零件级的宏观结构）的模型设计与整体制造。

（4）功能复杂性：3D 打印可以在一次加工过程中完成功能和结构的一体化制造，从而简化甚至省略装配过程。

任务 4　3D 打印技术的意义

任务单

1. 了解 3D 打印技术对制造业的影响。
2. 3D 打印技术能否取代传统减材加工技术及等材加工技术。

3D 打印技术是现代信息技术和传统制造技术深度融合的重要产物，是近年来制造业的热门科技词汇，有人甚至把 3D 打印的兴起与蒸汽机和电力的出现相提并论，认为 3D 打印对制造业的影响非同一般。

1. 3D 打印将引起制造业发展模式的变革

传统大规模流水线技术正在逐渐成为制造业领域的“夕阳技术”，而 3D 打印技术则是制造业领域中正在升起的“朝阳技术”，3D 打印技术正在快速改变我们传统的制造业发展模式，并将促进制造业发生重大的变革。

1）传统制造技术向智能制造技术的变革

进入 21 世纪以来，随着互联网技术的不断成熟，在云计算、大数据、物联网等技术的应用和完善下，尤其是伴随着人工智能技术的发展，制造技术逐渐由经验化走向科技化，由机械制造走向智能制造。作为智能制造技术之一的 3D 打印技术，其定制化、智能化、生态化等独特的优势将推动全社会参与式的智能制造时代的到来。3D 打印的个性化设计、社会化制造、体验式消费等发展模式将促使制造业逐渐由共性技术支撑的大规模制造方式，向多种高端技术支撑的定制化、智能化制造方式转变。

2）工厂制造向社会制造的变革

随着工业化进程的加速，在大部分消费者可接受的价格范围内和满足更多消费者独特需求的压力下，为消费者提供个性化产品将成为制造业越来越重要的任务。3D 打印利用计算机软件设计程序和产品模板，借助互联网技术的共享功能和快速扩散效应，可实现人人参与产品制造的社会化情景，使普通民众拥有独立设计与制造简单工业产品的能力，每个人都能成为设计师、制造者，从而使定制产品与大规模生产的产品几乎不存在价格差异。

3）粗放式发展向可持续发展的变革

3D打印技术改变以往的粗放式制造方式，力图建构“从摇篮到摇篮”的可持续发展理念，降低生产过程的碳足迹，在促进经济发展的同时，达到保护生态环境的目的，为我们提供了一种更清洁、更环保的可持续制造方法。

2. 3D打印将引起全球制造业竞争格局的改变

新一轮的工业革命浪潮，对全球制造业影响深远。大规模制造和流水线生产的制造模式正在发生改变，社会化生产和个性化定制即将成为未来制造的主流。随着制造业数字化进程的加速，科技在制造业中的地位越来越重要，技术密集型产业即将代替劳动密集型产业，众多发达国家都在发展3D打印技术，希望以此重振制造业，因此全球制造业将面临着重新洗牌的局面。

3. 3D打印将成为传统制造技术的补充

随着新技术的不断发展，传统制造技术已经不能满足制造业发展的需求，而且传统制造的低成本优势是在大批量制造产品的情况下才有的，制造业未来的发展趋势是个性化定制生产。在这种情况下，3D打印就逐渐显现出其数字化和定制化的优势，在设计生产领域降低了成本，又增加了产品的附加值。对我国而言，3D打印技术将加速制造业转型升级。但是，传统制造技术已经经历了几百年的发展和积累，形成了配套完善、功能齐全的制造体系，所以，在未来的10年到20年间，即使3D打印技术发展完全成熟也不可能完全取代传统制造技术，3D打印技术只是传统制造业不断发展过程中的一种补充，或者是刺激制造业不断进步的动力。

任务5 3D打印发展趋势

3D打印
发展趋势

1. 3D打印技术在材料上有哪些突破？
2. 3D打印技术的发展趋势表现在哪些方面？

纵观当前3D打印技术的发展现状，3D打印技术应用领域已经涵盖社会生产生活的方方面面。传统3D打印技术可以轻易突破形状复杂性，即克服传统制造技术在形状复杂性方面的技术瓶颈,快速制造出传统工艺难以加工甚至无法加工的复杂形状及结构特征。随着3D打印技术的不断发展,现代3D打印技术已经超越了传统3D打印的单材、均质加工技术的限制,向另外三个复杂性突破:在材料复杂性层面,可以实现多材料、梯度功能材料、多色及真彩色表面纹理贴图零件的直接制造;在层次复杂性层面,可以实现跨越多个尺度(从微观结构到零件级的宏观结构)的直接制造;在功能复杂性层面,可以在一次加工过程中完成功能和结构的一体化制造,从而简化甚至省略装配过程。

3D打印技术的发展趋势具体表现为以下几个方面。

1. 向日常消费品制造方向发展

3D打印技术可直接将计算机中的三维图形输出为三维的彩色物体,在科学教育、工业造型、产品创意、工艺美术等方面有着广泛的应用前景和巨大的商业价值。其发展方向是提高精度、降低成本、发展高性能材料。

2. 向功能零件制造方向发展

采用激光或电子束直接熔化金属粉末,逐层堆积金属,实现金属直接成形。该技术可以直接制造复杂结构的金属功能零件,制件力学性能可以达到锻件性能指标,其发展方向是进一步提高精度和性能,同时向陶瓷零件的3D打印技术和复合材料的3D打印技术发展。

3. 向智能化设备方向发展

目前,3D打印设备在软件功能和后处理方面还有许多问题需要优化。例如,成形过程中需要加支撑,软件智能化和自动化程度需要进一步提高;制造过程、工艺参数与材料的匹配性智能化程度需要进一步提高;去除加工完成后的粉料或支撑;等等。这些问题直接影响设备的使用和推广,设备智能化是3D打印技术走向普及的保证。

4. 向组织与结构一体化制造方向发展

实现从微观组织到宏观结构的可控制造。例如,在制造复合材料零件时,将复合材料组织设计制造与外形结构设计制造同步完成,从微观到宏观尺度上实现同步制造,实现结构体的"设计-材料-制造"一体化。支撑生物组织制造,复合材料、功能材料、智能材料等的复杂结构零件的制造,给制造技术带来革命性发展。

5. 向极端尺寸制造方向发展

实现微观尺寸、大型尺寸结构的复杂制造。例如,3D打印向极小尺寸发展,在医药、生物组织及原子器件等领域进行微观层面的加工处理,甚至可以在分子层面进行3D打印。其次,3D打印向极大尺寸发展,在航空航天等领域可以一次成形复杂结构的大尺寸制件。

6. 向多种工艺协作复合成形方向发展

多工艺协作复合成形加工方式的优点是集成多种工艺自身的优势,并可以克服单一工艺的先天缺陷，最终能够加工高质量的成形制件。例如，在金属激光3D打印成形技术中，由于激光逐层加工金属粉末材料（即金属粉材）固有的球化效应及台阶效应，即使采用目前精度最高的SLM技术，其3D打印制件在表面精度、表面粗糙度等指标上距离直接应用还存在较大差距。解决上述问题的最佳方法是在加工过程中将激光3D打印技术（增材制造）与传统的机加工技术（减材制造）结合起来，在逐层叠加成形的过程中进行逐层的铣削或磨削加工，这样可以避免刀具干涉效应，对几乎所有的复杂零件都可实现机加工级别的精度，成形件加工完成后不需后处理即可直接投入使用，是目前复杂金属模具制造的发展趋势。

任务6 3D打印的未来

1. 3D打印技术与4D打印技术在维度上有什么区别？
2. 4D打印技术未来的发展方向可能有哪些？

2016年9月，中国工程院院士卢秉恒在第十八届中国科协年会上发布的《智能制造与增材制造》一文中指出，3D打印技术的未来发展将从3D打印走向4D打印，甚至从4D打印走向5D打印，或者可以赋予打印“基体”生命特征。

1. 4D打印技术

4D打印技术最早是由Skylar Tibbits提出来的。4D打印技术一般指的是智能材料的3D打印，比3D打印增加了一个时间的维度。4D打印的物体不再是一个静态的制件，而是智能的，在外界环境激励（如电磁场、温度场、湿度、光、pH值等）下可实现自身的结构变化。4D打印零件集传感、控制和驱动三种功能于一身，具有可模仿生物的自增性、自修复性、自诊断性、自学习性和环境适应性等智能特征。

2. 5D打印技术

5D打印技术目前还处于概念提出阶段。4D打印技术是在3D打印技术的基础上增加了一个时间维度，5D打印技术则是在4D打印的基础上增加了另一个维度，这个新增加的维度目前还没有确切定义，可能是赋予打印“基体”生命特征的维度。

5D打印的相关研究目前还处于初级阶段。来自苏黎世联邦理工学院（ETH

Zürich)的复杂材料研究人员 Dimitri Kokkinis、Manuel Schaffner 等，在 2015 年开发出了一种 3D 打印方法来开发设计具有精美微结构特征的复合材料。在此之前，这种结构特征只在自然生长的生物材料中见到过，利用这种“多材料磁力辅助 3D 打印系统(MM-3D printing)”，研究者们设计了“一种可以在 5D 设计空间编程并制造合成微结构的增材制造方法”。5D 设计空间指的是除了 3D 成形能力之外，还包括合成物的本地控制(1D)和颗粒方向(另外 1D)。该 5D 打印材料可以用于创建类似人体肌腱或者肌肉的机械连接系统，或者制造软机器人的选择性拾取-放置系统等。利用仿生设计原理，通过 3D 打印技术达到更广泛的应用，将有可能加速开发新一代的智能复合材料，使其具有无与伦比的性能和功能、更好的生物相容性，丰富环境友好型资源。

5D 打印技术及其后续的发展或许可以实现复制任何人体器官的目标，甚至可以打印出一模一样的人，人体的任何器官坏死或病变，都可以切除并装上新打印出来的同种器官。

“中国 3D 打印第一人”——颜永年

20 世纪 80 年代初，太平洋东岸一个叫 Chunk Hull 的美国人在一个偶然的机遇下发明了 3D 打印技术，到 20 世纪 80 年代末，一位来自中国清华大学的科学家踏上了那片土地，将这种具有开拓意义的技术带回了中国。他以此为起点为国内科研界注入了一种全新的成形理念，在中国形成以五大高校为主要 3D 打印科研力量的格局中起到举足轻重的作用。这位科学家正是被业内誉为“中国 3D 打印第一人”的清华大学教授颜永年。

“我对 3D 打印相当于是一见钟情，”颜永年谈起 27 年前在美国初识 3D 打印时的情景还是难掩兴奋之情，“它简直就是太吸引人了。”

1987 年，颜永年 49 岁，已经有了深厚的锻压、锻造专业背景的他来到美国加州大学洛杉矶分校做访问学者，原本是去学习工程陶瓷专业，然而在一个展会上偶然看到一种被称为 RP 的快速成形技术的宣传单后，颜永年彻底改变了他今后的研究方向。“3D 打印实质上是一种成形技术，但只有从事成形科学和材料成形的人才容易看到它的本质和价值，所以中国第一批做 3D 打印的专家大多是做锻压锻造出身的”，颜永年说道。

锻造需要用到模具才能将零件做出来，而模具开发是一个漫长的过程，如果取消了模具设计这个环节，整个制造周期会大大缩短，那这就是一个很了不起的技术了，而 3D 打印正是这样一种技术，它一点一点堆积材料，最后形成一个完整的结构，这样一种全新的快速成形方法激起了颜永年极大的兴趣。

1987年底，颜永年回国后不久就获得了博士研究生导师的资格。一心想钻研这项快速成形技术的想法也得到了清华大学的高度重视，就这样，颜永年在清华大学成立了国内快速成形实验室，还建立了清华大学激光快速成形中心，与自己的博士研究生进行快速成形方面的研究，随后这个团队发展到50多人，是当时清华大学最大的科研团队，取得了很多令人瞩目的成就。

当时，为了引进国外的先进设备进行科研，颜永年辗转了解到中国香港某公司在代理3D Systems的产品，但缺乏产品核心控制软件的相关经验，于是双方达成协议，由清华大学提供场地和科研人员等，中国香港某公司提供SLA-250设备，成立北京殷华激光快速成形与模具技术有限公司，共同研究开发快速成形技术。颜永年担任董事长，带领博士生在这家学术气氛浓厚的公司里开发各种软件，进行多项实验，1992年完成了对用户开放的RPM(快速成形与快速制造)研究与开发平台。期间，国内多家高校相关学者纷纷来清华大学取经。20世纪90年代末，国内学术界形成了以清华大学、西安交通大学和华中理工大学三校为重点，多个区域各有特长的快速成形研究格局。

随后的十多年中，颜永年带领清华大学技术团队在快速成形技术方面取得了许多成就，研究出“多功能快速成型制造系统(M-RPMS)技术”，这是我国具有自主知识产权的全世界唯一拥有两种快速成形工艺系统的技术；之后又完成了M-RPMS-II的产品化工作，在世界上首先完成了无木模铸型制造工艺。然而，颜永年的开创性成就不止于此，1998年，颜永年将快速成形技术引入生命科学领域，提出了“生物制造工程”概念。颜永年带领团队研究并开发出一种能够再造人体器官的新技术，为一位因意外失去了一只耳朵的小伙子再造了一只耳朵。研究团队依据小伙子另一只完整耳朵的形状，制作一个具有生物相容性的逼真的耳廓支架，再植入人体。

颜永年74岁退休后再创业，用他的全部热情去筑梦。2012年，颜永年带领研发团队在昆山成立了江苏永年激光成形技术有限公司，主攻金属3D打印。基于20多年的研究成果，他不断创新，先后开发出激光选区熔化设备、激光熔覆沉积(LCD)系统集成。选择这个方向，是颜永年为了实现“中国智造梦”的行动表现。

谈到3D打印的未来，一心牵挂着国家工业发展的颜永年说得很实在，他说最想看到的是3D打印与传统技术相结合，让重型3D打印得到蓬勃发展，希望未来航空航天、核电站的重型关键件都能用3D打印来完成。他说，如果核电站能用3D打印来建造，那就是这项技术成熟的标志。他也希望生物3D打印能做出真正的人体器官替代品，还希望3D打印像数控技术和电脑一样普及，被用于工业和日常生活中。

习 题

1. 3D打印与传统加工技术相比有哪些优势？

2. 3D 打印包括哪些成形工艺?
3. 3D 打印技术的快速发展是否会在未来代替传统加工技术?
4. 金属材料的 3D 打印相对于传统冶金、炼钢、粉末冶金技术有哪些优缺点?
5. 4D 打印与 3D 打印有什么区别?
6. 3D 打印的未来发展趋势表现在哪些方面?

项目 2

3D打印基础理论

3D 打印
工艺流程

视野拓展

3D 打印流程包括三维模型数字化、模型可打印处理和后处理等。在 3D 打印之前，首先需要描述待打印物体的三维模型。通过正向设计建模和对实物扫描逆向建模都可以得到数字化的三维模型，如图 2.1 所示。行业中多使用 STL 文件格式作为三维数字模型的载体。之后，由于 3D 打印多以单方向逐层式打印方式实现，为保证打印的可实现性，需要对模型进行可打印处理，主要包括添加支撑结

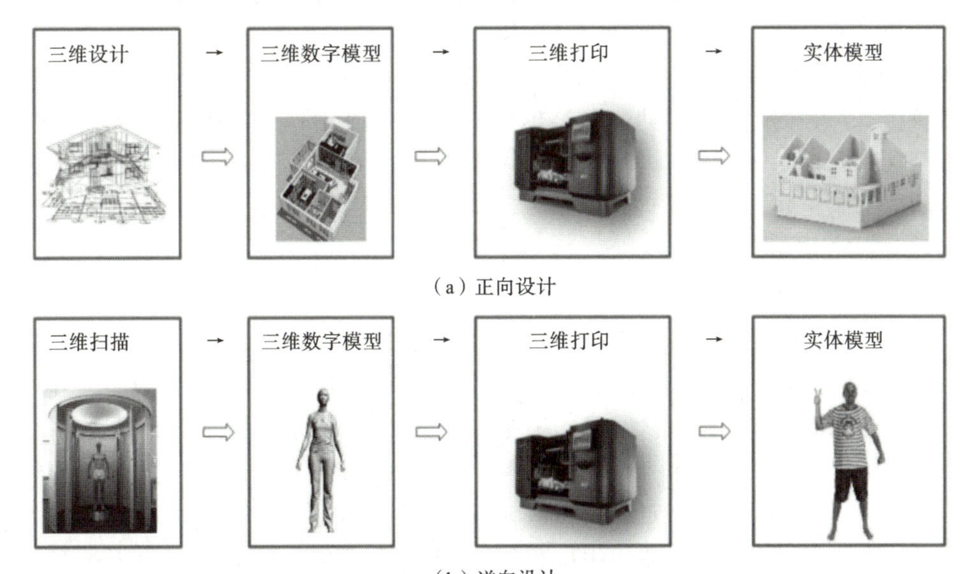

(a) 正向设计

(b) 逆向设计

图 2.1　三维模型正逆向构建方法

构,将处理后的模型切片转化为3D打印机能够使用的G-code文件,即可实现3D打印。完成制造后,可能需要后处理,如去除支撑结构、表面抛光处理、长时间保存处理等,以优化成形质量。

案例导入

光固化快速成形制作小扳手(见图2.2)。

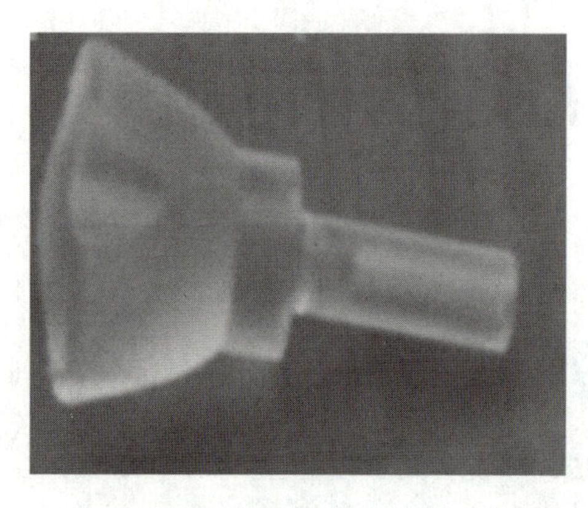

图2.2 光固化快速成形制作小扳手

1. 三维模型的构建

由于快速成形系统是由三维CAD模型直接驱动的,因此首先要构建所加工工件的三维CAD模型。该三维CAD模型可以利用计算机辅助设计软件直接构建,常用的设计软件有UG、Pro/E、Solidworks、Mastercam和AutoCAD等;也可以将已有产品的二维图样进行转换形成三维模型,或对产品实体进行激光扫描、计算机断层扫描(computed tomography,CT)等,得到点云数据,然后利用反求工程的方法来构建三维模型。这里结合图2.1的流程制作了小扳手的三维原始模型,如图2.3所示。

2. 三维模型的近似处理

由于产品往往有一些不规则的自由曲面,加工前要对模型进行近似处理,以方便后续的数据处理工作。由于STL文件格式简单、实用,目前已经成为快速成形领域的标准接口文件。它是用一系列的小三角形平面来逼近原来的模型,每个小三角形用3个顶点坐标和一个法向量来描述,三角形的大小可以根据精度要求进行选择。STL文件有二进制码和ASCII码两种输出形式,二进制码输出形式的文件所占的空间比ASCII码输出形式的文件所占的空间小得多,但ASCII码输出形式的文件可以阅读和检查。典型的CAD软件都带有转换和输出STL文件的功能。结合案例制作小扳手的STL数据模型,如图2.4所示。

图 2.3 小扳手的三维原始模型

图 2.4 用 CAD 软件制作的小扳手的 STL 数据模型

3. 模型成形方向的选择

根据被加工模型的特征选择合适的加工方向，也就是确定模型的摆放方位并根据需要决定是否施加支撑。摆放方位的处理是十分重要的，不但影响制作时间和效率，更影响后续支撑的施加以及原型的表面质量等。因此，确定摆放方位需要综合考虑上述各种因素。一般情况下，从缩短原型制作时间和提高制作效率来看，应该选择尺寸最小的方向作为叠层方向。但是，有时为了提高原型制作质量，以及某些关键部位和形状的精度，需要将最大的尺寸方向作为叠层方向摆放。有时为了减少支撑量，节省材料及方便后处理，也采用倾斜摆放。确定摆放方位及后续的施加支撑和切片处理等都是在分层软件系统上实现的。摆放方位确定后，便可以施加支撑了，对于结构复杂的数据模型，支撑的施加是费时而精细的。支撑施加的好坏直接影响着原型制作的成功与否及制作质量的高低。支撑施加可以手动进行，也可以使用软件自动实现。软件自动实现的支撑施加一般都要经过人工核查，进行必要的修改和删减。为了便于在后续处理中去除支撑并获得优良的表面质量，目前，比较先进的支撑类型为点支撑，即支撑与需要支撑的模型面是点接触。如图 2.5 所示，小扳手的支撑即点支撑。

4. 三维模型的切片处理

根据被加工模型的特征选择合适的加工方向，在成形高度方向上用一系列固定间隔的平面切割模型，以便提取截面的轮廓信息。间隔一般取0.05～0.5 mm，常用 0.1 mm。间隔越小，成形精度越高，但成形时间越长，效率越低；反之，则成形精度低，但效率高。小扳手的光固化快速成形原型如图2.6 所示。

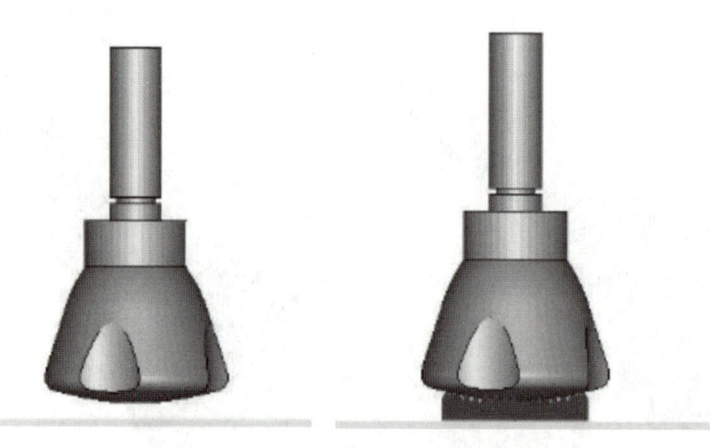

图 2.5　小扳手的摆放方位及施加支撑

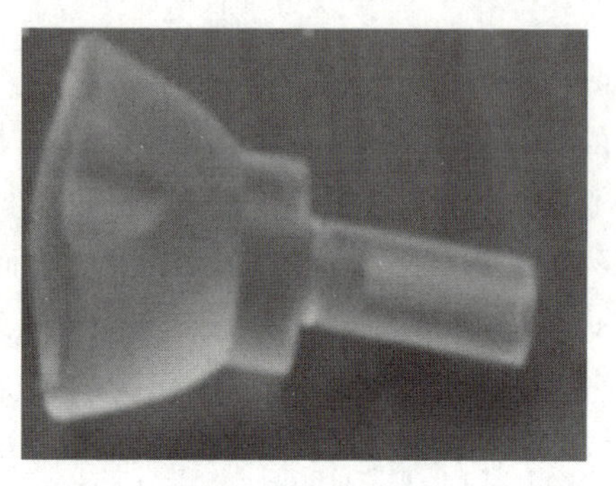

图 2.6　小扳手的光固化快速成形原型

任务 1　3D 打印数据

任务单

1. 掌握正向设计的概念,并举例说明产品正向设计的流程。
2. 掌握逆向设计的概念,并举例说明产品逆向设计的流程。
3. 掌握三维扫描的分类,了解三维扫描的原理。
4. 掌握正逆向设计的概念,并举例说明产品正逆向设计的流程。

3D 打印数据是 3D 打印成形的基础,是通过数字化的手段来改造产品传统生产方式的前提。获取 3D 打印数据旨在建立一套基于计算机技术和网络信息技术,支持产品开发与生产全过程的设计方法。

随着计算机技术在制造业中的快速发展和数字化工厂的逐步推进,设计、工艺等过程逐步向无纸化转变,零部件从设计到制造过程的信息依据从传统的二维工程图纸转变为三维模型,三维模型在设计、工艺、生产等部门的应用成为必然趋势。

三维模型的获取是实现 3D 打印的第一步。获取三维模型数据的方法主要有两种:一是使用建模工具的正向设计技术;二是通过曲面重构的逆向设计技术。

2.1.1 正向设计

1. 概念

正向设计,简单来说,就是从概念到实物这一过程利用绘图或建模等手段预先设计出产品原型,然后根据原型制造产品。

一直以来,产品设计的开发总要遵循严谨的研发流程,从确定功能与规格的预期方案、构思产品的需求,到完成各个组件的设计、制造、检验等程序。每个组件都保留有原始的设计图,每个组件的加工都有相应的工令图表,每个组件的尺寸检测都有品管检验报告。这种开发模式称为预定模式,此类开发工程通称为正向工程(forward engineering)。它是最基本、最传统的产品设计制造方法。按照系统论的方法,产品正向设计是以下若干阶段的一个循环过程。

1)可行性论证

在该阶段,产品设计人员需要对所设计产品的市场现状,以及市场前景进行分析,并根据市场调研报告确定是否要进行该产品的开发工作。同时,还要考虑在现有条件下,该产品开发过程中可能遇到的技术问题、管理问题等,以及初步解决方案,并提出可行性论证报告。

2)初步设计

分析产品在其工作环境中的主要功能,并进行功能的分解。通过类比设计、模式匹配或改型设计等设计方法,根据功能需求映射出设计对象的原型结构。为了消除原型结构的不确定性和不完备性,对原型结构进行加工,实现产品的初步设计。

3)方案设计

在丰富的设计经验和多学科领域知识的基础上,进行产品构思,采用各种设计方法对初步设计的目标进行分析,并提出有关产品方案评价和总体布置的具体设计。

4)详细设计、结构优化设计

采用现代设计的各种方法,如有限元分析、试验分析、优化设计等,运用先进的计算手段,对所采用的设计方案,各零件、各部件的具体结构进行各种工程分析、计算,如材料性能、刚度、强度等方面的优化设计,并绘制出必要的图纸,提交产品设计说明书。

5) 工艺设计

对设计对象进行工艺设计和工艺性评估。首先进行工艺路线的宏观规划,以及工序的微观规划,分析按照何种工艺路线把原材料转变为成品;其次做好生产准备工作,考虑加工过程中所需使用的各种生产设备等;最后提交工艺设计报告。

6) 装配设计

装配设计指将可以实现产品功能的各个结构、零部件等组装起来,构成产品。在此阶段要给出产品设计的初始结果。

7) 试验设计

经过上述几个阶段的设计之后,一般还需要进行试验设计,其目的是检验前述各个设计阶段的设计成果,充分暴露问题,为形成最终设计方案打好基础。此阶段将给出产品试验情况报告,并根据试验情况,针对上述各个设计阶段所提出的方案给出具体的修改意见。

8) 再设计

由于各个具体的设计阶段在时间上是顺序执行的,在前期的设计阶段很难甚至无法获取后续设计阶段的信息,因此再设计(即修改)成为设计过程中不可或缺的环节。在以上各个阶段中,每个阶段都有各自的输入和输出。产品正向设计的各个阶段是顺序进行、依次排列的,构成了正向产品设计的一个大的循环过程。典型的正向产品设计过程如图 2.7 所示。

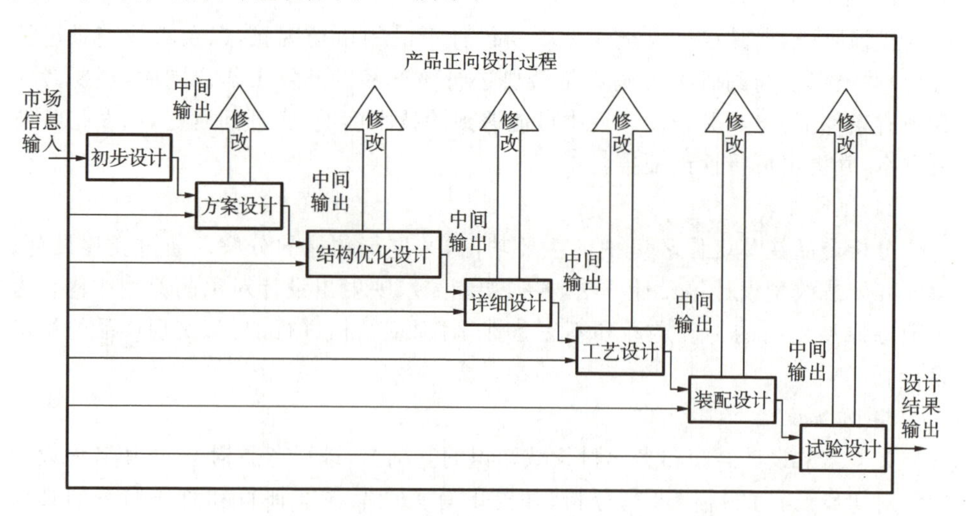

图 2.7 产品正向设计过程

2. 正向建模

正向建模技术是指将人们想象中的物体,根据其外形、结构、色彩、质感等特点,利用计算机辅助软件(如 AutoCAD、SolidWorks、Pro/E、UG、CATIA、Maya、

3DS Max、Rhino、ZBrush 和 Mimics 等)制作并模拟实物设计的过程,这是传统的模型设计技术。根据建模思想的不同,一般将建模方法分为实体建模、曲面建模和参数化建模三种类型。

1) 实体建模

实体建模(solid modeling)是指通过数学上定义的几何信息和位相数据展现出三维形状的建模方式,最常用的是边界描述法和构造实体几何法。实体建模一般用于设计规则的几何形状,能够满足物理性能计算,还可以通过定义实际使用的材料来计算重力等参数及进行工程需求分析。图 2.8 所示为采用 UG 创建的实体模型。

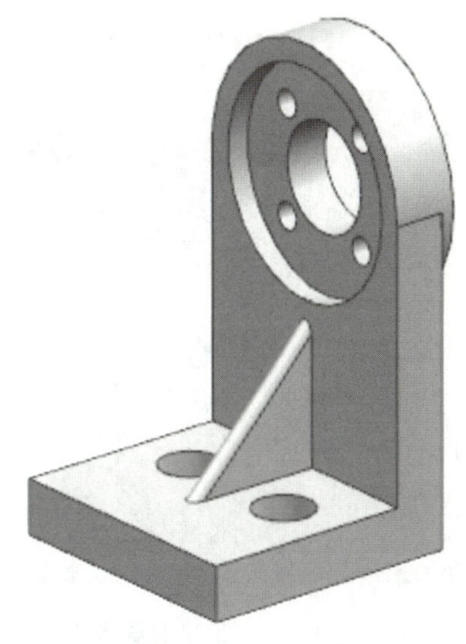

图 2.8 实体模型

2) 曲面建模

曲面建模(surface modeling)是指通过定义曲面(多为 NURBS 曲面、Polygon(多边形)曲面或 Subdivision(细分)曲面)来展现形状的建模方式。如图 2.9 所示,这是一个利用 Maya 的 Polygon 曲面功能制作的人体头像的模型。

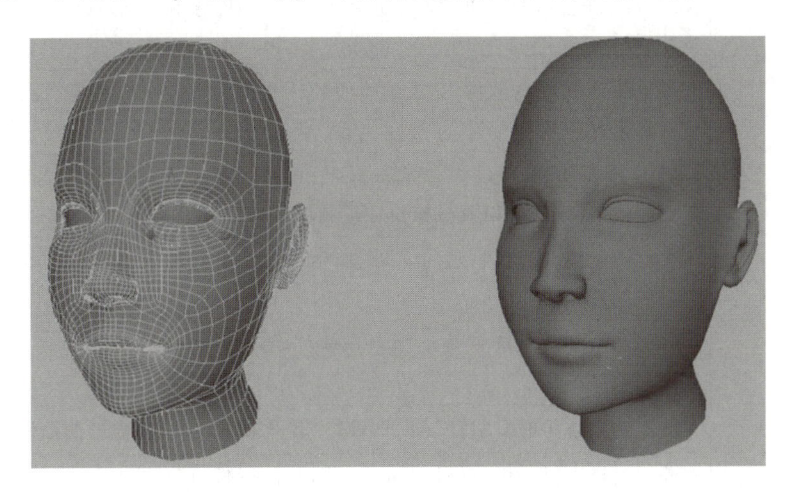

图 2.9 Polygon 曲面创建的人体头像模型

Polygon 曲面是一种表面几何体,由三边或多边的空间几何表面构成,这些边面都是直边面。将三维空间的多个点用线段相连形成封闭的空间,填充这个空间就会产生一个多边形面,将这些面连接起来形成一个空间结构,就是多边形对象。

NURBS 是 non-uniform rational B-spline (非均匀有理 B 样条)的首字母缩写,是指以 B 样条基函数的张量积为加权系数对控制顶点进行线性组合所构造的曲面。

NURBS 可在任意方向进行弯曲,其曲面永远是完整的四边形,并且保持平滑。

图 2.10　利用 Rhino 创建的玫瑰花模型

Subdivision 曲面建模是介于 Polygon 和 NURBS 之间的一种建模方法,同时具备 NURBS 和 Polygon 建模的优势,可以像 NURBS 一样光滑地调节曲面,也可以像 Polygon 一样对点、边、面进行任意的编辑。

3) 参数化建模

参数化建模(parametric modeling)也称为基于特征的建模,它是一种将模型中的定量信息参数化,建立图形约束和几何关系与尺寸参数的对应关系,通过调整参数值来控制几何形状变化的建模方法。图 2.10 展示的玫瑰花是利用 Rhino 实现的参数化模型。

建模的时候应当根据需要的 3D 模型表现方式来选择适宜的建模软件,常见的建模软件及主要应用领域如表 2.1 所示。

表 2.1　常见的建模软件及主要应用领域

建模软件	应用领域
3DS Max	Autodesk 公司的三维建模、动画及渲染软件,多用于动画制作及影视片特效
Maya	Autodesk 公司的软件,是三维建模软件和动画软件中的主流产品,尤其是在视觉设计领域
Rhino	美国 Robert McNeel & Associates 公司的软件,广泛应用于三维动画制作、工业制造、科学研究以及机械设计等领域
Mimics	一套高度整合而且易用的 3D 图像生成及编辑处理软件,应用于医学影像的相关处理
Blender	开源的跨平台全能三维动画制作软件,有在不同工作环境下使用的多种界面
CATIA	法国达索公司的 CAD/CAE/CAM 一体化软件,拥有超强的曲面设计模块
UG(NX)	美国麦道飞机公司(现属 Siemens 公司)的软件,用于实体造型、曲面造型、产生工程图
SolidWorks	法国达索公司,基于 Windows 平台的全参数化特征造型软件
Pro/E	美国 PTC 公司的软件,该公司提出的参数化、基于特征、全相关的概念已成为事实标准
AutoCAD	美国 Autodesk 公司的 CAD 软件,其 dwg 格式已成为二维绘图的事实标准

3. 正向设计的特点

通过上述对传统的产品正向设计过程的分析可以看出，这种产品正向设计过程的主要特点如下：

(1) 在结构上，设计阶段明确。

(2) 在产品信息控制上，在不同的设计、制造阶段和部门中，信息的操作者、操作对象、操作方式都可能不同，因此产品信息控制的连贯性和统一性难以得到保障。

(3) 在信息传递处理上，各个设计阶段都有各自的信息输出，基本数据将不可避免地出现重复，因此信息处理是间断的。

(4) 从使用的方法上，各个阶段所使用的技术是隔离的，形成了很多“思维孤岛”，很难甚至无法实现产品设计过程的集成。

在产品的正向设计工作中，尽管采用了各种先进的设计方法和先进的设计工具，但仍然存在着产品开发效率低下，产品研制经费高，产品开发周期长，产品设计反复次数多等问题。尤其是对于复杂的产品，正向设计的方法更加凸显出不足。正是在这样的背景下，逆向设计的方法就得到了发展。

2.1.2　逆向设计

3D 打印数据采集

1. 概念

为适应现代智能制造技术的发展，需要将实物样件或手工模型转化为计算机辅助设计(CAD)数据，以便利用快速原型(rapid prototyping，RP)系统、计算机辅助制造(computer aided manufacturing，CAM)系统、产品数据管理(product data management，PDM)等先进技术对其进行处理和管理，并对模型做进一步修改和优化。这就需要一个一体化的解决方案：实物样品→CAD 模型→产品。逆向设计就专门为制造业提供了一个全新、高效的重构手段，实现从实体到几何模型的转换。

逆向设计(reverse design)也称反求设计，是指与产品设计有关的反求活动，以及在此基础上的创新设计，是以先进产品、设备的实物、软件(图纸、程序、技术文件)或影像(图片、照片等)作为研究对象，应用现代设计理论方法、生产工程学、材料学等相关专业知识进行系统深入的分析和研究，探索掌握其关键技术，进而开发出同类的先进产品的过程。逆向设计的目的是创新，在逆向设计基础上进行改进、创新得到性能更优、价格更廉、更满足市场需求的新产品。经反求创新开发的产品继承了原产品(参考物)中的精华，吸取了原产品(参考物)的优点，因此开发出的产品技术比较成熟，使企业在自行开发中少走很多弯路，从而大大缩短了新产品的开发周期，降低了开发成本，为企业快速占领市场创造了有利条件。由此可见,逆向设计是新产品开发的有效途径。

目前,国内外大多数有关反求工程问题的研究都集中在几何形状,即重建产品样件的 CAD 模型方面。即针对现有工件(样品或模型)利用 3D 数字化测量仪器准确、快速测量其轮廓坐标,获得三维点云数据,然后根据该数据构建曲面、进行创新设计,最后通过 CAM 软件编辑 NC(数控)加工路径,并送至 CNC(计算机数控)进行模具加工,或者通过快速原型(RP)机将样品模型制作出来,此流程称为逆向工程,如图 2.11 所示。

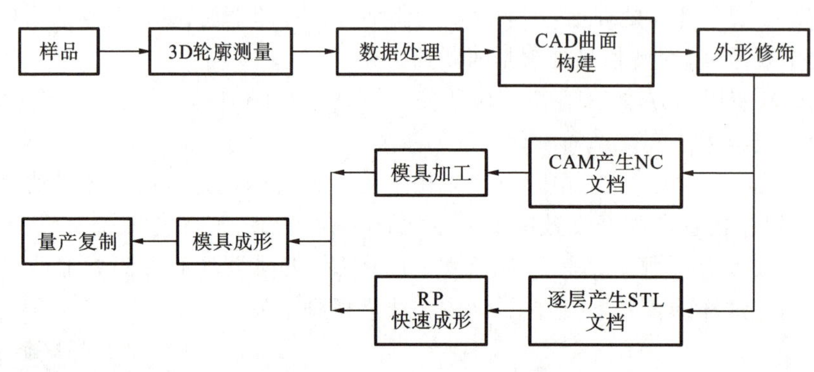

图 2.11　逆向工程流程图

2. 点云数据采集

点云(point cloud)数据采集是指通过特定的测量方法和设备,将物体表面形状转换成几何空间坐标点,从而得到逆向建模所需数据的过程。选择快速而精确的数据采集系统,是逆向设计实现的前提条件。

一般使用 3D 测量设备对目标物体进行点云数据采集,从而获得目标物体完整的轮廓信息,为目标物体模型重构提供数据基础。点云数据是模型建模的基础,直接影响着模型的建模质量,而点云数据的采集工作直接影响着点云数据的质量。适合的点云数据采集方案可以提高点云数据的质量,便于后期点云数据预处理和点云数据模型重建。

3D 测量技术是将被测量转换成数字量后,直接传输到计算机中进行数据处理或实时控制的技术,是运动控制、光学传感、图像处理与计算机技术相互结合、融合发展而成的一项高新技术,主要应用于对客观物体的外形与结构的测量,以获取客观物体的高精度三维轮廓信息。近年来,3D 测量技术已经在地质工程、考古业、制造业、航空航天业、3D 打印及医学等领域产生了积极的影响。

3. 3D 测量的分类及原理

目前,在物体表面采集数据的测量设备和方法有很多种,其原理也不同。测量方法的选择是逆向工程中非常重要的问题。不同的测量方式不仅决定了测量本身的精度、速度和经济性,而且还导致获得不同类型的测量数据和选择不同的后续处理方法。如图 2.12 所示，根据获取表面数据的不同，可以将 3D 测量技术分为两大类：接触式和非接触式。

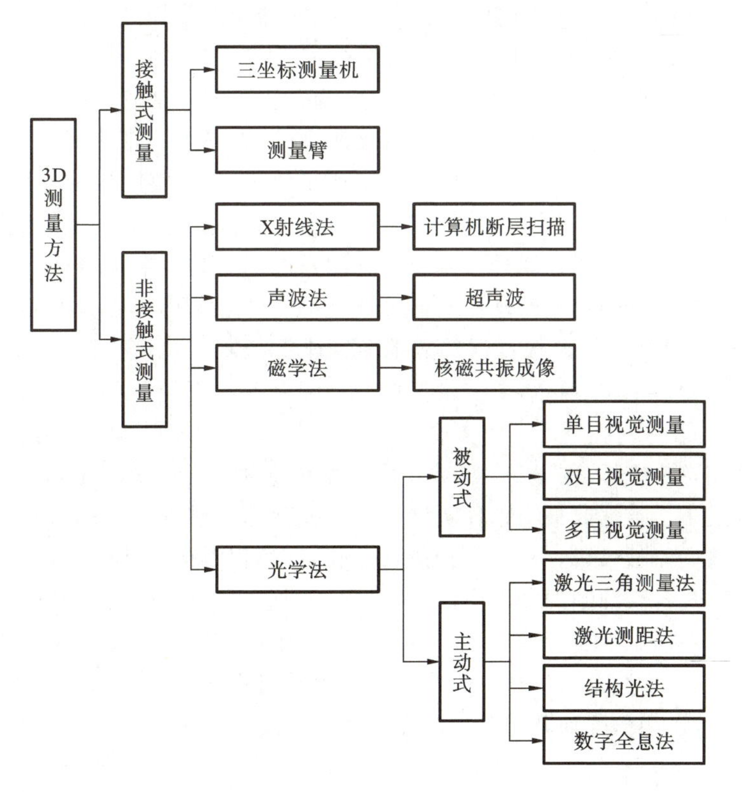

图 2.12　3D 测量方法分类

1）接触式测量

接触式测量也称为机械测量，是建立自由曲面 3D 模型中使用最广泛的方法之一。三坐标测量机是接触式 3D 测量设备的典型代表，是一种带接触探针的多关节机械臂，该臂可以沿 x、y、z 轴移动以获得表面上点的坐标。

接触式测量的优点：

(1) 适用性强、数据采集精度高。

(2) 不受物体光照和颜色的限制。

(3) 适用于没有复杂型腔、外形较为简单的实体的测量。

接触式测量的缺点：

(1) 由于采用接触式测量，探头和被测物体表面可能受到损伤，并且无法测量软质物体或易碎工件，因此不适用于诸如文物、古董等高价值物品的重建工作，应用范围受限。

(2) 受环境温度和湿度的影响。

(3) 测量速度受到机械运动的限制，数据采集速度慢、效率低，测量周期过长，探头半径补偿烦琐。

(4) 较难实现全自动测量。

此外,接触式测量中探针的路径不可能遍历被测表面的所有点,测量得到的只是关键特征点的数据,因此其测量结果往往不能反映整个部件的形状。因此,接触式测量在行业应用中有很大的局限性,通常用于工程制造业。

三坐标测量机由三个相互垂直的测量轴、测头系统、电气控制硬件及数据处理软件系统组成。三坐标测量机工作时,固定测量件的位置,使传感器随着机器移动,从而可以瞄准测量对象的每个点,并在瞄准时通过传感器返回世界坐标数据。

三坐标测量机的工作原理是基于坐标测量的通用化数字测量,它首先将各被测几何元素的测量转化为对这些几何元素上的一些点集坐标位置的测量,在测得这些点的坐标位置后,再根据这些点的空间坐标值,经过数学运算求出其尺寸和形位误差。如图2.13所示,要测量工件上一圆柱孔的直径,可以在垂直于孔轴线的截面Ⅰ内,触测内孔壁上三个点(点1,2,3),根据这三个点的坐标值就可以计算出孔的直径及圆心 O_r 的坐标,如果在该截面内触测更多的点(点1,2,…,m),则可以根据最小二乘法或最小条件法计算出该截面圆的圆度误差;如果对多个垂直于孔轴线的截面圆(1,2,…,n)进行测量,则根据测得点的坐标值可计算出孔的圆柱度误差以及各截面圆的圆心坐标,再根据各圆心坐标值又可以计算出孔轴线位置;如果再在孔端面 A 上触测三点,则可以计算出孔轴线对端面的位置度误差。由此可见,三坐标测量机的这一工作原理使得其具有很大的通用性和柔性。从原理上说,它可以测量任何几何工件的任何几何元素的任何参数。

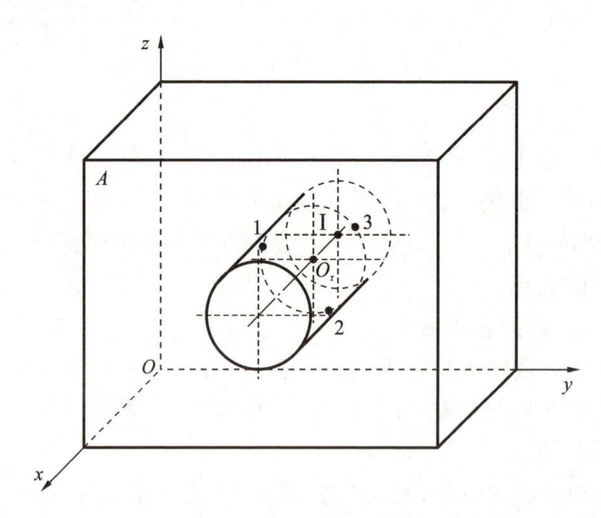

图2.13　三坐标测量机的工作原理

2) 非接触式测量

非接触式测量方法是根据物理原理开发的,主要基于光学、声学、磁学等学科中的基本原理，通过适当的算法将某个物理模拟量转换为模型表面的坐标点。现阶段的非接触式测量方法主要是指基于光学原理的3D扫描技术，本章主要介绍的非接触式扫描方法也为基于光学原理的3D扫描技术。

非接触式测量的优点：

(1) 扫描物体模型时，不需要接触模型，可以直接测量柔软或易碎非刚性物体。

(2) 不破坏数字化对象。

(3) 可以在复杂的场景和空间快速扫描和测量被测物体。

(4) 收集的数据点密集、准确，有助于建模的可视化和细节分析。

(5) 测量对象具有较大的尺寸范围，所获得的测量数据具有较高的完整性。

非接触式测量的缺点：

(1) 对物体表面要求高，容易受环境光线的影响，容易丢失细节位置数据，扫描数据不规则、散乱，重建表面需要密集处理，技术成本高，没有接触式测量的精度高。

(2) 主要对物体表面轮廓坐标点进行大量采样，而对边线、凹孔和不连续形状的处理较困难。

(3) 被测量物体形状尺寸变化较大会使得CCD(charge coupled device，电荷耦合器件)成像的焦距变化较大，成像模糊，影响测量精度。

(4) 被测物体的表面粗糙度也会影响测量结果。

常见的非接触式测量方法有结构光法和激光三角测量法。

(1) 结构光法。

结构光法指的是使用投影仪等投射设备把光点、光栅或网格等光投射到被测量的物体表面，然后被测量的物体会对这些图像进行调制，再用摄像机等捕获装置对这些变形的图像进行捕获，捕获的图像通过相机解码，就可以根据三角原理求出被测量物体的深度信息。结构光测量系统一般由三部分装置组成，分别是用于投射图像的投射装置、用于捕获图像的摄像装置、用于对图像进行处理的计算机等，如图2.14所示。

(2) 激光三角测量法。

激光三角测量法是根据传统的三角测量原理，用激光作为测量工具来完成测量的方法。该方法首先使用激光发射装置，将激光向被测量的物体表面投射，然后使用接收装置来收集经反射后的激光信息。原本平直的激光被物体表面轮廓高低所改变而发生扭曲变形，最终在三维相机的像平面上的成像也发生相应的位移。通过测量三维相机的成像位移大小，可根据入射光和反射光构成的三角关系推算出客观物体表面轮廓的实际高度信息。那么激光发生装置、被测量物体表面的光斑和接收装置就会构成一个三角形。如图2.15所示，激光光源和CCD线阵(接收传感器)是标定过的，激光投射的角度也是已知的，则光源到被

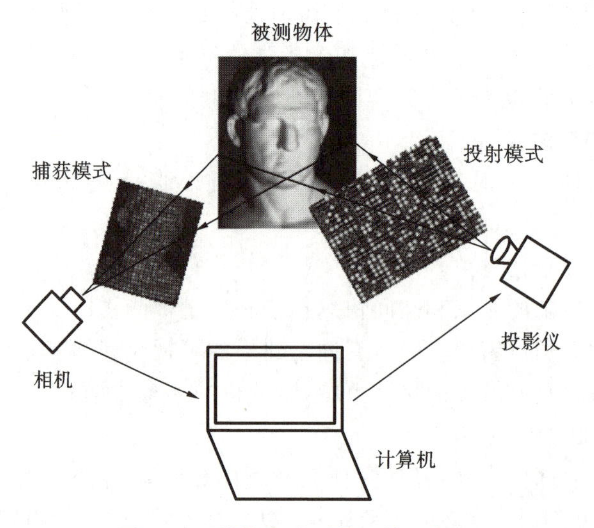

图 2.14 结构光法测量系统示意图

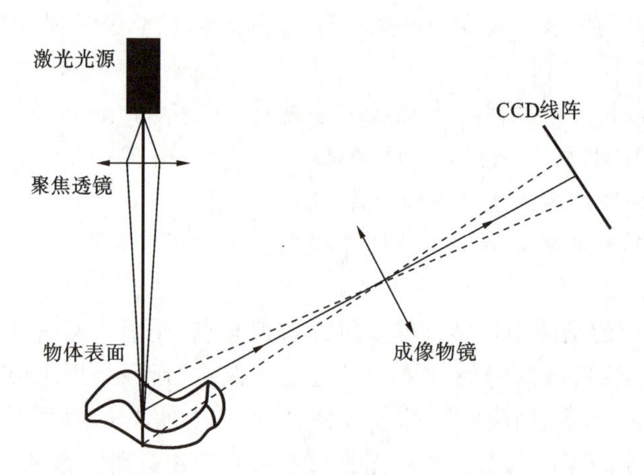

图 2.15 激光三角测量法的测量示意图

测物体表面的光斑的距离可以通过三角变换得出。根据激光发射装置光源的不同,激光三角测量法有两种主要的类型:一种是点光源测量法,另一种是线光源测量法。线光源测量法能够得到一个较大的视角,而点光源测量法则具有更好的深度分辨率,能够避免测量受到周围环境光线的影响。但是,由于点光源测量法需要逐点进行距离测量,因此其相应的扫描系统设计比较复杂,从而导致测量的速度比较慢。

接触式测量和非接触式测量都有一定的局限性,可以根据逆向工程中测量的实际需要,选择不同的扫描方法,或利用不同的测量方法进行互补,以得到高精度的数据。接触式测量和非接触式测量各有所长,其对比如表 2.2 所示。

表 2.2 接触式测量与非接触式测量的对比

测量方式	优 缺 点	常用测量设备/方法
接触式测量	优点：精度高，对物体表面的颜色和光照没有要求，而且不受物体表面反射情况的影响 缺点：对软质材料适应性较差且速度慢	三坐标测量机、机械手臂式测量机
非接触式测量	优点：扫描速度快，对被测物体的材质没有限制 缺点：精度较低且对物体表面的颜色和光照有较高要求	激光三角测量法、结构光法、激光干涉测量法、超声波法、自动断层扫描法、工业 CT 法等

4. 点云数据预处理

通过 3D 测量技术获取被测物体的点云数据，信息量繁杂且含有较多的冗余信息。因此还要对初步获得的点云数据进行点云降噪、点云精简、点云采样和点云封装等点云数据预处理。点云数据预处理流程如图 2.16 所示。

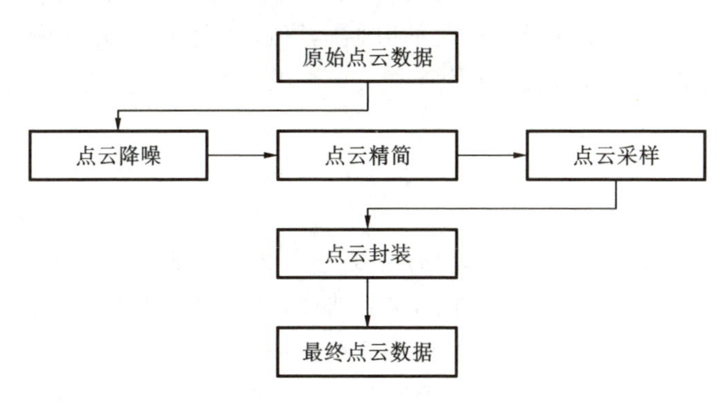

图 2.16 点云数据预处理流程

1）点云降噪

点云数据中主要包含有效值和噪声，二者具有相同的特征属性，有效值是直观反映被测物体表面特征信息的点云数据，而噪声是点云数据中对有效值起干扰作用的无用信息。因此对点云数据进行降噪处理的关键步骤就是选择合适的降噪算法：能够有效准确地识别有效值和噪声，保留具有被测物体表面特征的有效信息，去除对有效信息产生干扰的噪声。普遍情况下，产生噪声的情况主要分为以下三种：

(1) 设备本身的误差影响。例如在实验过程中实验设备的晃动、被测物体的偏移等对测量精度产生的系统误差和偶然误差。

(2) 被测物体表面的性质或特点等造成的误差。例如被测物体表面的光滑程度、材质的反射光情况、表面颜色和纹理等造成的误差影响。

(3) 在实验过程中外界造成的干扰影响。例如测量中其他物体的乱入，对被测物体的遮挡等。

因此,对初步获得的原始点云数据进行降噪处理是必要的,该步骤能够有效去除噪声对特征提取、目标重建的影响,提高三维重建的精度。

常见的降噪方法有双边滤波算法和鲁棒降噪算法。

双边滤波算法是在二维图像数据的基础上进行的,能够对偏离的点云数据进行降噪处理。该算法具有很好的降噪效果,但是其缺点是使得一些形态变化复杂、表面特征突出的被测物体表面变得光滑,有时无法准确判断噪声点和物体表面特征点之间的区别,容易出现误判。

鲁棒降噪算法主要用于去除远离被测物体的离群点或小尺度的噪声点。该降噪算法具有内在收敛性,通过对点云数据的迭代计算得到局部最大似然值,将似然值相近的点云数据进行聚集处理。

2) 点云精简

原始点云数据包含大量的点云。虽然可以直接进行三角化,但是直接处理时会占用大量的计算机资源,大大降低运算速度,因此需要对点云进行简化处理。这样做的主要优点是在进行三角化的时候运算速度更快,可视化程度更好,处理时会得到更平滑的点云,进而会得到更加平滑的三角形网格,达到更好的点云封装模型效果。

常用的点云数据精简算法有基于曲率的精简算法和随机采样精简算法。

基于曲率的精简算法是以曲率为依据进行点云精简,但单独的点无法进行曲率计算,因此在使用该方法进行曲率精简时要先为单独的点建立邻域曲面拟合,然后使用曲面方程来得到独立点云的曲率,最后结合其他曲率结果进行点云精简工作。

随机采样精简算法是一种计算过程简单的精简算法,只需要对原始的点云采集数据设定一个随机采样函数,然后不断将符合随机采样函数的点云数据删除,直到所剩的点云数据符合最初设定的点云数据精简率。该算法的主要优点就是计算时间短,操作简单;但其缺点也很突出,如一些具有表面特征的关键点可能被删除,确保不了被删除点云的合理性,使得一些被测物体在使用该方法进行点云精简后失去了其表面的细节特征,点云精简的精度较低等。

3) 点云采样

点云采样的最终目的是在确保剩余点云数据准确描绘被测物体表面特征的前提下,尽可能地减少点云数据的数量。在进行点云数据采样后,点云数据的信息量能够大大降低,后续点云数据的计算效率能够大大提高。点云数据采样的方法有很多种,常见的有格点采样、均匀采样、几何采样、随机采样等。这里简单介绍一下格点采样。

格点采样是把三维空间用格点离散,然后在每个格点里取一个点。具体方法如下:① 创建格点,如图 2.17(a)所示。计算点云的包围盒,然后把包围盒离散成小格子,格子的长宽高可以设定,也可以通过设定包围盒三个方向的格点数来求得。② 每个小格子包含了若干个点，取离格子中心点最近的点为采样点，如图 2.17(b)所示。

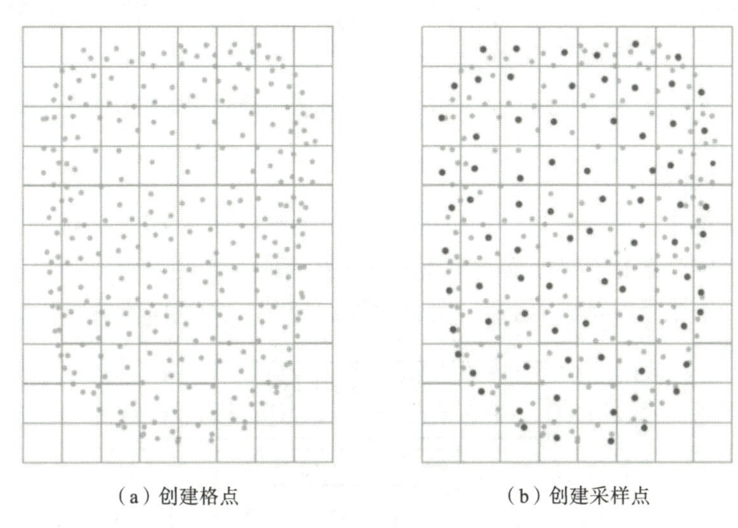

图 2.17　点云数据格点采样

4) 点云封装

点云数据预处理的最后一步是封装。通过封装命令可将点对象转换成三角形面，更好地还原出原始测量物体的形貌，完成封装后的数据还有很多缺陷，需要进一步处理，才能应用于曲面生成。

5. 点云数据预处理软件介绍

目前，市场上提供的点云数据处理的软件较多，较具有代表性的有 EDS 公司的 Imageware、Geomagic 公司的 Geomagic Studio、Delcam 公司的 CopyCAD、INUS 公司的 Rapidform、PTC 公司的 ICEM Surf 等软件。

Imageware 由美国 EDS 公司出品，是最著名的逆向工程软件，正被广泛应用于汽车、航空、航天、消费家电、模具、计算机零部件等设计与制造领域。该软件拥有广大的用户群，国外的用户有 BMW、Boeing、GM、Chrysler、Ford、Raytheon、Toyota 等国际著名大公司，国内的用户则有上海大众、上海德尔福、成飞等大企业。

Geomagic Studio 是由美国 Geomagic 公司出品的逆向工程和三维检测软件。Geomagic Studio 可轻易地由扫描所得的点云数据创建出完美的多边形模型和网格，并可将多边形自动转换为 NURBS 曲面。该软件也是除了 Imageware 以外应用最为广泛的逆向工程软件。Geomagic Studio 主要包括 Qualify、Shape、Wrap、Decimate、Capture 五个模块。

CopyCAD 是由英国 Delcam 公司出品的功能强大的逆向工程系统软件，它允许从已存在的零件或实体模型中产生三维 CAD 模型。该软件为数字化 CAD 曲面的产生提供了实用的工具。CopyCAD 能够接收来自坐标测量机床的数据，同时跟踪机床和激光扫描器。CopyCAD 简单的用户界面允许用户在尽可能短的时间内进行相关操作,并且能够快速掌握其功能,即使是初次使用者也能做到这点。

Rapidform 是韩国 INUS 公司出品的全球四大逆向工程软件之一,Rapidform 提供了新一代运算模式,可实时对点云数据进行运算,得到无接缝的多边形曲面。Rapidform 可使用户的工作效率提升,使 3D 测量设备的运用范围扩大,改善扫描品质。

6. 逆向建模

逆向建模是将实物转化为 CAD 模型相关的数字化技术、几何模型重建技术。逆向建模能够将已有产品或实物模型转化为工程设计模型和概念模型,在此基础上对已有产品进行解剖、深化和再创造。图 2.18 展示了逆向建模的基本步骤。

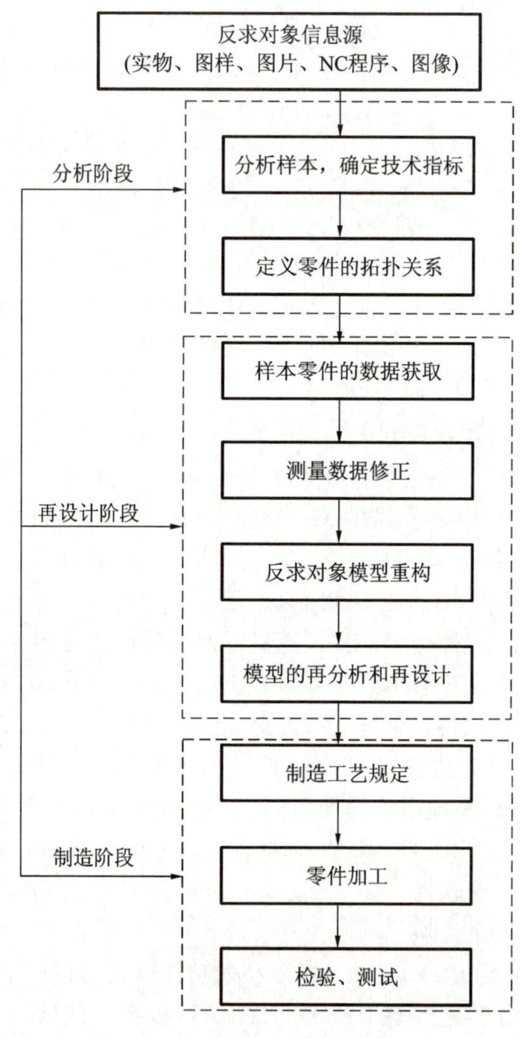

图 2.18 逆向建模的基本步骤

逆向建模通过对多通道二维信号及其他相关信息的处理和综合来重建三维信号。三维信号重建的方法有：

（1）通过正投影得到的二维工程图样反求出三维实体模型。这类方法常应用于机械领域的反求工程中。

（2）基于断层成像原理，利用CT、超声等技术，将获得的二维切片图重构成三维模型。这类方法主要应用于医学影像处理和快速成形加工等领域。

（3）利用视觉重建技术，即采用计算机视觉方法进行物体的三维模型重建，即利用数字摄像机作为图像传感器，综合运用图像处理、视觉计算等技术进行非接触三维测量，用计算机程序获取物体的三维信息。该方法主要应用于根据影像信息构造古建筑或文物的模型，以及三维城市模型。

（4）利用3D测量技术，对物体进行高速高密度测量，输出三维点云数据，根据点云数据重构三维模型。该方法主要应用于电子商务和游戏领域中。

下面对三维信号重建的方法做具体介绍。

1）工程图样反求

基于工程图纸的三维模型重建技术是计算机辅助设计和计算机图形学中的重要研究领域。具体方法是从工程图中提取三维形体的二维投影信息，通过对这些信息的分类、综合等一系列处理，在三维空间中重新构造出对应的三维形体信息，从而实现三维形体的自动重建。

从几何学的角度看，基于二维正交视图重建三维模型是从低维信息恢复出高维信息的过程，其关键问题是如何利用不同视图中点、边的坐标对应关系提取三维空间信息，恢复形体的空间体信息，构造对应的三维形体。

从人工智能的角度看，基于工程图重建三维模型是一个模拟人类工程师读图的过程，需要根据工程图的投影原理和制图规则，通过归纳和推理，搜索满足二维视图约束条件的三维形体。

2）断层三维重建

基于断层图像的三维重建就是根据输入的断层图像序列，经图像处理与图像分割后构建出待建目标的三维模型的过程，如图2.19所示。

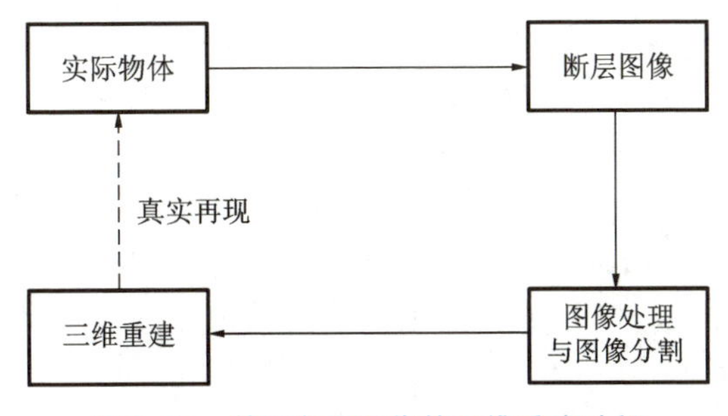

图2.19　基于断层图像的三维重建过程

断层成像技术通常是在 X 射线或激光穿透被测物体时，测量物体的反射能量或者吸收能量，获得物体内部结构信息的一种成像技术。如 CT 扫描、核磁共振成像等，它们均产生二维分层的图像序列，将这些图像层叠起来就构成了三维空间规则体数据，其中图像上的像素点对应网格节点，灰度值对应体数据。

根据断层图像重构三维模型是科学计算可视化和逆向工程领域中的一个热点和难点，广泛应用于医学临床诊断、工程有限元分析、气象分析、地震断层波谱、地形虚拟、机械零件仿造等方面。

3）立体视觉三维重建

基于计算机视觉的三维重建技术是指由两幅或多幅二维图像来恢复出空间物体的几何信息的技术。立体视觉三维重建流程：首先在两幅图像上找出对应匹配点，接着计算出摄像机的内、外参数，再利用对应匹配点和摄像机参数计算出对应点的三维坐标，然后对获得的三维点云进行三角剖分（把曲面剖分成一个个满足一定条件的三角形），最后通过纹理映射（将纹理贴到对应像素点上）恢复出物体的三维形貌，如图 2.20 所示。

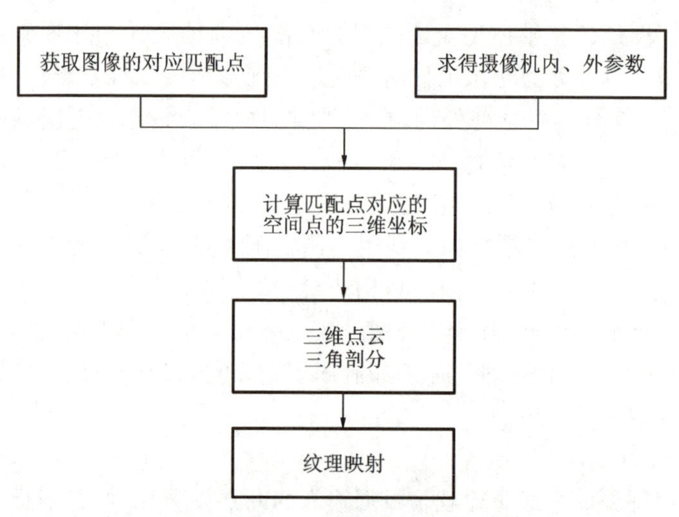

图 2.20　三维重建流程

完整的立体视觉三维重建系统主要包括摄像机标定、图像匹配、三维显示三大部分。摄像机标定就是指计算出摄像机的内参数和外参数（包括旋转矩阵和平移向量），内参数表征摄像机自身的性质，包括焦距、光心位置、镜头失真系数等，外部参数表征摄像机与世界坐标系的相对位置。图像匹配是立体视觉三维重建过程中最关键环节，采用基于特征的匹配技术，主要包括三个步骤：特征提取，特征匹配，误匹配消除。三维显示主要包括计算景物点的三维坐标，剖分三维点云以及纹理映射。

4）三维扫描重建

三维扫描重建是对样件原型进行三维坐标数据采集，继而对采集的数据进行处理，然后进行模型重构，得到实物样件的数字化模型，并在此基础上进行生产加工或二次开发，实现创新设计，如图 2.21 所示。

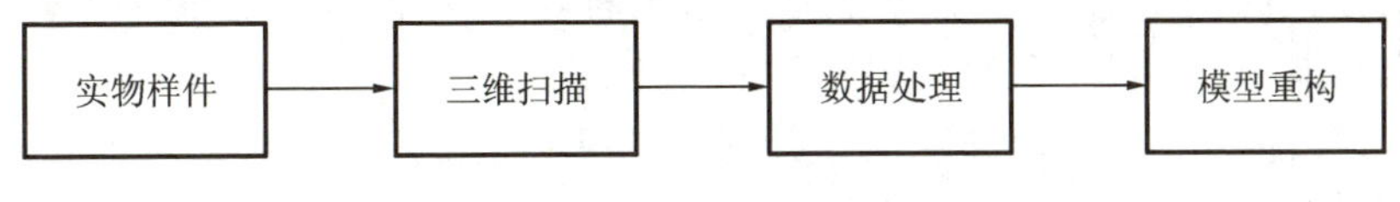

图 2.21　三维扫描重建

三维扫描是集光、机、电和计算机技术于一体的高新技术，主要用于对物体空间外形和结构进行扫描，以获得物体表面的三维坐标信息。它的重要意义在于能够将实物的立体信息转换为计算机能直接处理的数字信号，为实现实物数字化提供方便快捷的手段。

数据处理就是对采集到的数据进行多视拼合、噪声去除、数据精简、数据修补等处理工作。数据处理是进行模型重构前的必要准备，在整个三维扫描重建流程中十分关键。

模型重构就是运用一定的逆向工程软件对点云数据进行处理，最终生成实物样件的三维数字化模型。实现点云数据处理的软件很多，国际市场上的这类主流软件有美国 Geomagic 公司开发的 Geomagic Studio，美国 EDS 公司的 Imageware，韩国 INUS 公司的 Rapidform，英国 Delcam 公司的 CopyCAD，以及浙江大学的 RE-SOFT 等，这些软件都能较好地实现基于点云数据的三维模型构建。

7. 逆向设计的特点

逆向设计的方法随着科技的发展应运而生，逆向设计的关键就是反求分析。通过反求分析，对反求对象从原理方案、功能、零部件结构尺寸、材料性能和加工装配工艺等方面进行全面深入的了解，明确其关键功能和关键技术。然后在反求分析的基础上进行测绘仿制、变参数设计、适应型设计或开发型设计。逆向设计的对象有以下特征。

（1）反求对象一般都是当前市场急需的产品，市场要求产品开发具备快速反应的能力。因此产品开发模式必须具备群组协同、并行的能力。

（2）从逆向设计到创新设计的过程中，必然经过反复修改，势必会有大量数据产生，因此需要很好的数据维护和设计过程的跟踪。

（3）反求对象都是同类产品中比较领先的、具有高附加值的产品，因此需要先进的反求技术和反求工具，并且反求工具需高度集成、可数据共享。

2.1.3　正逆向设计

1. 概念

随着数字化时代的到来，机械设计制造领域进入一个不同以往的发展阶段，人们对产品的需求进入个性化的阶段，产品生命周期大幅缩短，产品更新换代更加频繁。这就要求我们必须从设计研发到推出产品期间提高效率。传统的设计制造方法以正向建模为主，但并不能满足当代的需求，将正向建模和逆向建模有机地结合起来已成为设计研发领域的必然趋势。

正逆向设计是在正向和逆向设计思想的基础上提出的一种对产品设计进行革新与创造的有效方法。它的主要设计思路是：充分运用多学科之间存在的相互影响和耦合等关系，对研究对象进行功能原理分析，并在此基础上建立研究对象的数学模型，然后通过一定的仿真技术和方法对所建立的数学模型进行仿真分析，最后通过实验来验证所建数学模型的正确性。在这一系列的过程中，最重要的环节是对设计对象进行功能原理分析，因为研究对象的数学模型是在此基础上建立的，它决定了所建数学模型的好坏。

功能原理分析的主要任务是分析所设计产品的功能要求和物理效用，主要研究目的是实现所需功能的数学和物理原理，在此基础上利用发散思维进行创新构思。功能原理分析的工作要点由下面 4 个步骤组成。

(1) 明确功能目标。即确定产品哪些功能是不可能具备的，哪些功能是可能具备的，哪些功能是必须具备的。这一步主要描述产品的功能集合。

(2) 分析已有解法。即分析成功的产品设计个案，确定这些产品设计案例中哪些设计方案是有借鉴意义或可取的，哪些是没有借鉴意义或不可取的。

(3) 进行创新构思。在以上分析的基础上，进行创造性思考，初步确定新产品的功能以及实现这些功能所需的技术方案。

(4) 评价及原理性验证。对以上 3 个步骤中得出的结果进行系统评价，并通过实验或仿真等有效手段验证其可行性。

2. 正逆向建模

正逆向建模即正向建模和逆向建模的有机结合，从测量数据中提取出可以重新进行参数化设计的特征及设计意图，进行再设计，完成 CAD 模型。目前，正逆向建模大致分为三种：

(1) 基于特征与自由形状的逆向建模方法的混合。

(2) 基于截面线与基于面的曲面重建方法的混合。

(3) 几何形状创建过程中曲线曲面的特征形式表达与 NURBS 形式表达的混合。

正逆向建模结合了正向建模与逆向建模的优势，具体步骤：对产品进行三维测量，获得点云数据，再对工件进行对齐、封装、修复、填充等处理从而建立网格面模型，然后经过特征提取、草图设计、定位、对齐等过程来进行正向设计，以此获得 CAD 模型。对模型分析后看是否令人满意，如令人满意就可加工模型，获得新的模型；反之，再次进行正向设计。具体的正逆向建模流程如图 2.22 所示。

在实际产品开发过程中，更多的是正向建模和逆向建模的混合使用。比如，

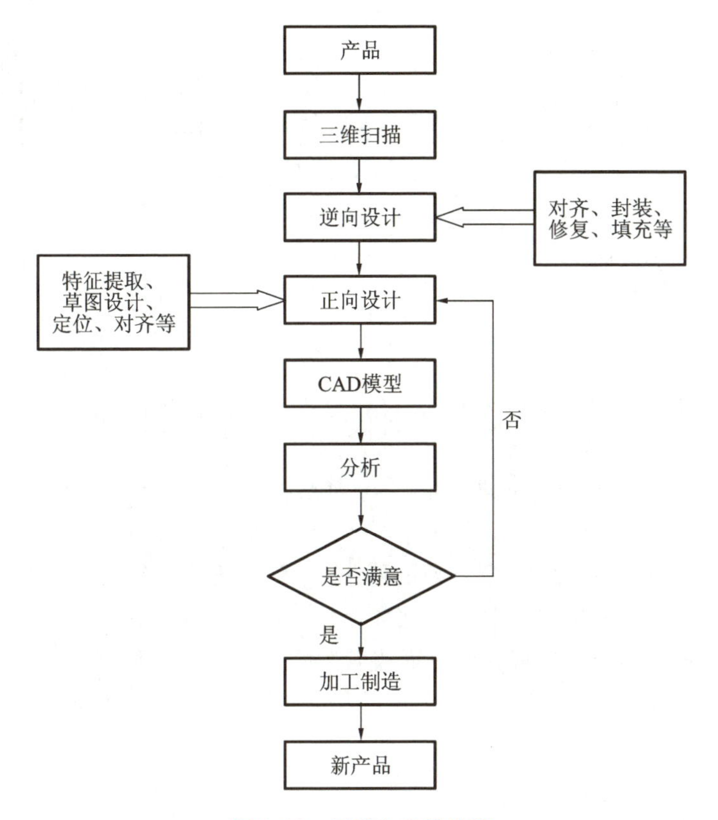

图 2.22　正逆向建模流程

三维立体游戏机手柄就采用了这种混合使用模式。

对现有的游戏机手柄进行三维扫描，获得点云数据，然后进行数据处理，逆向建模得到游戏机手柄的三维模型，如图 2.23 所示。这一过程属于逆向建模。

根据设计需求，在以上模型的基础上进行创新设计：① 增加屏幕显示装置；② 设计辅助快捷按键；③ 改进手柄，提高舒适度。这一过程属于正向建模。

正向建模和逆向建模混合后的设计产品如图 2.24 所示。

图 2.23　游戏机手柄原始模型

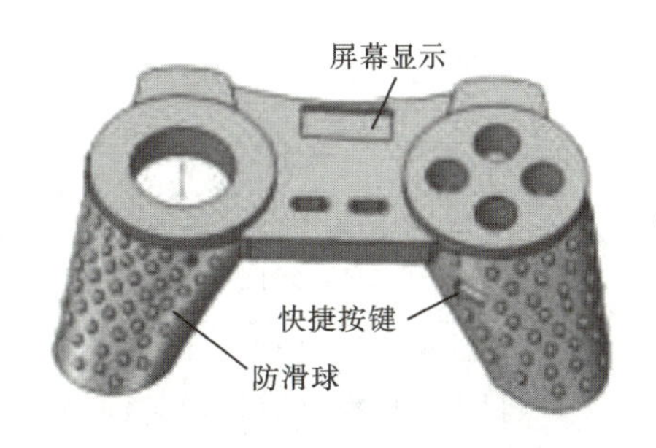

图 2.24　混合建模设计产品

任务2 模型处理

任务单

1. 了解STL格式模型。
2. 了解模型支撑的添加原理,掌握模型的支撑添加原则。
3. 了解模型分层切片方法。
4. 掌握扫描后的数据处理方法,并了解扫描仪的使用方法。

获得三维模型后,完成3D打印的第一步,后续还要进行模型处理,最后才能将数据传输到3D打印机中,打印出实体零件。模型处理分为两部分:模型前处理和模型后处理。模型前处理主要包括数据文件格式的转换和模型修复;模型后处理主要有添加模型支撑、分层模型切片以及生成加工路径。具体的流程如图2.25所示。

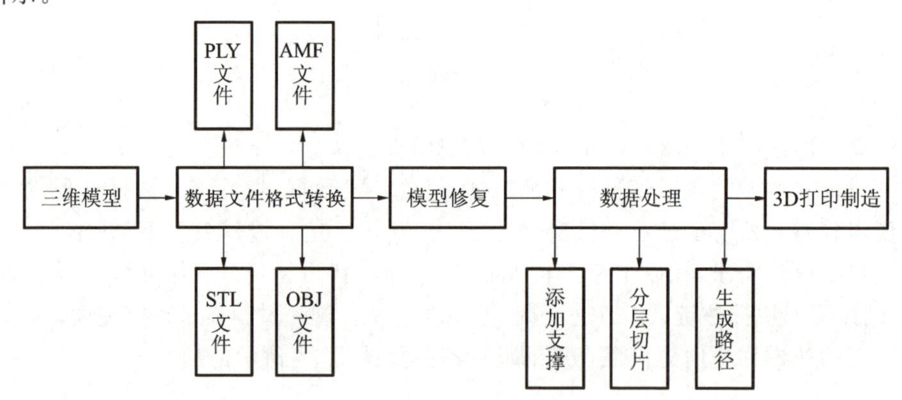

图2.25 模型数据处理流程

目前存储三维实体模型的数据文件格式有:3DS、COLLADA、PLY、STL、PTX、V3D、PTS、APTS、OFF、OBJ、XYZ、GTS、TRI、AMF、X3D、X3DV、VRML、ALN。适合作为3D打印的格式有:STL、OBJ、PLY、AMF。其中,STL是目前3D打印制造系统使用的一种标准化文件格式,本书也主要对其进行介绍。

3D打印技术涉及的数据文件格式也可分解为3D、2D、1D三个层次。在传统3D打印突破了形状复杂性(几乎任意复杂形状的一体化制造)后,现代3D打印技术正在逐步突破材料复杂性(异质材料、梯度材料零件的一体化制造)、层次复杂性(跨越多个尺度,从微观结构到宏观结构的一体化制造)和功能复杂性(省略装配过程的复杂功能结构零件乃至系统的一体化制造),从而要求现代 3D 打印涉及的数据信息不再仅限于制造中的几何信息,还需要包括零件模型的结构信息、颜色信息、材料信息乃至具体加工过程中的工艺信息,由此呈现出一个多维度、多尺度的数据格式体系。

3D 打印技术的本质特征是“降维制造”思想,主要可以抽象为两阶段“降维离散”过程(见图 2.26):第一阶段降维离散过程是将三维层面的实体加工信息降维到二维层面的切片信息,实现由 3D 向 2D 信息的离散降维加工过渡;第二阶段降维离散过程是将二维层面的切片加工信息降维到一维加工路径及相关工艺信息,实现由 2D 向 1D 信息的离散降维加工过渡。3D 打印的过程则是上述“降维制造”思想的逆向过程,即由点到线、由线到面、由面到体的增材制造过程。

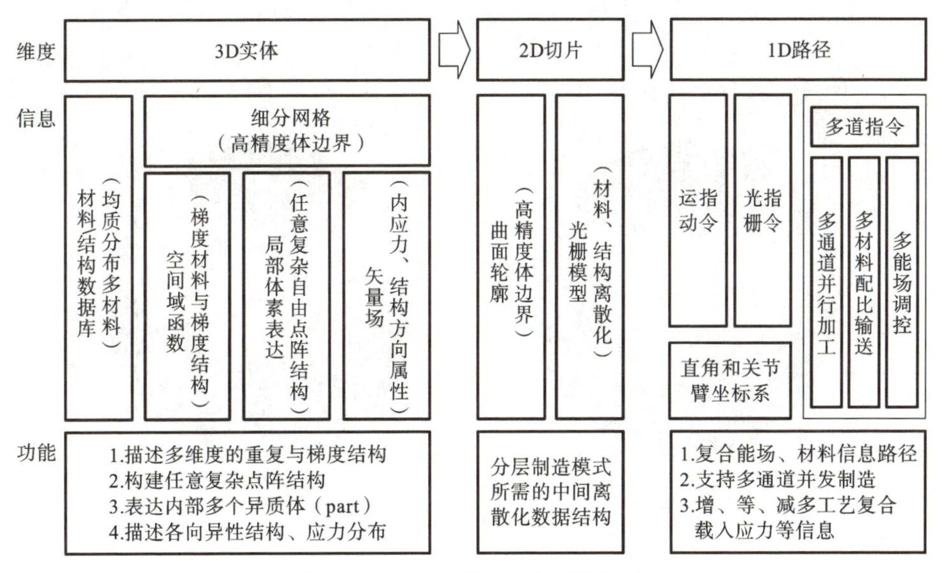

图 2.26　3D 打印全维度数据模型

2.2.1　STL 文件

1. 来源及特征

STL(stereo lithography)文件格式是美国 3D Systems 公司提出的一种 CAD 与 3D 打印系统之间的数据交换格式,最初应用于 3D Systems 公司发明的一种 3D 打印工艺 SLA,这也是该文件格式名称的来源。由于 STL 文件格式简单,对三维模型建模方法无特定要求,因此所有的 3D 打印系统都能用 STL 文件进行加工制造,而几乎所有的 CAD 系统也都能把 CAD 模型由自己专有的文件格式导出为STL文件格式。STL文件格式成为3D打印领域中的事实标准数据输入格式，在逆向工程、有限元分析、医学成像系统、文物保护等方面有广泛的应用。

STL文件格式的三个大字母可译为标准三角语言(standard triangle language)、标准曲面细分语言(standard tessellation language)和立体光刻语言(stereo lithography language)等，可见其称谓从各个不同侧面表达了该文件格式描述的信息与用途。

STL文件是若干空间小三角形面片的集合，每个三角形面片用三角形的三个顶点和指向模型外部的法向量表达。这种文件格式类似于有限元的网格划分，即将物体表面划分为很多个小三角形，用很多个三角形面片去逼近CAD实体模型。它所描述的是一种空间封闭的、有界的、正则的、唯一表达物体的模型，它包含点、线、面的几何信息，能够完整表达实体表面信息。

如图2.27所示，STL模型的精度直接取决于离散化时三角形的数目。一般而言，在CAD系统中输出STL文件时，设置的精度越高，STL模型的三角形数目越多，文件所占存储空间越大。

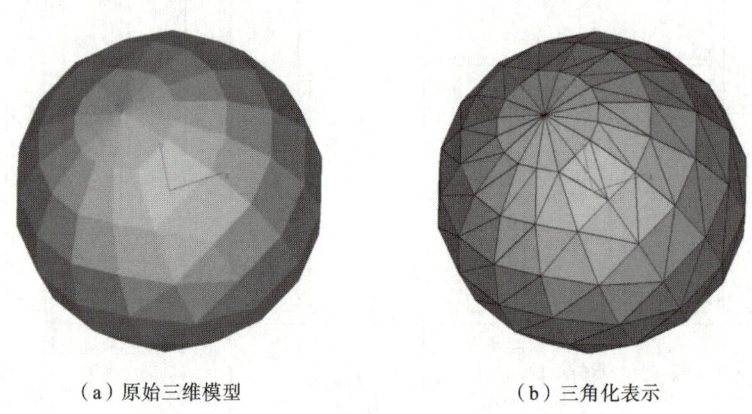

(a) 原始三维模型　　(b) 三角化表示

图2.27　原始三维模型及其三角化表示

STL模型是以三角形集合来表示物体外轮廓形状的几何模型。在实际应用中，尤其是在STL模型广泛应用的3D打印领域，STL模型数据需要经过检验才能使用。这种检验主要包括两方面的内容：STL模型数据的有效性检查和STL模型的封闭性检查。有效性检查包括检查模型是否存在裂隙、孤立边等几何缺陷；封闭性检查则要求所有STL三角形围成一个内外封闭的几何体。

由于STL模型仅仅记录了物体表面的几何位置信息，没有任何表达几何体之间关系的拓扑信息，因此在重建实体模型的过程中，凭借位置信息重建拓扑信息是十分关键的步骤。并且，实际应用中的产品零件(结构件)绝大多数是由规则几何形体(如多面体、圆柱等)经过拓扑运算得到的，因此对于结构件模型的重构来讲，拓扑关系重建显得尤为重要。

STL文件的特征如下。

(1) STL 文件非常简单，它存储的是一个个离散的三角形面片的三个顶点坐标和指向实体外方向的单位法向矢量，这些三角形面片由 CAD 模型表面三角化所得，并且其存储是无序的(即任意的)。

(2) STL 文件仅描述三维物体的表面几何形状，没有颜色、材质贴图和其他常见三维模型的属性。

(3) STL 文件有文本和二进制两种格式。文本格式具备较好的人机友好性(人类可阅读性)。同等信息的二进制格式的存储空间仅为文本格式的 1/3，因此二进制格式广泛用于大型模型的描述。

(4) STL 文档描述原始非结构化三角分区时用三维三角形笛卡儿坐标系。STL 坐标没有尺度信息，即计量单位是任意的，现实中通常为毫米(mm)或英寸(1 in=25.4 mm)。

STL 文件最重要的特点是它的简单性，它不依赖于任何一种三维建模方式，它只存放拟合 CAD 模型表面的离散的三角形面片信息，这些三角形面片的存储顺序是任意的。

2. STL 文件的一致性规则及错误

1) 一致性规则

STL 文件是一些离散的三角形网格描述，它的正确性依赖于其内部隐含的拓扑关系。按照 3D Systems 公司的 STL 文件格式规范，正确的数据模型必须满足如下一致性规则：

(1) 相邻两个三角形面片之间只有一条公共边，即相邻三角形必须共享两个顶点；

(2) 每一条组成三角形的边有且只有两个三角形面片与之相连；

(3) 三角形面片的法向矢量要求指向实体的外部，其三个顶点的排列顺序与外法矢之间的关系要符合右手法则。

2) 错误

鉴于三角形网格拟合实体表面算法本身固有的复杂性，一般 CAD 造型系统输出复杂 STL 文件时都有可能出现错误(即不满足上述一致性规则)，出错的 STL 文件的比例可高达 1/7。STL 文件的错误种类很多，比较常见的错误有：出现无效法矢、重叠三角形面片、相邻面不共顶点、非正则形体、裂缝、漏洞等，如图 2.28 所示。

对无效法矢、重叠三角形面片等简单错误已经有成熟的处理方法，比较容易识别和纠正，当前 STL 文件中难以修复的错误主要可分为如下两类。

(1) 裂缝、漏洞。

STL 文件的绝大多数错误均属于出现裂缝、漏洞，该类错误源于两种情况：一种是由于构成模型边界的几块表面之间会有边界拼接误差，表现在三角形网格上就是裂缝；另一种情况是 CAD 系统在划分表面三角形网格时，由于遍历算法不完

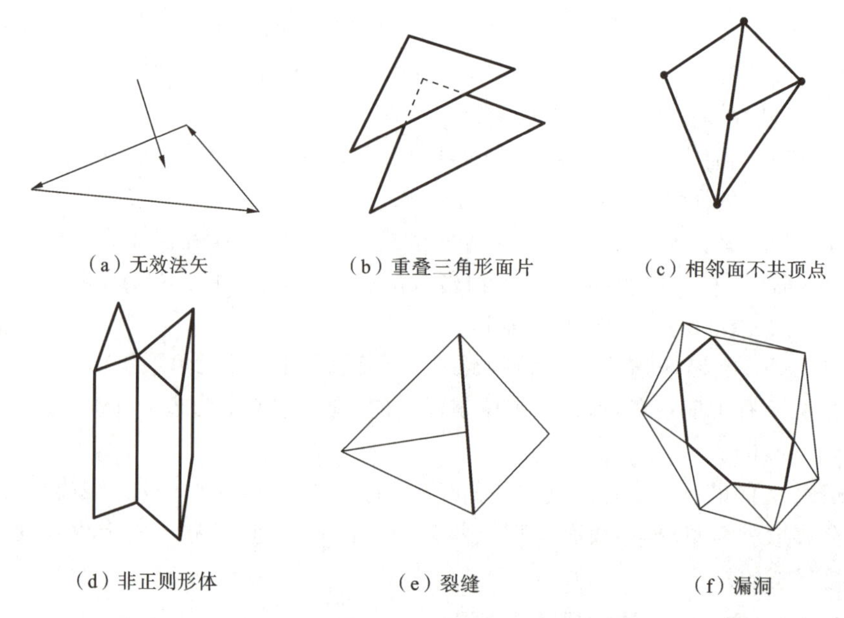

图 2.28　典型的 STL 文件常见错误

善,在某一区域丢失了一个或一组相邻的三角形,从而形成漏洞。裂缝在表现形式上与漏洞一样,即在 STL 模型上漏洞(裂缝)边界轮廓所包括的边均只有一个三角形面片与之相连,违反了 STL 文件的一致性规则。

图 2.29　CATIA 生成的飞机 STL 模型

对于某些基于表面造型的 CAD 系统(如 CATIA)而言,设计人员在造型时有时并没有把模型的几块表面精确地拼接在一起,而是留有一个微小的缝隙,或者是两块表面之间有一个微小的重叠区域,这些情况在显示器上用肉眼往往无法观察出来,甚至符合数控加工的要求,但一旦输出成 STL 文件,就会形成贯穿全局的裂缝,如图 2.29 所示的飞机底部的细长深色区域。在 CATIA 中精确拼合几块曲面非常困难,需要耗费设计人员很长的时间去调整。

(2) 非正则形体。

在划分三角形网格时,有时一条公共边上会出现多于 2 个三角形的情况,这种情况称为多重邻接边。如图 2.30 所示,造型系统(Pro/E)在分别生成模型的部件 1 和部件 2 的三角形网格时,其网格划分都是符合 STL 文件一致性规则的,但造型系统并没有意识到部件 1 和部件 2 在粗白线处是相切的,而粗白线处恰好同时是部件 1 和部件 2 的三角形公共边,故在粗白线处将会出现 4 个三角形共用一条边的情况，即多重邻接边。从几何造型学的角度来说，合法的STL文件所表示的三维形体都应该是正则形体，即形体上的任意一点的足够小的邻域在拓扑上应是一个等价的封闭圆，围绕该点的形体邻域在二维空间中可构成一个单连通域。含有多重邻接边的STL文件所表示的形体为非正则形体。

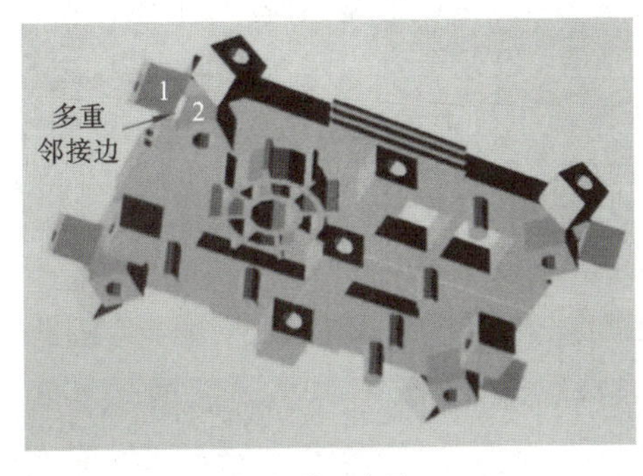

(a) 模型全景

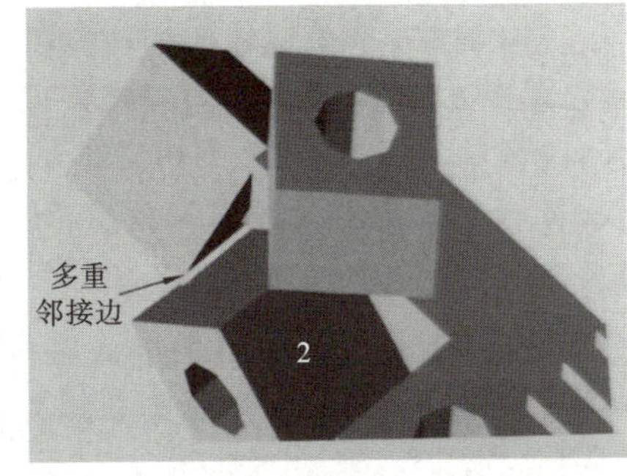

(b) 模型局部

图2.30　多重邻接边示例

非正则形体的生成有一定的普遍性，特别是Pro/E这类基于特征建模的CAD系统，在输出含有相切特征模型的STL文件时，一般都会出现STL文件局部正确、整体不符合一致性规则的错误。

3. STL文件的错误处理方法

对于STL模型的显示而言，小的局部漏洞、裂缝并不影响视觉效果，多重邻接边也不会导致视觉外观的任何变化。但快速成形系统的基本任务是将STL模型离散为一层层的二维轮廓切片，再以各种方式填充这些轮廓，生成加工扫描路径。若不能正确处理这些STL错误，在切片时就会出现轮廓错误、混乱等异常情况，甚至会导致系统崩溃。图2.31所示为Pro/E生成的STL文件含多处漏洞的常规切片输出实例。

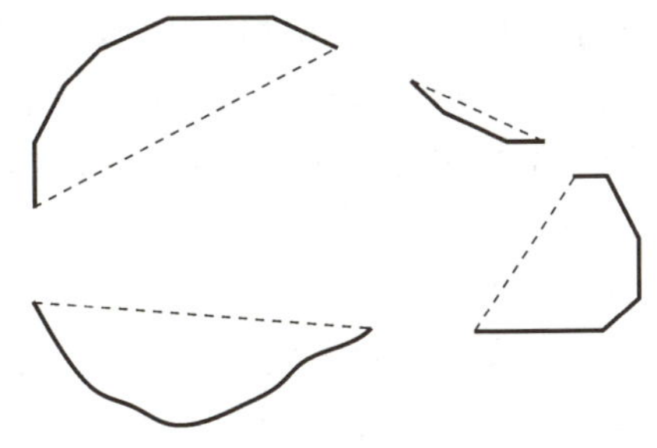
图2.31　含多处漏洞的常规切片输出实例

目前业界已经推出了一系列STL文件修复程序，多数适用于3D打印和CAD软件，如Magics、PowerShape等也具有强大的STL纠错功能。但由于技术上的限制，目前多数STL纠错程序并不能将STL文件所描述的三维拓扑信息还原出一个整体、全局意义上的实体信息模型，也不具有物理实体领域相关的完备知识和经验，因而它们的纠错只能停留在比较简单的层次上，无法对复杂错误进行自动纠错。

4. STL格式的缺陷及改进STL格式的优缺点分析

STL文件能成为3D打印领域事实标准格式的原因主要在于它具有如下优点：

(1) 格式简单。STL 文件仅存放 CAD 模型表面的离散三角形面片信息,并且对这些三角形面片的存储顺序不作要求;从"语法"的角度来看,STL 文件只有一种构成元素,那就是三角形面片,三角形面片由其三个顶点和外法矢构成,不涉及复杂的数据结构,表述上也没有二义性,因而 STL 文件的读写都非常简单。

(2) 与 CAD 建模方法无关。在当前的商用 CAD 造型系统中,主要存在特征表示法、构造实体几何法等主要形体表示方法,以及参量表示法、单元表示法等辅助形体表示方法。当前的商用 CAD 软件系统一般根据应用的要求和计算机技术条件采用上述几种方法来混合表示。虽然模型的内部表示格式都非常复杂,但无论 CAD 系统采用何种表示方法和内部数据结构,它表达的三维模型表面都可以离散成三角形面片并输出 STL 文件。

但 STL 文件的缺点也很明显,主要表现在以下方面:

(1) 数据冗余,文件庞大。高精度的 STL 文件比原始 CAD 数据文件大很多倍,大量数据冗余,网络传输效率很低。

(2) 使用小三角形平面来近似表示三维曲面,存在曲面误差。由于各系统网格化算法不同,误差产生的原因与趋势也各不一样,因此要想减少误差一般只能采用增大 STL 文件精度等级的方法,这将导致文件长度增加,结构更加庞大。

(3) 缺乏拓扑信息,容易产生错误,切片算法复杂。由于各种 CAD 系统的 STL 转换器不尽相同,在生成 STL 文件时,容易产生多种错误,且诊断规则复杂,修复非常困难,这都增加了快速成形加工的技术难度与制造成本。由于 STL 文件本身并不显示包含三维模型的拓扑信息,因此 3D 打印软件在处理 STL 文件时需要花费很长时间来重构模型拓扑结构,然后才能进行离散分层制造。处理超大型 STL 文件对系统时间和空间资源都提出了非常高的要求,增加了软件开发的技术难度与成本。总的来说,STL 文件的缺点主要集中在文件尺寸大和缺乏拓扑信息上,3D 打印领域中的模型精度问题可以通过增加 STL 文件三角形面片数目(即增加文件尺寸)的方法来解决。现在已经出现了多种可以替代 STL 文件格式的接口格式,如 IGES、AMF 和 3MF 等,但这些格式中目前并没有一种能在 3D 打印领域如 STL 一样得到广泛应用。STL 能成为 3D 打印领域的事实标准,除了历史原因外,其格式简单性与 CAD 建模方法无关性也是非常重要的因素。

2.2.2 模型支撑的添加

3D 打印过程中,由于模型是自下而上分层累积而成的,因此模型的部分区域可能会处于悬空状态,如果不添加支撑结构,会导致模型打印不成功或者产生翘曲变形。支撑结构不仅能防止在模型打印过程中某些狭长的悬臂结构处于悬空状态,并且对于大面积的区域,也可以解决打印过程中由于散热不均匀而导致的翘曲变形，从而保证模型的成形质量和精度。

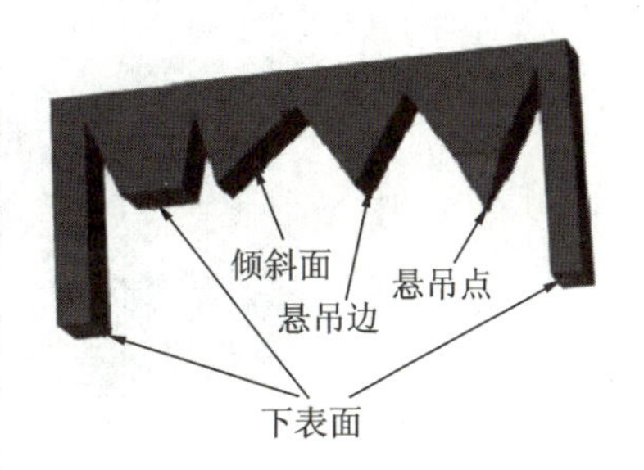

图 2.32　实体零件待支撑特征分类

基于 STL 文件的模型待支撑区域一般根据其几何特征分为较大的倾斜面、下表面、悬吊边和悬吊点等，如图 2.32 所示，这些待支撑区域有着各自不同的几何特性，因此在添加支撑结构前，需要识别这些区域，以便后续支撑的添加。

3D 打印模型支撑添加技术一般应该满足以下几项原则：

(1) 待支撑区域的面积应当尽量小，这样可减小支撑结构与模型表面的接触面积，不仅有利于减小模型表面粗糙度，还能保证打印结束后支撑结构易于去除；

(2) 设计的支撑结构在保证基本功能的前提下，应力求结构简单、体积小，这样不仅可以缩短打印时间，而且能节省一部分的打印材料，降低成本。

在满足设计原则的条件下，支撑结构主要有以下几方面的作用：

(1) 保证待加工模型与旋转平台紧密固定在一起，防止模型在打印过程中出现移动等问题，并且还可以保证模型基础面的精度；

(2) 防止模型待支撑区域处于悬空状态，避免出现悬吊面、悬吊边等；

(3) 避免模型的一些狭长部分因受到自身重力、散热不均匀等原因发生翘曲变形，加强模型在打印过程中的结构强度。

图 2.33 所示为模型添加支撑及打印效果图。

2.2.3　模型分层切片技术

分层切片是指将工件的 STL 格式的 3D 模型转化为一系列 2D 截面图形(见图 2.34)，并根据这些图形生成 3D 打印机的控制指令。

模型分层方向的确定是 3D 打印过程中的首要步骤，同一个模型可以有不同的分层方向，分层方向不同，模型表面粗糙度、模型加工时间和待支撑区域等都有所不同，而确定最优的分层方向，可使模型表面精度和加工时间都达到比较理想的水平。图 2.35 所示为同一模型的不同分层方向。

3D 打印机上一般都配备了切片软件，切片处理的实质是将几何模型用轮廓线表达，这些轮廓线代表模型在切片层上的边界，它由一系列以 Z 轴正方向为法向的平面与 STL 格式模型经过相交计算所得的交点连接而成。根据这些轮廓线可以确定 3D 打印成形的路径，并生成 3D 打印机的控制指令。切片厚度称为分层厚度(简称层厚)，通常取为恒定值，这种分层切片方式称为等厚度分层切片。分层厚度愈小，成形工件的品质和表面精度愈高，但成形时间愈长。分层厚度的范围为 0.015～0.6 mm，通常为 0.1 mm 左右。

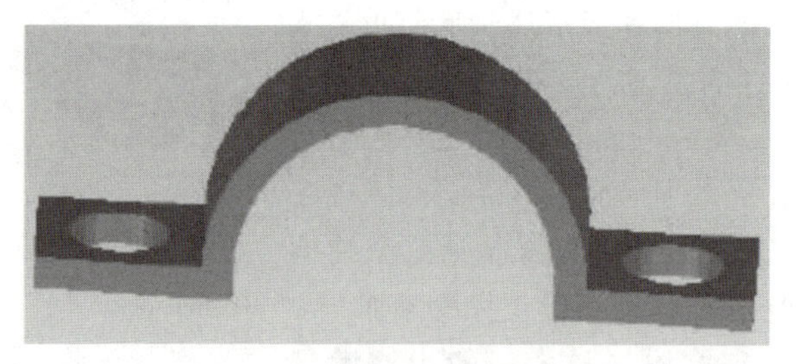

（a）原始待打印三维模型

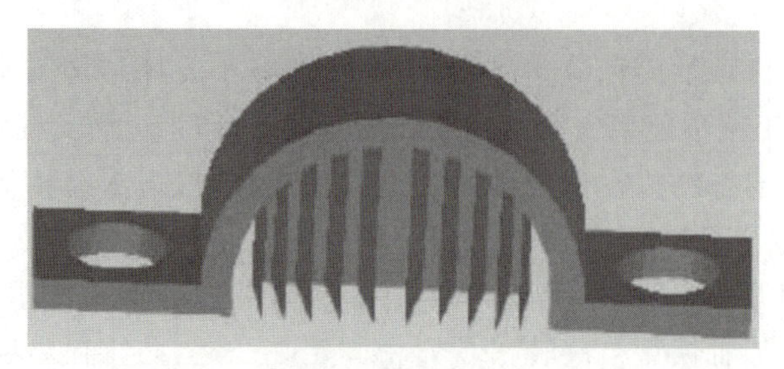

（b）添加支撑结构后的待打印三维模型

（c）熔融沉积成形机打印的实体

图 2.33　模型添加支撑及打印效果图

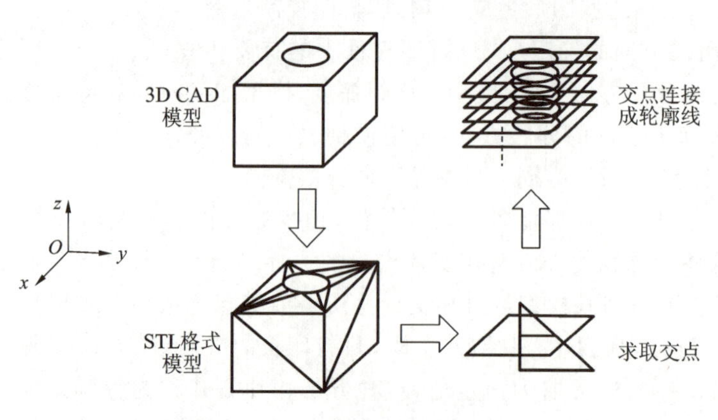

图 2.34　STL 格式模型的分层切片处理

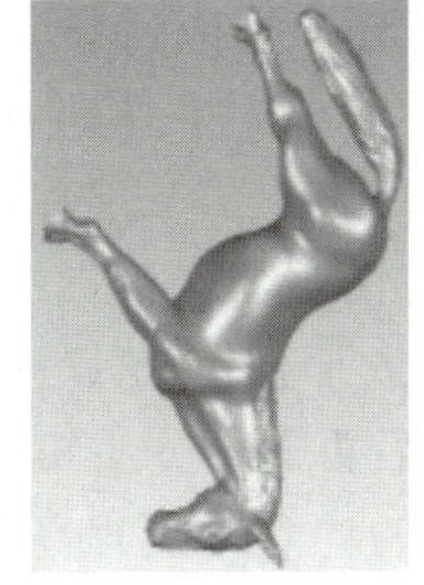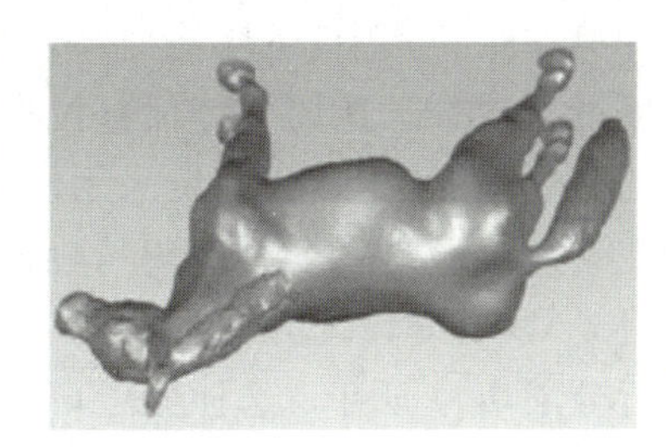

图 2.35　同一模型的不同分层方向

图2.36所示为缺陷下颌骨模型分层实例和头骨模型分层实例，采用了等厚度分层切片方式。

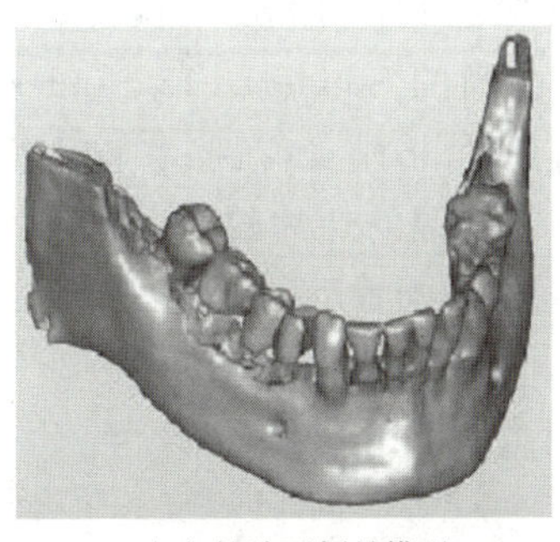

(a) 缺陷下颌骨模型

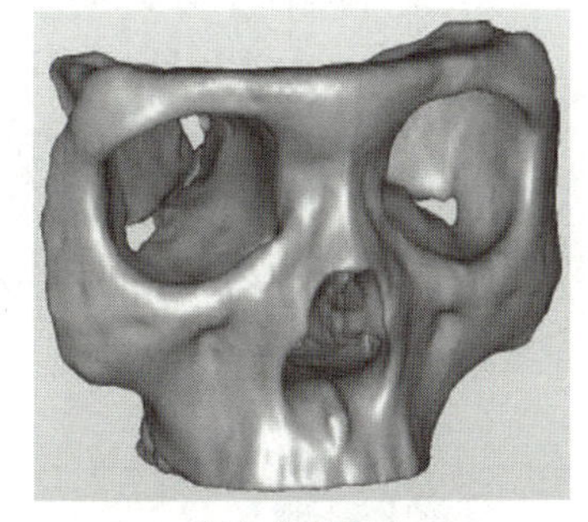

(d) 头骨模型

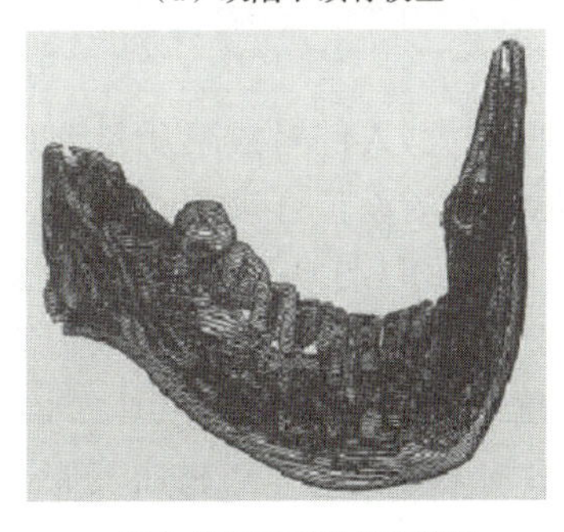

(b) 缺陷下颌骨切片数据

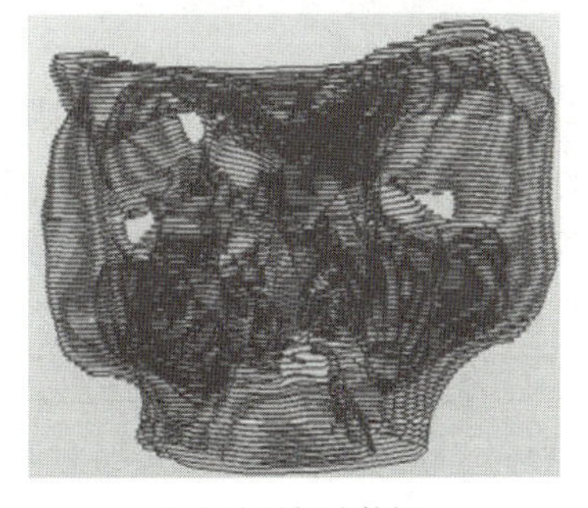

(e) 头骨切片数据

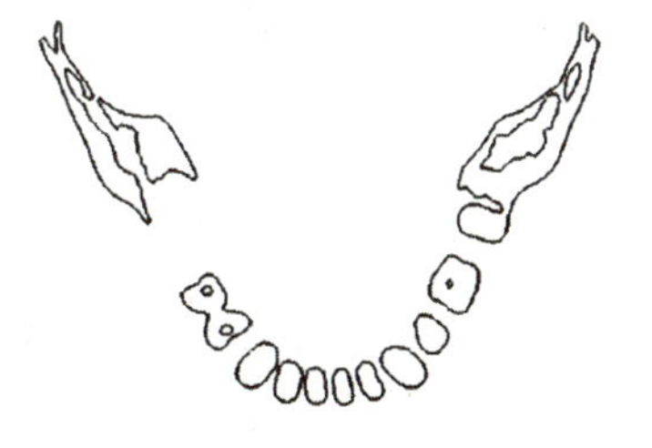

(c) 缺陷下颌骨某一层切片轮廓

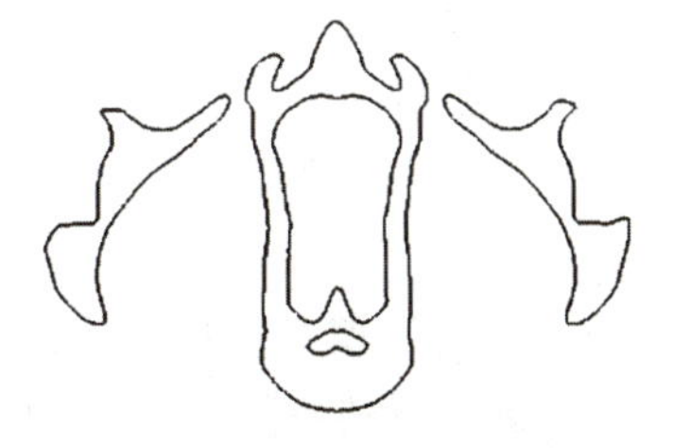

(f) 头骨某一层切片轮廓

图 2.36　STL格式模型的分层切片处理

除了上述等厚度分层切片之外,还有适应性分层切片和 CAD 模型直接分层切片等方式。其中,适应性分层切片是根据工件的特征自动调整分层切片的分层厚度,在精细、重要的特征部位采用较小的分层厚度,在不重要的部位采用较大的分层厚度,在一般部位采用恒定的分层厚度。这种适应性分层切片的优点是能在高成形效率下得到较精确的成形件。CAD 模型直接分层切片时不必首先将 CAD 模型转化为格式模型,然后再进行分层切片,只要根据原始 CAD 模型进行分层切片即可。这种分层切片的优点是能提高成形精度,减轻工件表面的台阶效应。

常见的切片处理软件(又名 Gcode 生成器、POST 软件)有 CuraEngine(Ultimaker)、Skeinforge、MakerBot Slicer(MakerBot)、SFACT、KISSlicer 等。3D 打印机生产商一般都有自己的切片及处理软件,如 3D Systems 公司的 ACES 和 Quick Cast、Helisys 公司的 LOM Slice、DTM 公司的 Rapid Tool、Stratasys 公司的 Quick Slice 和 Support Works、Cutibal 公司的 SoliderDFE、Sander Prototype 公司的 ProtoBuild 和 ProtoSupport 等,但它们价格昂贵,在技术上保密,不便于做二次开发。Cura 是由 Ultimaker 开发的一款开源的切片软件,功能强大,安装简单,界面友好,可在 Ultimaker 设备上实现完全预配置工作,适应多种主流机型,因此在 3D 打印中被广泛应用。

2.2.4 扫描路径技术

随着 3D 打印技术的发展,应用范围不断扩大,人们对成形质量和成形效率提出了更高的要求;而在 3D 打印系统中,扫描路径的设计合理与否直接影响着产品的几何质量、强度、刚度以及成形的效率。目前,3D 打印系统中的扫描路径主要有往复直线扫描路径、轮廓偏置扫描路径、分形扫描路径、蜂窝状扫描路径等。

不同类型的扫描路径各有其特点,往复直线扫描路径(见图 2.37(a))算法简单,易实现,但打印过程中温度场分布不均匀,容易产生翘曲变形;轮廓偏置扫描路径(见图 2.37(b))可实现高表面精度模型的打印,但其算法复杂,需处理环自交与相交的问题;分形扫描路径(见图 2.37(c))温度场分布比较均匀,不易产生翘曲变形,但是扫描方向频繁突变,设备易产生振动和冲击;蜂窝状扫描路径(见图 2.37(d))节省材料,但路径的连续性较差,同一层面上存在大量的空行程和跳刀。

为了保证成形的效率和质量,3D 打印技术中的路径规划应该遵守以下原则。

(1) 无重叠路径原则:每层上的扫描路径不能交叉或重叠。图 2.38(a)、(b)中的路径 AB 和路径 CD 出现交叉和重叠,将使成形层面凹凸不平,影响产品的最终质量。

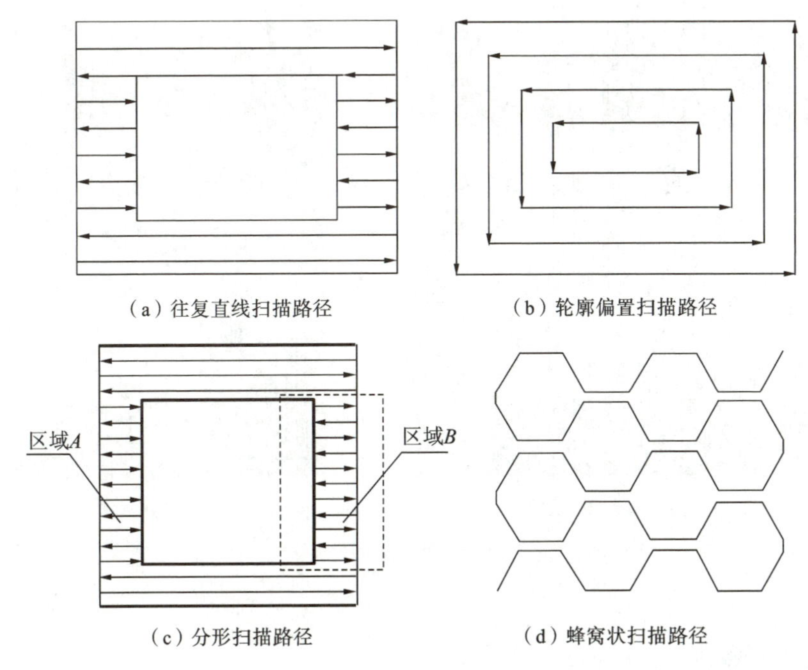

（a）往复直线扫描路径　（b）轮廓偏置扫描路径

（c）分形扫描路径　（d）蜂窝状扫描路径

图 2.37　4 种类型的路径扫描原理

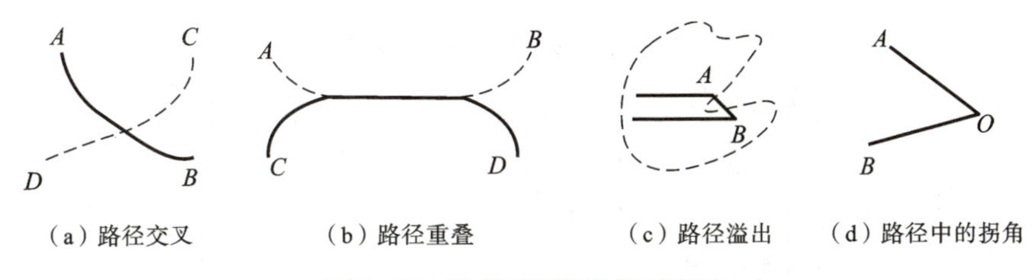

（a）路径交叉　（b）路径重叠　（c）路径溢出　（d）路径中的拐角

图 2.38　不合理扫描路径示意图

(2) 无溢出路径原则：每层上的扫描路径不能超出切片轮廓。如图 2.38(c)中的路径 AB 溢出，将影响产品的表面质量。

(3) 最少拐角原则：每层上的扫描路径中拐角的数量应尽量少。若路径中存在大量的拐角，如图 2.38(d)所示的拐角 AOB 会造成进给速度和加速度的频繁突变，加剧设备的磨损，影响成形的效率和质量。

(4) 最小空行程原则：尽量减少每层路径上的空行程和跳刀次数。空行程过多将严重影响成形效率，频繁跳刀会使“拉丝现象”出现，影响成形质量。

(5) 其他原则：有利于得到比较好的表面质量，减少变形量，改善设备的振动等。

图 2.39 所示为利用蜂窝状扫描路径打印的三维兔子模型，其中图(a)所示为打印的实体模型，图(b)所示为打印的实体模型的内部结构，呈现蜂窝状。

(a) 兔子三维模型

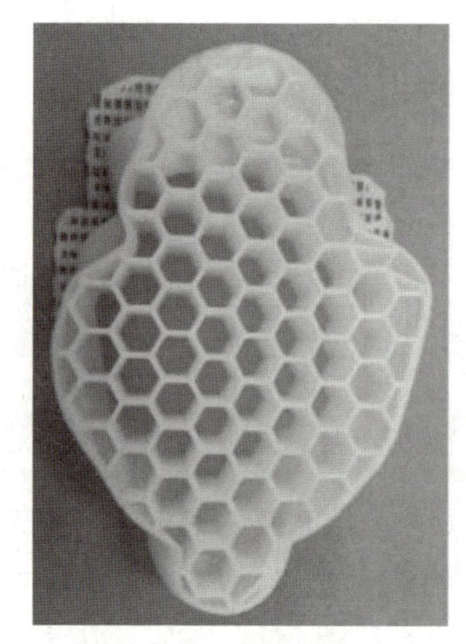

(b) 模型内部结构

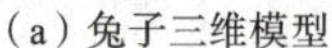

图 2.39　兔子的三维模型及其内部结构

阅读材料

3D 打印的未来:六大发展趋势

3D 打印正在成为一种广泛使用的制造技术,不仅适用于制作原型,也适用于制作中小型件。下面介绍对 3D 打印行业和使用 3D 打印技术的人产生重大影响的六大趋势。让我们一起探索 3D 打印的未来在哪里吧?

1. 新时代:更大、更快、更经济

3D 打印/增材制造(AM)技术正在快速发展,它们正在变得更大、更快、更经济。为了满足终端部件所需的性能要求,目前 3D 打印行业对特种材料的需求不断增长,这将继续扩大材料的使用范围和类型。新一代打印机,特别是工业级 3D 打印机能够处理更广泛的先进材料的能力,为企业打开了从 AM 中受益的大门。尽管机器成本仍然很高,但打印速度的提高正在降低零部件的成本。随着越来越多的企业转向 3D 打印,相信成本也会越来越低。随着双重挤压等工艺的发展,3D 打印的多功能性正在增长,我们看到越来越多的行业采用 3D 打印。另一种趋势是在不使用支撑结构的情况下进行打印,这将再次扩大 AM 的应用范围,无支撑打印节省成本和时间的潜力很大。

2. 提高效益与互操作性

AM 作为一种综合供应链方法要最大限度地提高效益,制造商不仅需要大量的打印机,还需要打印材料并与其他行业的专业人员建立联系。为了最大限度地发挥3D打印的潜力，不同系统之间的互操作性正变得越来越重要。在未来几年，提高生产和后处理的自动化程度以及综合可用性将继续是一个重要的趋势。AM可以提供一种全新的供应链方法，其中各个步骤需要整合为一个流程，包括概念设计、材料、数字化库存、生产和交付。随着制造商迈向工业4.0时代，提供完全自动化且安全的平台将推动这一变化。

3. 制定共同标准与协同作用

从个人伙伴关系到整个工作系统，加强合作可以创造互惠互利和协同效应，最终为客户带来更好的产品。扩大3D打印工业生产的主要推动因素就是合作。越来越多的制造商看到了更全面合作的必要性。3D打印领域必须共同制定标准，打印机和后处理系统应该能够协同工作，收集的生产数据可以改进打印机和打印材料。密切合作是实现最佳解决方案的关键。目前急需建立一个连接全球服务提供商、材料生产商和打印厂商的系统，要知道只有密切合作，永久交流，制造商才能为客户提供最好的解决方案。

4. 安全和质量保证

对于工业生产，公司必须保证生产的3D打印部件满足必要的质量要求。此外，数据所有权具有重要作用，数据管理将是未来一个巨大的关注点。在质量保证方面，需要仔细选择生产合作伙伴，考察他们的能力，并确保部件可重复使用并满足使用要求。当然这远远不够，还需要采取进一步的措施，以确保设计数据掌握在公司的手中。该公司通过加密数据来固定可以执行的制造参数，因此只能按要求的数量和材料来生产部件。通过收集制造数据并进行分析，可以快速发现错误，改进工艺，确保满足所有质量要求。

5. 创建一个有弹性的供应链

3D打印过去已经被用来解决供应链脆弱性问题，它的使用还会不断增加。随着供应链的分散化和消费者所在地的按需生产，3D打印使供应链变得更短、更强大、更具弹性。实物库存是任何供应链的薄弱环节，零部件可以通过数字方式存放，而不是放在实体仓库中，这消除了存储和运输成本。有了数字仓库，一旦部件被订购，数字仓库就可以根据位置、能力和容量自动将订购信息发送给最合适的生产合作伙伴。零部件可以随时随地被生产，供应链的弹性会提高。

6. 推动可持续发展

3D打印可以减少生产过程中的浪费。通过专门设计3D打印部件，可以大幅减轻最终部件的重量，从而减少生产所需的材料。此外，如前所述，当使用3D打印作为按需生产的制造方式时，它可以减少库存中的部件数量，以及运输过程中的CO_2排放。展望未来，3D打印的使用将越来越多，这是可持续发展战略的一部分。为了进一步提高技术的可持续性，必须降低生产过程中的能源消耗，如今我们已经在这一领域看到了巨大的成效。此外,我们将看到可持续 3D 打印材料的不断增加,如可回收、可重复使用和可生物降解的塑料。

温馨提示

在现代工业生产中,3D 打印技术的应用已越来越多,成形方式也多种多样,请查阅学校的数字图书馆并收集 3D 打印技术基础理论这方面的文献资料,作为课外阅读的内容。

习　题

1. 试简述正向设计的原理、意义及应用场合。
2. 试简述逆向设计的原理、意义及应用场合。
3. 试画出正向设计、逆向设计的流程图。
4. 如何将打印文件转换为 STL 格式?
5. STL 格式的优点有哪些? 分类有哪些?
6. 如何正确添加 3D 打印模型的支撑?

项目 3

光固化成形

视野拓展

1987 年，美国 3D Systems 公司推出了光固化成形技术(stereo lithography apparatus，SLA)，该技术利用光的波长和热作用使液态树脂材料发生聚合反应，对液态树脂进行有选择的固化和叠层成形。成形时，光束在聚合物的液体表面逐层描绘物体，被照射到的表面形成固态并逐层相互固化，从而达到造型的目的。1988 年，3D Systems 公司最早推出 SLA-250 商业化快速成形机，目前 SLA 系列成形机占据着快速成形设备市场的较大份额。

中国在 20 世纪 90 年代初即开始了 SLA 的研究，经过几十年的发展，取得了长足的进展，西安交通大学等高校对 SLA 原理、工艺、应用技术等进行了深入的研究，成熟的商业产品有上海联泰的 RS 系列激光快速成形机(见图 3.1(a))，打印出的模型如图 3.1(b)所示。国产快速成形机在国内市场的拥有量超过了进口设

(a) RS系列激光快速成形机

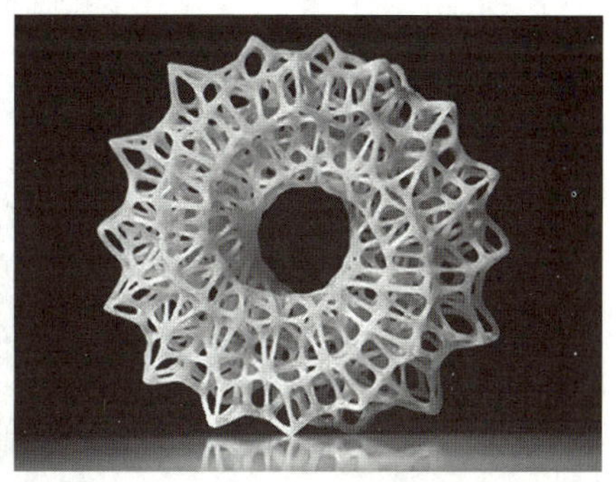

(b) 光固化成形模型

图 3.1　快速成形机及其打印模型

备,并且其性价比和售后服务均优于进口设备。

SLA 技术也被称为立体印刷、立体光刻和光造型等,是世界上研究最深入、技术最成熟、应用最广泛的一种 3D 打印成形技术。

案例导入

世界技能大赛增材制造项目中国集训队某试题——汽车外拉手钥匙盖硅橡胶复模。

注释:

(1) 硅橡胶模具:硅橡胶模具因其使用的是软质材料,故属于软质模具的一种。硅橡胶浇注法以快速制造原型为样件,采用硫化的有机硅胶浇注制作硅橡胶模具。该方法制作的模具有良好的柔性和弹性,能够制作结构复杂、花纹精细、无拔模斜度或倒拔模斜度以及具有深凹槽的零件。

(2) 复模:指的是利用原型样件,在真空状态下制作出硅橡胶模具,并在真空状态下采用一定材料进行浇注,从而复制出与原型相同的复制件。

(1) 原型制作及处理。

利用光固化成形技术制作汽车外拉手钥匙盖原型(见图 3.2),通过喷底漆、砂纸打磨等表面处理办法,提高母模的原型表面质量,达到理想的复模效果,该工艺(见图 3.3)一般需要重复 2~3 遍。

注意:在硅胶模具的制作过程中,考虑到成形材料的缩水率问题,可以在原型制作时根据成形材料的缩水率给予相应的尺寸补偿,以保证后期成形产品的尺寸精度。

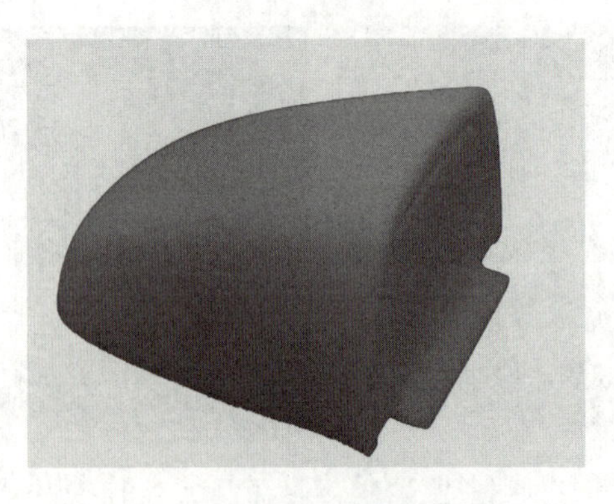

图 3.2　汽车外拉手钥匙盖实物模型

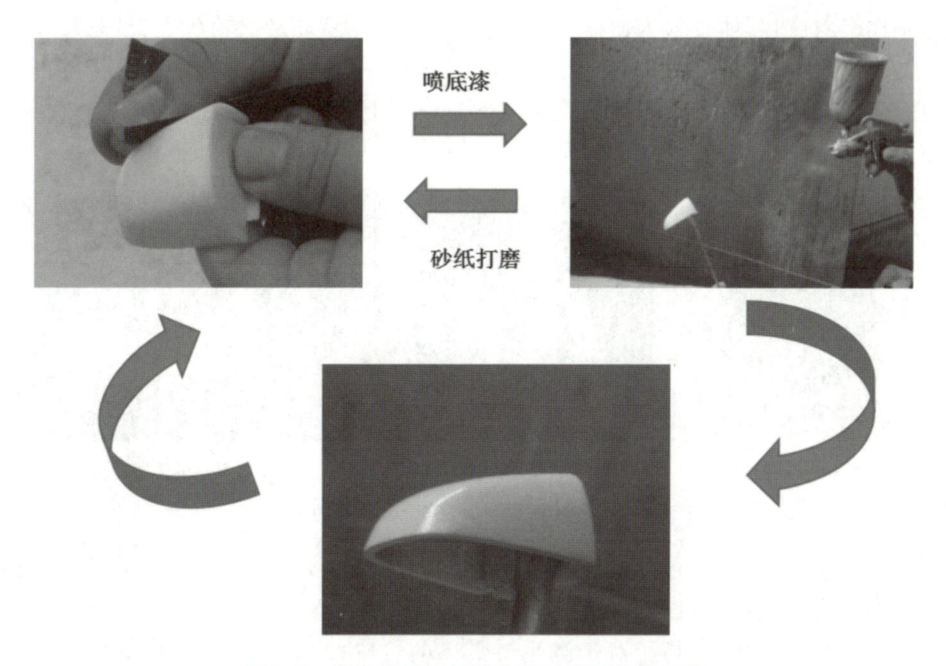

图3.3 汽车外拉手钥匙盖原型表面处理工艺

注释：

原型：制作硅胶模具所使用的第一件产品被称为原型，其使用价值往往只有一次。原型的制作可追溯到古代，在古时候人们在铸造青铜器、金银器、铁器等的时候先使用石蜡或者质地较硬的木材人工雕刻出第一件理想的模型，用于制作铸造模具的原型，这种方法制作周期很长，但限于当时的加工条件，也只能如此。

目前，根据三维数据选择合适的原型加工工艺，常用的有CNC（数控）和3D打印。采用CNC技术制作原型较为麻烦，要经过拆图、铣削、清角、拼接、喷灰、打磨等步骤。采用3D打印技术制作原型则简单很多，只需要在打印出来后直接进行打磨、喷砂即可。打磨是为了消除原型表面因为加工而产生的纹路，喷砂可以使原型表面质量更光滑。

20世纪90年代，3D打印开始进入人们的视线，发展至今，其以制作周期短、精度高、细节制作到位、后处理简单等优势已经成为制作原型的首选。

（2）分型面、浇注口及排气孔的选择。

分型面的选择和开钢模的方法类似，只是在硅胶模具制作过程中可以不用考虑其拔模斜度,具体要求为:一是分型面要选择在产品的最大轮廓上;二是便于脱模;三是不影响成形产品的使用要求;四是减少后处理的工作量。在选择好的分型面上用记号笔涂上颜色,有些壳体可在分型面上黏上透明胶带将分型面向外延伸,以利于开模,如图 3.4 所示。

(a) 分型面的选择、预置

(b) 浇注口的选择、预置

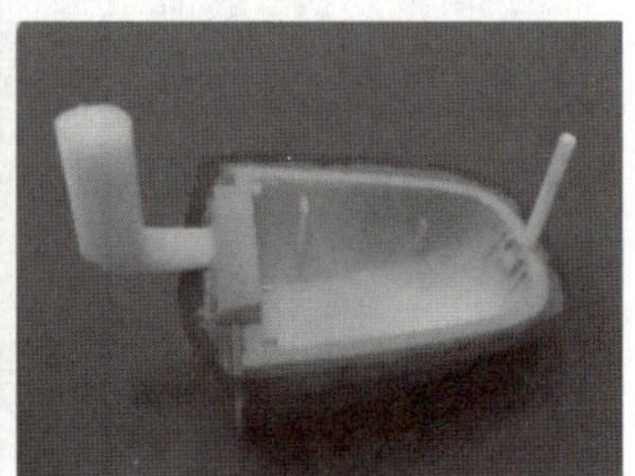
(c) 排气孔的选择、预置

图 3.4　预置好分型面、浇注口及排气孔的原型

浇注口的选择:一是方便处理且不影响后期产品的使用要求;二是满足流体力学的要求,在浇注时成形材料能够迅速充满模腔。

排气孔的选择:一是相对于浇注口最远的位置;二是局部形成独立空间的位置(即高出浇注口的点)。浇注口的直径大于排气口的直径。

(3) 在原型表面上涂刷脱模剂,固定原型并放置型框。

模框的制作决定了模具的大小、壁厚和硅橡胶的使用量。基本的原则是:在原型的最大轮廓上向六个方向延伸 20 mm 作为模具的壁厚即模框的尺寸。利用原型上预留的浇注口及排气孔作为支撑,将原型固定在模框的底板上(强调:支撑原型的浇注口及排气孔棒材的长度决定了面向底面的模具壁厚,故浇注口及排气孔棒材的长度在最大轮廓以外应大于 20 mm。)

模框的制作用木板及塑料板材均可,但在制作时要处理好板材的表面,板材的表面质量决定了模具的表面质量,模具的表面质量是决定硅橡胶模具透明度的关键因素之一。在模框搭建好之后,板材之间的缝隙一定要用热熔胶棒填充密实,防止硅橡胶漏出,如图 3.5 所示。

(4) 对硅橡胶进行计量、抽真空后混合,浇注硅橡胶混合体。

(5) 硅橡胶固化后,开模取出原型。

待模具经过 5～8 h 固化后,拆去模框,然后沿着之前标注的分型面用手术刀将模具割开。开模过程一般分为两步:一是沿着标注分型面的线划波浪将整个模具分出上下模,划波浪时不能太深而伤及型腔表面;二是用开模钳将波浪撑开再用手术刀进行第二次分割,第二次分割直接延伸至型腔表面,依然按照之前的分型线完成上下模具的分割,并取出原型,如图 3.7 所示。

开好模具之后对模具进行完善,修正浇注口及排气孔的周边,如果需要增加排气孔,可使用穿刺器来完成。至此,模具的设计与制作完成。

（a）将模型粘贴在模框底面

（b）依次粘上模框围板并打热熔胶密封

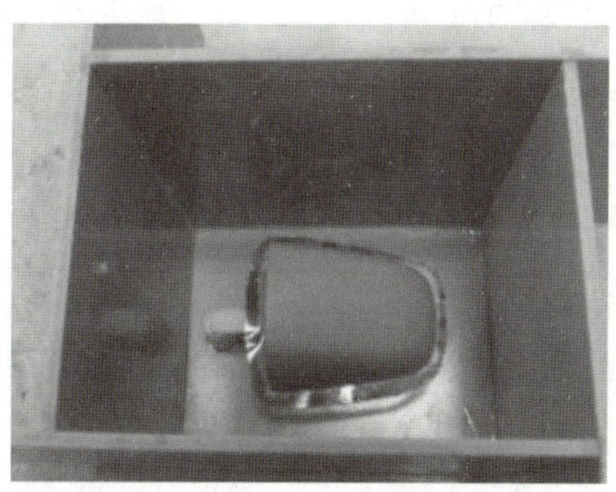

（c）原型置于模框内的状态

图 3.5 模框的制作

（a）搅拌硅胶

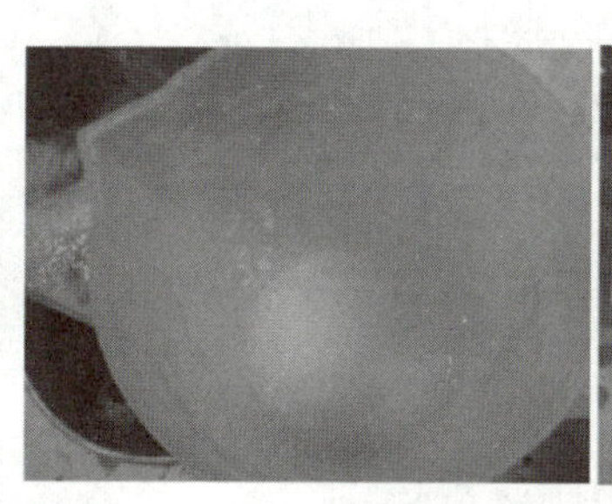

（b）搅拌硅胶之后抽真空（脱气泡）

（c）将硅胶浇注于模框内

（d）模框抽真空

图 3.6 浇注流程图

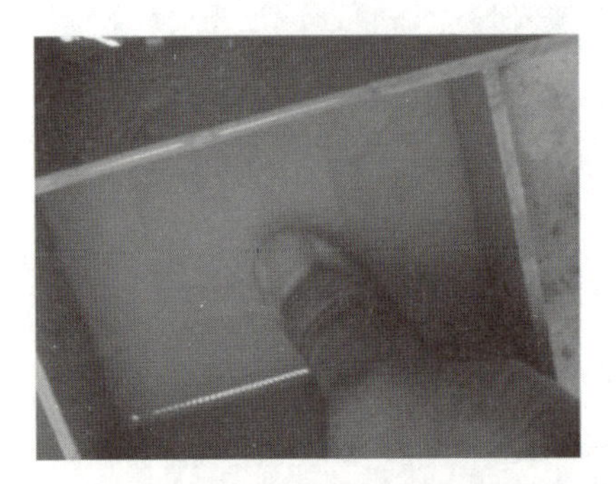

（a）查看硅胶的固化情况

（b）模框的拆卸

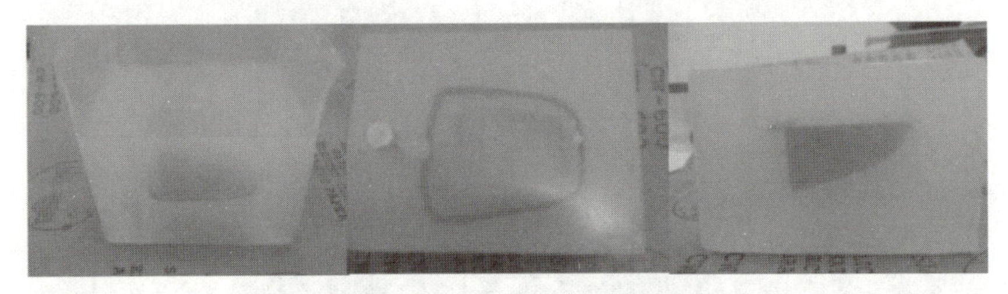

（c）固化好的硅胶模具

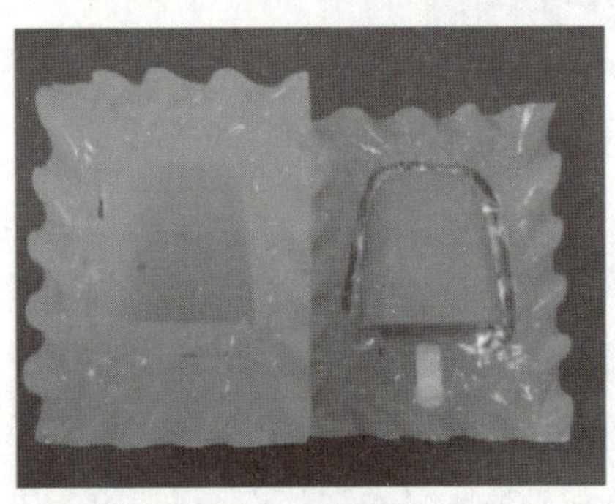

（d）打开模具

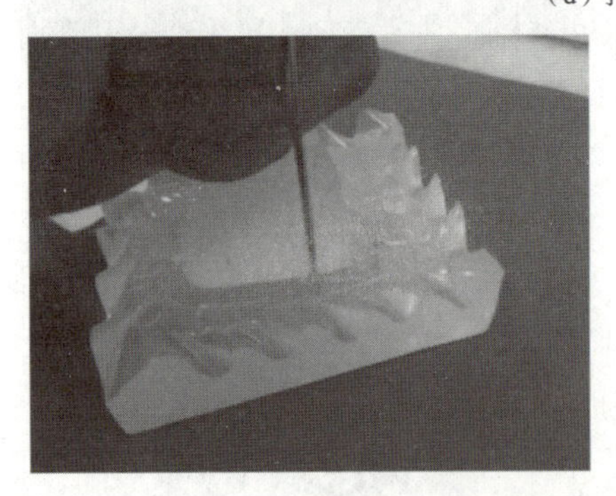

（e）完美模具，在模具最高点打排气孔

图 3.7　取硅胶模、开模及完善模具

任务1　SLA 成形原理及特点

任务单

1. 掌握光固化成形技术的主要结构、成形原理及工艺特点。

2. 理解光固化成形技术的上曝光系统、下曝光系统的工艺原理，分析两种系统各自的优劣势。

3. 请同学们利用所学的知识，用相关软件将光固化成形的过程做动态模拟演示。

3.1.1　SLA 成形原理

SLA 成形原理

SLA 成形原理如图 3.8 所示。以光敏树脂为原料，在计算机控制下，紫外光按零件各分层截面数据对液态光敏树脂表面逐点扫描，使被扫描区域的树脂薄层产生光聚合反应而固化，形成零件的一个薄层；一层固化完毕后，工作台下降，在原先固化好的树脂表面再涂覆一层新的液态树脂以便进行下一层扫描固化；新固化的一层牢固地黏结在前一层上；如此重复，直到整个零件原型制作完毕。

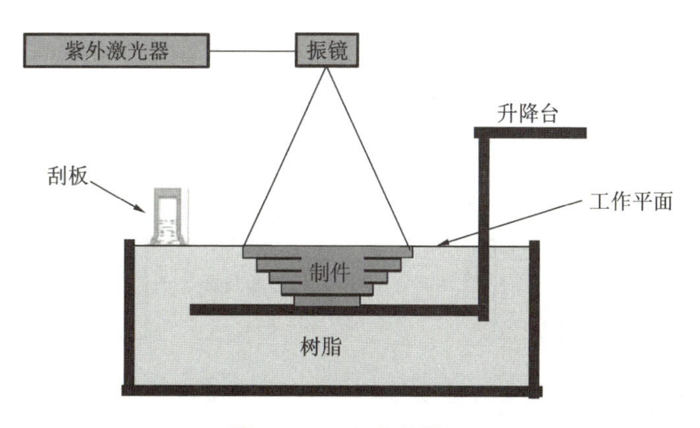

图 3.8　SLA 成形原理

光固化成形技术发展至今,已出现多种不同的系统。按照其曝光方向可以分为上曝光方向和下曝光方向两类。

在上曝光光固化系统中(见图 3.9),液槽中盛满液态光敏树脂,紫外光束在设备的控制下按零件的各分层截面信息照射在光敏树脂表面,使被照射区域的树脂薄层产生光聚合反应而固化,形成零件的一个薄层。一层固化完毕后,工作台向下移动一个分层厚度的距离,在原先固化好的树脂表面再涂覆一层新的液态树脂,刮板将黏度较大的树脂液面刮平,然后进行下一层的扫描加工,新固化的层牢固地黏结在前一层上,如此反复,直到整个零件制造完成。

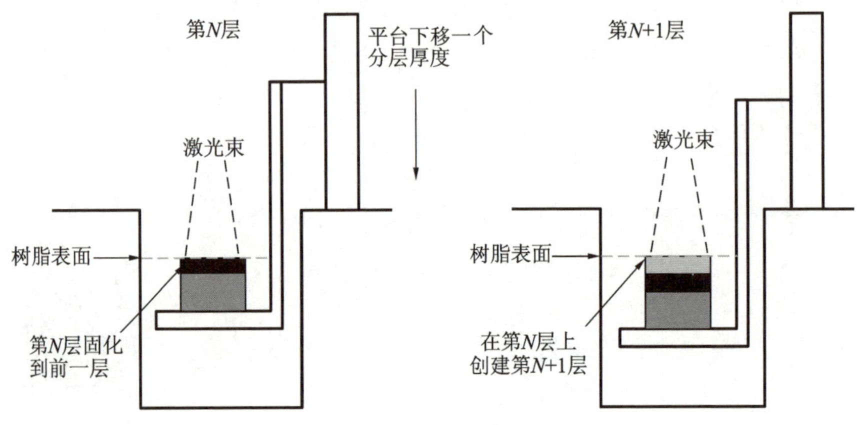

图 3.9　上曝光光固化原理示意图

在下曝光光固化系统中(见图 3.10),液槽中盛满液态光敏树脂,液槽底面为高透过率光学玻璃,工作台底面与光学玻璃之间预留出分层厚度的间隙,间隙中会充满液态树脂,紫外光透过底部光学玻璃照射在间隙的树脂上,使其固化,固化后的树脂将会随着工作台上移一个分层厚度的距离,则固化层与玻璃之间出现的新间隙会由液态树脂填充,然后进行下一层固化,直至完成整个零件。

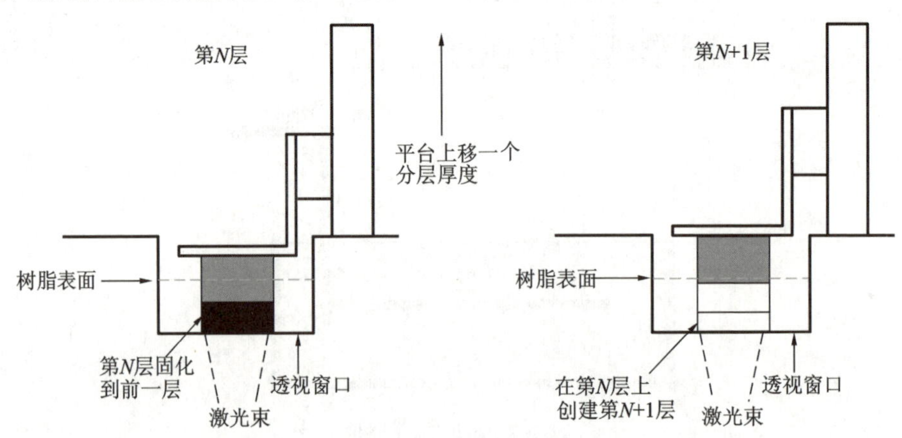

图 3.10　下曝光光固化原理示意图

3.1.2　SLA 成形特点

SLA 成形特点

经过多年的发展,SLA 技术已经日益成熟、可靠,具有以下显著的特点:

(1) 系统工作稳定,整个成形过程自动运行。

(2) 成形精度高,一般均在 0.1 mm 以内,这是其他成形技术所无法达到的。

(3) 成形尺寸大,可以加工 600 mm×600 mm 以内的大尺寸工件。

(4) 表面质量好,所成形的工件表面光滑,后处理的工作量小,在很多场合甚至不需后处理即可直接投入使用。

(5) 系统分辨率高,能构建复杂结构的工件,可以加工复杂表面的薄壁件,壁厚最小可达 0.5 mm,这也是其他成形技术所无法达到的。

(6) 加工速度极快,可以达到 8 m/s。

(7) 材料消耗后,可采用添加的方法进行补充,因此,材料利用率极高,接近 100%。

任务 2　SLA 成形材料

SLA 成形材料

任务单

1. 了解 SLA 成形材料的发展。
2. 掌握 SLA 成形材料的组成成分及其功能。
3. 掌握 SLA 成形技术的光固化反应机理及光固化成形工艺对材料的要求。
4. 除书中讲述的光固化成形材料以外,请同学们查找文献写出其他光固化成形的材料,并分析其性能。

光固化是指在光辐射下使自由流动的液体转变为固体的反应。光固化成形材料主要是液态光敏树脂,其成形过程为通过计算机控制紫外激光扫描指定区域,将扫描区域的光敏树脂固化,逐层堆积成具有复杂结构的制件。

3.2.1　SLA 成形材料的发展

自从美国 Inmont 公司于 1946 年首次发表了不饱和聚酯/苯乙烯紫外光固化

油墨的技术专利,以及德国于20世纪60年代首次使粒子板涂层紫外光固化材料商品化以来,紫外光固化材料便以固化速率快、能耗低、对环境污染小、效率高且成膜性能良好等优点而日益受到人们的重视,并广泛应用于涂料工业、胶黏剂工业、印刷工业、微电子工业及其他光成像领域。紫外光固化技术和材料近几十年来发展迅速,每年以10%～15%的速度增长。

紫外光固化材料是紫外光固化涂料、油墨和黏合剂等材料的通称。这类材料以低聚物(预聚物)为基础,加入特定的活性稀释单体(活性稀释剂)、光引发剂和多种添加剂配置而成,其中各组分所占比例及功能如表3.1所示。

表3.1 光固化树脂的基本组成及其功能

组分	功能	常用质量分数/(%)	类型
光引发剂	吸收紫外光,引发聚合	<10	自由基型,阳离子型
低聚物(预聚物)	材料的主体,决定固化后零件的主要性能	>40	环氧丙烯酸酯,聚氨酯丙烯酸酯,环氧化合物,乙烯基醚类化合物等
活性稀释单体(活性稀释剂)	调整黏度并参与固化反应,影响固化物性能	20～50	单官能度,双官能度,多官能度
其他(颜料、稳定剂、活性剂、蜡等)	视用途不同而异	0～30	—

SLA所用材料为液态的光敏树脂,如丙烯酸酯体系、环氧树脂体系等,当紫外光照射到该液体上时,曝光部位发生聚合反应而固化,成形时发生的主要是化学反应。SLA是紫外光固化树脂应用的延伸,紫外光固化涂料的发展在一定程度上也促进着SLA材料的发展。

应用于SLA技术的光敏树脂大致可分为三代。

(1) 第一代商品化的SLA材料都是以丙烯酸酯或聚氨酯丙烯酸酯等作为预聚物的自由基型光敏树脂,其反应机理是通过加成反应将双键转化为共价键单键。如CibaGeigy(Cibatool)公司研发的5081、5131、5149以及DuPont公司的2100、2110、3100、3110等。此类树脂具有价格低廉、固化速度快等优势,但其表层有氧阻聚现象且固化收缩大,制件翘曲变形明显,尤其对于具有大平面结构的制件,制作精度不是很高。

为改善丙烯酸树脂收缩较大的缺点,有研究者在丙烯酸树脂中加入各种填料来减小收缩。G. ZaK等人用玻璃纤维处理固化树脂,既改善了树脂的收缩性,又增加了材料的力学性能,但其缺点是树脂黏度过高,造成操作困难,而且使材料脆性增加。P. Karrer等采用多孔性聚苯乙烯和石英粉对光固化树脂进行改性处理,当填充质量分数达到40%时,树脂收缩量从8%下降到2%左右,但其缺点是树脂黏度过高对操作极为不利。西安交通大学也做了大量的实验，用树脂本体聚合物微细粉进行改性处理，聚合物粉的加入量以光固化树脂黏度不过大增加为前提，这使树脂收缩现象有较大改善。

(2) 第二代商品化的SLA材料多为基于环氧树脂(或乙烯基醚)的光敏树脂，与第一代光敏树脂相比，其黏度较低、固化收缩较小、制件翘曲程度低、精度高、时效性好。

(3) 第三代商品化的SLA材料是随着SLA技术的发展而诞生的，用该种树脂做出来的零件具有特殊的性能，如较好的力学性能、光学性能等，在SLA设备上制造的零件可直接作为功能件使用。

3.2.2　SLA成形材料的组成及机理

1. SLA成形材料的组成

1) 光敏树脂

光敏树脂是指在光的作用下能表现出特殊功能的树脂材料。其中，在光化学反应作用下，能从液态转变成固态的树脂称为光固化树脂，它是预聚物或低聚物、单体以及光引发剂等为主要成分的混合物。低聚物如丙烯酸酯、环氧树脂等为光敏树脂的主要成分，它们决定了光固化产物的物理特性。

由于低聚物的黏度很高，所以要加入单体作为稀释剂，以改善树脂整体的流动性，固化时单体也会发生分子链反应。光引发剂能在光的照射下分解产生能引发聚合反应的活性种。有时为了提高树脂反应的感光度，还要加入增感剂，增感剂吸收光后并不直接反应，而是产生能引发聚合反应的活性中心，通过能量传递等方式作用于光引发剂，扩大吸收光波长带和吸收系数，从而提高光的利用效率。此外，成形材料中还要加入消泡剂、流平剂等助剂。

2) 活性稀释剂

活性稀释剂是一种功能性单体，它的作用是调节光敏树脂的黏度，控制树脂固体化交联密度，改善固化件的物理、力学性能。目前使用的活性稀释剂大多为丙烯酸酯类单体，根据每一分子中所含双键数目不同可分为单官能团活性稀释剂、双官能团活性稀释剂和多官能团活性稀释剂等，由于它们的结构和活性不同，因此在选用活性稀释剂时要综合考虑稀释剂的溶解性、挥发性、闪点、气味、毒性、反应活性、官能度、均聚物、玻璃化转变温度、聚合反应收缩率、表面张力等各种因素。

常用的单官能团活性稀释剂、双官能团活性稀释剂和多官能团活性稀释剂如表3.2所示。在实际配方中，根据固化件的性能要求，往往选用两个或两个以上的活性稀释剂组合使用。

表 3.2 活性稀释剂种类

类型	单体名称	代号	黏度/(mPa·s)(25℃)	特点
单官能团	苯乙烯	St	—	降低黏度,丙烯酸异辛酯效果最好
	N-乙烯基吡咯烷酮	N-VP	2.07	
	丙烯酸异辛酯	EHA	1.70	
	丙烯酸羟乙酯	HEA	5.34	
	丙烯酸异冰片酯	IBOA	7.5	
双官能团	三乙二醇二丙烯酸酯	TEGDA	18	改善固化膜的柔韧性
	三丙二醇二丙烯酸酯	TPGDA	13～15	
	乙二醇二丙烯酸酯	—	8	
	聚乙二醇二丙烯酸酯	PEGDA	20	
	新戊二醇二丙烯酸酯	NPGDA	10	降低黏度
	丙氧基化新戊二醇二丙烯酸酯	PO-NPGDA	5	
多官能团	三羟甲基丙烷三丙烯酸酯	TMPTA	70～100	提高固化速度,增大交联密度,提高硬度
	乙氧基化三羟甲基丙烷三丙烯酸酯	EO-TMPTA	25	
	季戊四醇三丙烯酸酯	PETA	600～800	
	丙氧基化季戊四醇三丙烯酸酯	PO-PETA	225	

3)光引发剂

光引发剂是激发光敏树脂交联反应的特殊基团,当它受到特定波长的光子作用时,会变成具有高度活性的中间体(自由基或者阳离子),作用于液态树脂,使其产生交联反应,由原来的线状聚合物变为网状聚合物,从而呈现为固态。目前主要的光引发剂有:阳离子光引发剂、自由基光引发剂、自由基-阳离子混杂光引发剂。

2. 光固化反应机理

光固化3D打印技术是利用液态光敏树脂能在紫外光的照射下发生化学反应而快速固化这一特性发展起来的。从高分子化学角度来讲,光敏树脂的固化过程是从短的小分子体向长链大分子聚合体转变的过程,其分子结构发生很大变化。

对应目前主要的光引发剂,可将光固化反应机理分为自由基光固化体系、阳离子光固化体系和自由基-阳离子混杂光固化体系。

阳离子光固化体系的主要优点是耐磨、硬度高、力学性能好、体积收缩率小、层与层之间附着力强等,因此特别适用于精度要求高的光固化成形场合。阳离子光固化体系的主要缺点是固化速度慢、固化受潮气影响、原料种类少、原料价格高和性能不易调节等,其最大的缺点是固化速度慢。

自由基-阳离子混杂光固化体系综合了两者的优点，同时尽量避免了两者的缺点，在一定程度上拓宽了光固化体系的使用范围。自由基-阳离子混杂聚合体系表现出很好的协同作用，不同于几种自由基单体的共聚过程，自由基-阳离子混杂聚合生成的不是共聚物而是高分子合金。在反应聚合过程中，自由基聚合和阳离子聚合分别进行，得到一种互穿网络聚合物（interpenetrating polymer），使光固化后的产物具有较好的综合性能。

由于光固化体系的固化过程是由光照射而产生的聚合反应，因此光固化方式也存在一些无法避免的缺陷，如固化深度受到限制，在有色体系中难以较好地应用，阴影部分无法固化，固化对象的形状受到光固化设备的限制等。针对这些缺点，人们又发展了多重固化体系，比如光热双重固化体系、光热潮气三重固化体系等。

3.2.3 SLA 工艺对材料的要求

光敏树脂虽然在主要成分上与一般的光固化树脂差不多，固化前类似于涂料，固化后与一般塑料相似，但 SLA 工艺的独特性，使得光敏树脂不同于普通的光固化树脂。用 SLA 技术制造原型件，要求快速、准确，对制件的精度和性能要求比较严格，而且要求在成形过程中便于操作。SLA 工艺对材料的要求体现在以下几个方面。

1）光敏树脂固化前的理化性能要求

① 安全性好。光敏树脂是无毒、不易燃、便于运输、储存、挥发性小的液态树脂。应尽量避免使用有毒的低聚物、单体和光引发剂，以保障操作人员的健康，同时避免环境污染。

② 稳定性高，不发生暗反应。在不接触紫外光的情况下，不会发生聚合反应而产生絮凝物。对可见光也应有较高的稳定性，以保证长时间的成形过程中树脂的性能稳定，基本无暗反应发生。

③ 黏度低。由于 SLA 是分层制造技术，光敏树脂进行的是分层固化，要求光敏树脂黏度较低，从而能够在前一固化层上迅速流平，而且树脂的黏度小，可以缩短模具的制作时间，同时还给设备中树脂的加料和清洗带来便利。室温储存时，黏度为 30～300 mPa·s；工作温度下，黏度控制在 8～20 mPa·s，最好控制在 8～15 mPa·s。

④ pH 值控制在 7～8 之间，pH 值太低会腐蚀工作台。

2）光敏树脂固化时的光固化性能要求

① 一次固化程度高。对紫外光有较快的光响应速率，在光强不是很高的情况下能够迅速固化，否则半固化状态的成形件易变形，无法支撑后续喷射出的液体，影响最终产品质量。

② 溶胀小。在成形过程中,固化部分浸润在液态树脂中,如果固化部分发生溶胀,则不仅影响制件强度,还会使固化部分发生膨胀,产生溢出现象,严重影响精度。成形后的制件表面有较多的未固化树脂需要用溶剂清洗,洗涤时希望只清除未固化部分,而对制件的表面不产生影响,所以固化部分应具有较好的耐溶剂性能。

③ 固化速度快。对波长为 355 nm 的光有较大的吸收和较快的响应速度。SLA 成形技术一般用紫外激光器,激光的能量集中能保证制件具有较高的精度,但激光的扫描速度很快,一般大于 1 m/s,所以光作用于树脂的时间极短,树脂只有对该波段的光有较大的吸收和较快的响应速度,才能迅速固化。

3)光敏树脂固化后的力学性能要求

① 半成品的强度高,以保证后固化过程不发生形变、膨胀,不出现气泡及层间分离。

② 固化收缩小。SLA 的主要问题就是制造精度。成形时的收缩不仅会降低制件的精度,更重要的是还会导致零件的翘曲、变形、开裂等,严重时会使制件在成形过程中被刮板移动,导致成形完全失败。所以用于 SLA 的树脂应尽量选用收缩较小的材料。

③ 固化产物具有较好的力学性能,如较高的断裂强度、冲击强度、硬度,耐化学试剂,易于洗涤和干燥,并具有良好的热稳定性。其中,精度和强度是快速成形最重要的两个指标,快速成形制件的强度普遍不高,特别是 SLA 制件,以前一般都较脆,难以满足当作功能件的要求,但近年来一些公司也推出了韧度较高的材料。

任务 3 SLA 成形设备

SLA 成形设备

任务单

1. 了解国内外光固化成形设备的主要参数。
2. 掌握光固化成形设备的系统组成。
3. 查找文献进一步了解光固化成形设备的光源及光学扫描系统的发展现状。
4. 利用所学的机械设计基础及三维建模的知识设计光固化成形的平台升降系统。

SLA 是最早被提出并商业化应用的快速成形技术。美国的 Charles W. Hull 博士于 1986 年第一次在他的博士论文中提出了应用激光光源来照射液态光敏树脂,使被照射到的光敏树脂固化,而未被照射到的树脂依然保持液态,以此为基础使用逐层叠加的方式来制造三维产品。他于1988年获得专利并成立了3D Systems公司,成功将该专利转化为商用,制造了世界上第一台基于SLA技术的商用3D打印机SLA-250,立体光固化成形机的问世是快速成形技术发展的一个里程碑。该公司于1997年推出了SLA-250HR、SLA-3500和SLA-5000成形机,于1999年推出了SLA-7000成形机,该成形机在国际上已成为名牌产品。经过了三十多年的发展,SLA成形技术已发展成为研究最成熟、应用最广泛的3D打印成形技术。据统计,到目前为止全世界使用的快速成形机中的立体光固化成形系统约占60%。

目前,国外研究光固化成形技术的公司主要有美国3D Systems公司,德国EOS公司,日本CMET公司、Denken Engineering公司、Autostrade公司等。日本打破了SLA技术使用紫外光源的常规限制,在日本化药公司开发新型光敏树脂的协作下,Denken Engineering公司和Autostrade公司率先使用680 nm左右波长的半导体激光器作为光源,大大降低了SLA设备的成本。特别是Autostrade公司的E-DARTS机型,采用一种光源从下部隔着一层玻璃往上照射的约束液面型结构,使得设备成本大大降低。

国内领先的SLA打印机制造商联泰科技、极光尔沃、珠海西通电子有限公司、智垒电子科技(武汉)有限公司等也纷纷推出了基于SLA成形技术的桌面级3D打印机。

3.3.1　国内外SLA成形机及其参数

1. 国外的SLA成形机及其参数

1) 美国3D Systems公司生产的SLA成形机及其参数

图3.11(a)所示为美国3D Systems公司最新生产的SLA成形机Figure 4® Standalone。作为3D Systems可扩展、完全集成的Figure 4技术平台的一部分,Figure 4® Standalone是一个经济实惠且用途广泛的解决方案,适用于小批量生产及原型制造,可实现快速设计迭代和验证,提供高速度、高质量、高精度、工业级打印,以及各种服务和支持。打印的模型尺寸为124.8 mm×70.2 mm×196 mm(4.9 in×2.8 in×7.7 in),分辨率为1920像素×1080像素,像素间距为65 μm(0.0025 in)(有效PPI为390.8),激光波长为405 nm,成形机净尺寸为42.6 cm×48.9 cm×97.1 cm(16.7 in×19.25 in×38.22 in),净质量为34.5 kg(76 lb)。Figure 4® Standalone采用非接触式薄膜Figure 4技术,具有六西格玛可重复性质量和精度,兼具出色的表面粗糙度和精密特征细节,适用的材料种类广泛,适用于生产小批量的最终用途部件和替换部件、数字纹理处理应用、珠宝铸模、模具快速工装、母模、夹具和固定装置。图3.11(b)所示为使用该打印机打印的实体模型。

(a) 3D Systems公司生产的SLA成形机

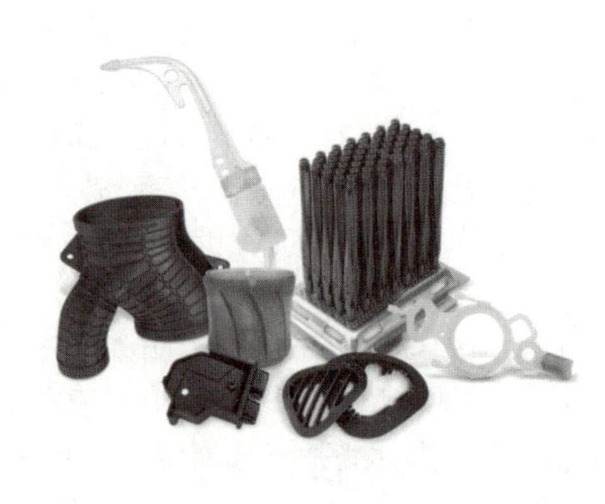

(b) 打印的实体模型

图 3.11　3D Systems 公司生产的 SLA 成形机及其打印的实体模型

表 3.3 列举了 3D Systems 公司生产的 SLA 成形机的主要技术参数。

表 3.3　3D Systems 公司生产的 SLA 成形机的主要技术参数

技术参数	成形机型号		
	ProX 950	ProJet 6000HD	ProJet 7000HD
分层厚度	最小 0.05 mm(0.002 in)	最小 0.05 mm(0.002 in)	最小 0.05 mm(0.002 in)
扫描系统	自动建立双模式速度:细点扫描小特征和外部表面;大直径扫描更大的特征和内部表面		
	用直径为 0.13 mm 的光斑成形轮廓时,最大扫描速度为 3.5 m/s;用直径为 0.75 mm 的光斑填充时,最大扫描速度为 25 m/s	用直径最小为 0.075 mm 的光斑成形轮廓;用直径为 0.75 mm 的光斑填充	用直径最小为 0.075 mm 的光斑成形轮廓;用直径为 0.75 mm 的光斑填充
最大分辨率	4000 dpi		
精度	0.025～0.05 mm 每 25.4 mm(精度可能因制造参数、零件几何形状和尺寸、零件方向和后处理方法而异)		
成形室尺寸/(mm×mm×mm)	RDM 950 (1500×750×550)	250×250×250	380×380×250
外形尺寸/(mm×mm×mm)	2200×1600×2260	787×737×1829	894×854×1829
质量/kg	1724	181	272

2) Formlabs 公司生产的 SLA 成形机及其参数

Formlabs 公司于 2011 年诞生于麻省理工学院(Massachusetts Institute of Technology,MIT),该公司致力于向世界各地富有创意的设计师、工程师和艺术家提供创新和先进的生产工具。Formlabs 公司生产的 SLA 打印机有 Form1 和 Form 1^+ 及 2015 年 9 月 22 日推出的 Form 2 等,均属桌面型 3D 打印机。相比 Form 1^+,Form 2 的构建体积是 Form 1^+ 的近 2 倍,打印能力扩大了 40%,其最大 3D 打印尺寸达到 145 mm×145 mm×175 mm;而且 Form 2 使用了功能更强大的激光器(功率提升了 50%,达到 250 MW),从而可以实现更高的分辨率,其最小层厚为 25 μm。此外,Form 2 还使用了新的工艺以打印需要复杂细节的大部件。同时,Form 2 还配备了滑动剥离(sliding peel)机构、刮液器和加热的树脂罐,以及一个自动系统,该系统可以在打印过程中用新的墨盒填装树脂罐。

Formlabs 还推出了低强度立体光刻(low force stereolithography,LFS)打印机 Form 3,采用定制设计的激光和反射镜系统及灵活的薄膜槽,以精确的方式从液态树脂中固化固体各向同性部件,其打印尺寸能达到 145 mm×145 mm×185 mm,激光光斑尺寸为 85 μm,支撑点更小更易拆除。图 3.12 所示为 Form 3 打印机及其打印的实体模型。

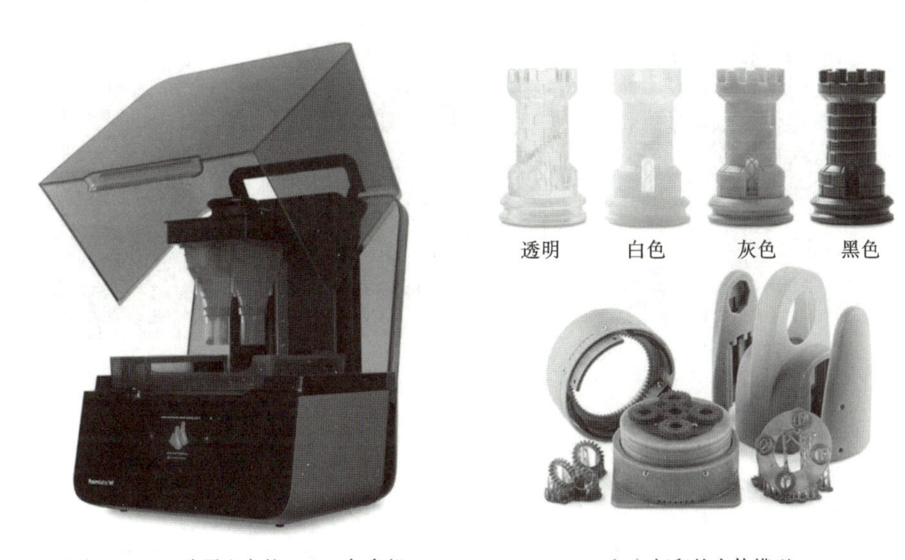

(a) Formlabs公司生产的From 3 打印机　　(b) 打印的实体模型

图 3.12 Formlabs 公司生产的 Form 3 打印机及其打印的实体模型

表 3.4 列举了 Formlabs 公司生产的 SLA 成形机的主要技术参数。

2. 国内的 SLA 成形机及其参数

国内工业级 SLA 知名厂商有联泰科技、极光尔沃、华曙高科、滨湖机电、先临三维、中瑞科技等。图 3.13(a) 所示为深圳市极光尔沃科技股份有限公司生产的

表3.4　Formlabs公司生产的SLA成形机的主要技术参数

项目	成形机型号	
	Form 3	Form 2
打印尺寸/(mm×mm×mm)	145×145×185	145×145×175
分层厚度/mm	0.025～0.3	0.025/0.050/0.1/0.2
最小特征尺寸/mm	0.1	0.2
激光特性	EN60825-1:2007认证1类激光产品，波长为405 nm的紫外激光	
外形尺寸/(mm×mm×mm)	405×375×530	350×330×520
质量/kg	17.5	13

SLA600 SE型SLA打印机，成形尺寸为600 mm×600 mm×410 mm；成形材料为光敏树脂；激光器类型为全固态激光器，波长为354.7 nm，激光功率为3 W(100 kHz)；分层厚度为0.05～0.2 mm；成形精度为±0.1 mm(零件尺寸L<100 mm)，±0.1×L(零件尺寸L≥100 mm)；设备外形尺寸为1300 mm×1300 mm×1900 mm；设备质量约为1300 kg。图3.13(b)为该设备打印的实体模型。

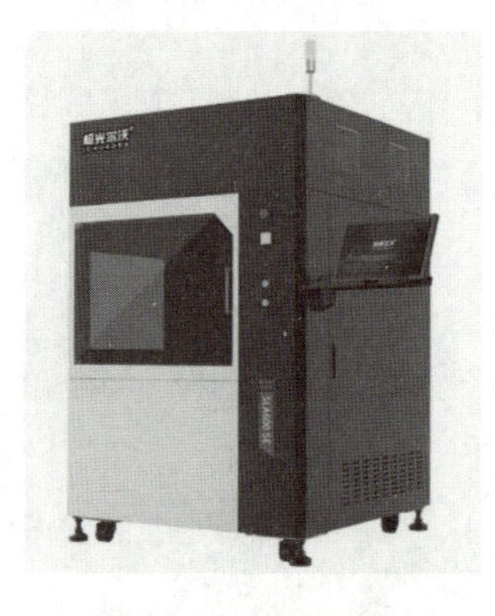

(a) 极光尔沃的SLA600 SE成形机

(b) 打印的实体模型

图3.13　极光尔沃公司生产的SLA成形机及其打印的实体模型

表3.5列举了联泰科技公司生产的SLA成形机的主要技术参数。

表3.5　联泰科技公司生产的SLA成形机的主要技术参数

项目	成形机型号			
	FM450	FL450	FL700	RSPro800
激光最大扫描速度/(m/s)	8～15	8～15	10～15	6～12
激光光斑直径/mm	0.12～0.8	0.12～0.8	0.12～0.8	0.12～0.2

续表

项目	成形机型号			
	FM450	FL450	FL700	RSPro800
成形室尺寸/(mm×mm×mm)	450×450×350	450×450×350	700×350×350	800×800×550
分层厚度/mm	0.03	0.03	0.03	0.03
成形件精度	±0.1 mm (L≤100 mm)	±0.1 mm (L≤100 mm)	±0.1 mm (L<100 mm)	±0.15 mm (L<100 mm)
外形尺寸/(mm×mm×mm)	1280×1120×2090	1280×1120×2090	1800×1195×2260	1798×1602×2118
设备功率/kW	3.6	3.6	4.2	—

3.3.2　SLA 成形设备的系统组成

SLA 成形设备是基于光敏材料在光源照射的能量激发下由液态转变为固态这一特性，利用紫外线等光源逐层固化光敏树脂等材料，以实现增材制造的设备。如图 3.14 所示，该类设备主要由以下四个系统组成：光源系统、光学扫描系统、平台升降系统、液面涂覆刮平系统。

1. 光源系统

SLA 的光源系统提供液态树脂转化为固态材料所需的能量。光源照射光敏树脂，使光引发剂吸收光子，由基态变成激发态，进而生成自由基，引发预聚体和活性单体进行聚合固化反应最终固化。目前 SLA 工艺所用的光源主要来自激光器。

市场上常见的激光器按照工作介质可以分为固体激光器、气体激光器、半导体激光器、光纤激光器和染料激光器 5 大类，近来还发展出了自由电子激光器。

1）固体激光器

固体激光器的工作物质由掺杂离子和能被光辐射激励的基质材料组成。基质材料一定不能对激光过程起妨害作用，并且要求对所激励的辐射是透明的，还必须具有良好的热特性和光学特性。现在的基质材料采用的是各种各样的晶体材料，如红宝石和掺钕激光材料等。

(1) Nd:YAG 激光器：属于固体激光器，激光波长达 1064 nm。Nd:YAG 是目前综合性能最为优异的激光晶体，其连续激光器的最大输出功率为 1000 W，广

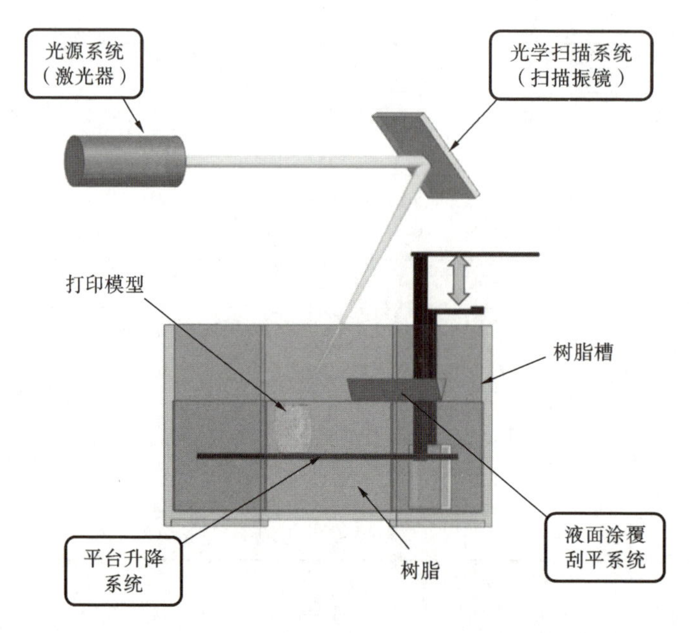

图 3.14　SLA 成形设备的系统组成

泛用于军事、工业和医疗等行业。若采用连续的方式运转，采用一级振荡就可以获得 400 W 的多模输出；采用单灯单棒结构，可获得百瓦级的输出；200 W 以上的则采用双灯单棒结构，可获得 200 W 以上的输出。Nd:YAG 激光器不仅适合连续作业，而且在高重复频率下的运转性能也很优越，重复频率可达 100～200 次/秒，最高平均功率可达 400 W。采用多级串联来实现高功率输出，平均功率可达到 600～800W，重复频率可达 80～200 次/秒，单脉冲能量可达 80 J。

(2) Yb:YAG 激光器：Yb:YAG 晶体因具有大的晶场分裂能、宽的吸收带宽、在相对较高的掺杂浓度下也不会出现浓度淬灭现象、热承载小等优良特点而成为激光二极管泵浦固体激光器增益介质研究的主要方向之一。在相同的输入功率下，Yb:YAG 泵浦生热仅为 Nd:YAG 的 1/4。而且 YAG 基质的物化特性综合性能最为优良，所以 Yb:YAG 已成为最引人注目的固体激光介质之一。

(3) Ho:YAG 激光器：可产生对人眼安全的 2097 nm 和 2091 nm 激光，主要适用于光通信、雷达和医学应用。Ho:YAG 激光器对冷却效果和干燥度有严格的要求，水冷控制在 10 ℃以下。它产生的激光由于被水吸收的程度大，穿透深度非常浅，因此大大降低了对人体特别是对眼睛的意外伤害，处于人眼安全的波段范围内。

(4) Er:YAG 激光器：输出的激光波长为 2.9 μm，能被水吸收，主要应用在医学中。Er:YAG 晶体主要吸收可见光和紫外光，所以光腔反射镜的材料多使用有高反射率的铝和银。目前 Er:YAG 激光器的最大输出功率可达 3 W，最大脉冲输出能量可达到5 J,是迄今输出功率最大、效率最高的长波长固体激光器。

(5) 红宝石激光器:工作物质是红宝石棒。在激光器的设想提出不久,红宝石就首先被用来作为世界上第一台激光器的基质材料。激光用红宝石晶体的基质是 Al_2O_3,晶体内掺有约0.05%(质量分数)的 Cr_2O_3。红宝石激光器已经成为医学、工业及其他众多科研领域中不可或缺的基本仪器设备。

(6) 铷玻璃激光器:铷玻璃在室温下难以运转。铷玻璃激光器适合作为单次或低重复频率的脉冲激光器。重复频率限制在5次/秒,单次脉冲能量可达10~80 J。

一般SLA所用的固体激光器输出波长为355 nm,特点:输出功率高,可达500 MW或更高;使用寿命长;光斑模式好,利于聚焦;扫描速度高,通常可达5 m/s或更高。

2) 气体激光器

广泛用于工业生产中的气体激光器主要是氦-镉激光器、氩离子激光器和二氧化碳激光器。它们是通过激光器谐振腔内的气体放电来激励的。

(1) 氦-镉激光器。氦-镉激光器是由高压直流气体放电进行激励的,总效率约为0.05%。氦-镉金属蒸汽激光器的波长在光谱的紫外区及蓝端,其中在波长0.325 μm处,连续输出功率为10 mW左右,在波长0.442 μm处,连续输出功率为50 mW。

氦-镉激光器紫外线固化树脂能量效率高,温升较低;树脂的光吸收系数不易提高,输出光噪声成分占10%,且低频的热成分较多。因此其固化分辨率较低,一般水平方向不小于10 μm,垂直方向不小于30 μm;输出功率通常为15~50 mW,输出波长为325 nm,激光器寿命为2000 h。

(2) 氩离子激光器。该激光器为典型的惰性气体离子激光器,利用气体放电让试管内的氩原子电离并激发,在离子激发态能级间实现粒子数反转而产生激光。它发射的激光谱线在可见光和紫外区域,在可见光区它是连续输出功率最高的器件,商业化氩离子激光器的连续输出功率最高可达50 W。它的能量转换率最高可达0.6%,频率稳定度为 3×10^{-11},寿命超过1000 h,功率大,主要用于拉曼光谱、泵浦染料激光、全息、非线性光学等研究领域以及医疗诊断、打印分色、计量测定材料加工和信息处理等方面。

氩离子激光器通常采用直流放电,放电电流为10~100 A。目前市场上出售的氩离子激光器的输出功率虽然比二氧化碳激光器和掺钕激光器的低一些,但氩离子激光器的波长短,能使光束聚焦到很小的尺寸上,因此可以达到很高的功率密度。

氩离子激光器树脂的吸收系数可通过掺入染料等方法得到大幅度提高,激光器噪声占比小于1%,因此固化分辨率较高,水平方向可达2 μm,垂直方向可达10 μm,全方位为5~10 μm。

(3) 二氧化碳激光器。二氧化碳激光器是以 CO_2 气体作为工作物质的气体激光器。放电管通常由玻璃或石英材料制成,里面充以 CO_2 气体和其他辅助气体(主要是氦气和氮气,一般还有少量的氢气或氙气);电极一般是镍制空心圆筒,谐振腔的一端是镀金的全反射镜,另一端是用锗或砷化镓磨制的部分反射镜。

当在电极上加高电压(一般是直流的或低频交流的)时,放电管中产生辉光放电,锗镜一端就有激光输出,其波长为 10.6 μm 附近的中红外波段。一般较好的管子,1 m 长左右的放电区可得到的连续输出功率为 40～60 W。CO_2 激光器是一种比较重要的气体激光器。这是因为它具有一些比较突出的优点:第一,它有比较大的功率和比较高的能量转换效率;第二,它利用 CO_2 分子的振动-转动能级跃迁,有比较丰富的谱线,在 10 μm 附近有几十条谱线的激光输出;第三,它的输出波段正好是大气窗口,即大气对这个波长的光的透过率较高。

(4) N_2 分子激光器:气体激光器,输出紫外光,峰值功率可达数十兆瓦,脉宽小于 10 ns,重复频率为数十至数千赫,可用于可调谐染料激光器的泵浦源,也可用于荧光分析、污染检测等方面。

(5) 准分子激光器:以准分子为工作物质的一类气体激光器件。常用电子束(能量大于 200 keV)或横向快速脉冲放电来实现激励。当受激态准分子的不稳定分子键断裂而离解成基态原子时,受激态的能量以激光辐射的形式放出。准分子激光物质具有低能态的排斥性,可以把它有效地抽空,故无低态吸收与能量亏损,粒子数反转很容易,增益大,转换效率高,重复率高,辐射波长短,主要在紫外和真空紫外(少数延伸至可见光)区域振荡,调谐范围较宽。准分子激光器在分离同位素、紫外光化学、激光光谱学、快速摄影、高分辨率全息术、激光武器、物质结构研究、光通信、遥感、集成光学、非线性光学、农业、医学、生物学,以及泵浦可调谐染料激光器等方面已获得比较广泛的应用,而且可望发展成为用于核聚变的激光器件。

3) 半导体激光器

半导体激光器是以半导体材料为工作介质的激光器,和其他类型的激光器相比,具有体积小、寿命长、驱动方式简单、能耗小等优点。半导体二极管激光器是以一定的半导体材料作为工作物质而产生受激发射作用的器件,其工作原理:通过一定的激励方式,在半导体物质的能带(导带与价带)之间,或者半导体物质的能带与杂质(受主或施主)能级之间,实现非平衡载流子的粒子数反转,当处于粒子数反转状态的大量电子与空穴复合时,便产生受激发射作用。发光波长随禁带宽度而改变。

半导体激光器的激励方式主要有三种:即电注入式,光泵式和高能电子束激励式。

(1) 电注入式半导体激光器,一般是由 GaAs(砷化镓)、InAs(砷化铟)、InSb(锑化铟)等材料制成的半导体面结型二极管,沿正向偏压注入电流进行激励,在结平面区域产生受激发射。

(2) 光泵式半导体激光器，一般用 N 型或 P 型半导体单晶(如 GaAs、InAs、InSb 等)作为工作物质，以其他激光器发出的激光作为光泵激励。

(3) 高能电子束激励式半导体激光器，一般也是用 N 型或者 P 型半导体单晶作为工作物质，通过外部注入的高能电子束进行激励。

半导体激光器根据其输出波长分为可见光半导体激光器和紫外半导体激光器。可见光半导体激光器在制作零件方面，同气体激光器和固体激光器相比，存在着诸如树脂材料性能差、固化效率低等缺点。

4) 光纤激光器

光纤激光器(fiber laser)是指用掺稀土元素玻璃光纤作为增益介质的激光器。光纤激光器可在光纤放大器的基础上开发出来：在泵浦光的作用下光纤内极易形成高功率密度，造成激光工作物质的激光能级“粒子数反转”，适当加入正反馈回路(构成谐振腔)便可形成激光振荡输出。光纤激光器具有以下特点：

(1) 光束质量好。光纤的波导结构决定了光纤激光器易获得单横模输出，且受外界因素影响很小，能够实现高亮度的激光输出。

(2) 高效率。光纤激光器选择发射波长与掺杂稀土元素吸收特性相匹配的半导体激光器为泵浦源，可以实现很高的光-光转化效率。对于掺镱的高功率光纤激光器，一般选择 915 nm 或 975 nm 的半导体激光器，荧光寿命较长，能够有效储存能量以实现高功率运作。商业化光纤激光器的总体电光效率高达 25%，有利于降低成本，节能环保。

(3) 散热特性好。光纤激光器采用细长的掺杂稀土元素光纤作为激光增益介质，其表面积和体积比非常大，约为固体块状激光器的 1000 倍，在散热能力方面具有天然优势。中低功率情况下无须对光纤进行特殊冷却；高功率情况下采用水冷散热，也可以有效避免固体激光器中常见的由于热效应引起的光束质量下降及效率下降。

(4) 结构紧凑，可靠性高。光纤激光器采用细小而柔软的光纤作为激光增益介质，有利于压缩体积、节约成本。泵浦源也是采用体积小、易模块化的半导体激光器，商业化产品一般可带尾纤输出，结合光纤布拉格光栅等光纤化的器件，只要将这些器件相互熔接就可实现全光纤化，对环境扰动免疫能力高，具有很高的稳定性，可节省维护时间和费用。

基于以上特点，光纤激光器应用范围非常广泛，包括激光光纤通信、激光空间远距离通信、工业造船、汽车制造、激光雕刻、激光打标、激光切割、印刷制辊、金属与非金属钻孔/切割/焊接、军事国防安全、医疗器械、大型基础建设等方面。

2. 光学扫描系统

SLA 的光学扫描系统是帮助光源光斑进行二维运动从而完成零件的二维扫描成形的系统，分为机械导轨式扫描系统和振镜式激光扫描系统两种。机械导轨式扫描系统实际上就是一个二维运动平台，一般由电机驱动在 x-y 平面内实现扫描，具有结构简单、成本低、定位精度高的特点，但是该系统因扫描速度慢，影响成形速度，渐渐被振镜式激光扫描系统所替代。振镜式激光扫描系统的基本结构如图 3.15 所示，主要由工控机、扫描控制系统、激光控制及驱动器、激光器、动态聚焦系统，以及伺服驱动系统组成。该光学扫描系统的工作原理：利用高密度、高功率激光源作为加工主体，并通过受计算机输出位置控制的伺服电路带动固定在电动机上的反射镜进行角度偏转，从而使振镜的运动转换成激光的运动，最终实现激光在工作台面上的来回扫描。

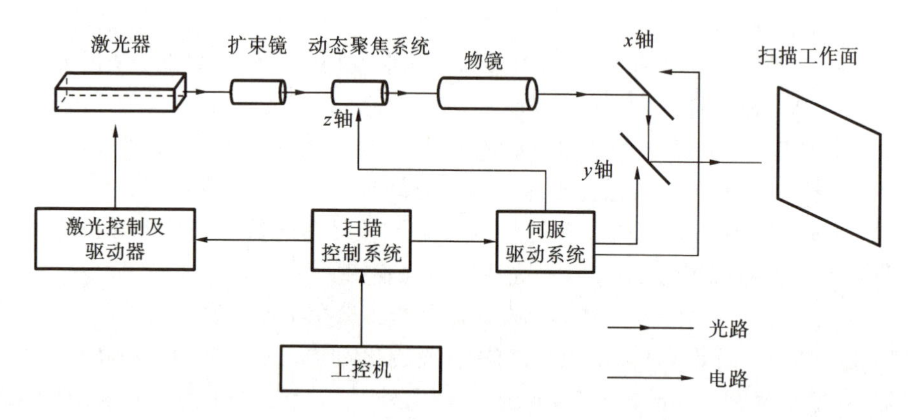

图 3.15　振镜式激光扫描系统的基本结构

振镜式扫描系统由 x-y 轴伺服系统和 x、y 两轴反射振镜组成，向 x-y 轴伺服系统发出指令信号，x-y 轴电动机就能分别沿 x 轴和 y 轴做出快速精确偏转，从而振镜式激光扫描系统可以根据待扫描图形的轮廓，使 x、y 两个振镜镜片在计算机指令的控制下配合运动，投射到工作台面上的激光束就能沿 x-y 平面进行快速扫描。在大视场扫描中为了纠正扫描平面上点的聚焦误差，通常需要在振镜系统前端加入动态聚焦系统，同时为了满足聚焦要求，需在激光器后端加入光学转换器件(如扩束镜、光学杠杆等)。这样，激光器发射的光束经过扩束镜之后成为均匀的平行光束，再经过动态聚焦镜聚焦依次投射到 x、y 轴振镜上，经过两个振镜的二次反射，最后投射到工作台面上，形成扫描平面上的扫描点。理论上，可以通过控制振镜式激光扫描系统振镜的相互协调偏转来实现平面上任意复杂图形的扫描。

国外研究激光扫描系统的代表主要有：美国 GSI Lumonics 公司、德国 SCANLAB 公司、美国 Nutfield Technology 公司、美国 Cambridge Technology Inc.(CTI)公司等。相对比而言，技术比较领先的公司是美国 GSI Lumonics 公司和德国 SCANLAB 公司，前者主要研究适用于 CO_2、Nd:YAG 激光器的二维或三振镜式激光扫描系统；后者主要研究适用于 CO_2、Nd:YAG、He-Ne、Ar 等激光器的二维或三振镜式激光扫描系统，并有一系列具有各种通光孔径和扫描速度的产品。而 NutField Technology 公司所研究的激光选区烧结工艺的振镜式扫描系统应用并不广泛，CTI公司主要研究开发二维振镜式扫描系统。

从振镜的稳定性、扫描速度、成形精度等方面来说，当属SCANLAB公司生产的振镜最优。整个3D打印振镜式激光扫描系统的市场也被美国GSI Lumonics公司和德国SCANLAB公司占据，主要产品如美国GSI Lumonics公司的HPLK系列，德国SCANLAB公司的PowerScan系列，它们的性能参数对比如表3.6所示。这些产品价格都在几万美元，并且都是成套进口设备，后期维护、改进和开发都十分困难。

表3.6 GSI Lumonics公司和SCANLAB公司部分扫描系统参数

振镜型号	HPLK1330-9	HPLK1350-17	PowerScan33	PowerScan50
激光器类型	CO_2	CO_2	CO_2	CO_2
波长/nm	1064	1064	1064	1064
典型扫描范围/mm×mm	400×400	400×400	270×270	400×400
工作高度/mm	522.7	449.9	515	750
聚焦光斑直径/μm	350	295	275	250
扫描控制卡	HC/2或HC/3	HC/2或HC/3	RTC3或RTC4	RTC3或RTC4

3. 平台升降系统

平台升降系统如图3.16所示，整个系统都是采用步进电机驱动、精密滚珠丝杠传导及精密导轨导向的结构。为了避免打印成形过程中上升、下降运动时对液面造成的搅动，工作平台呈多孔状。

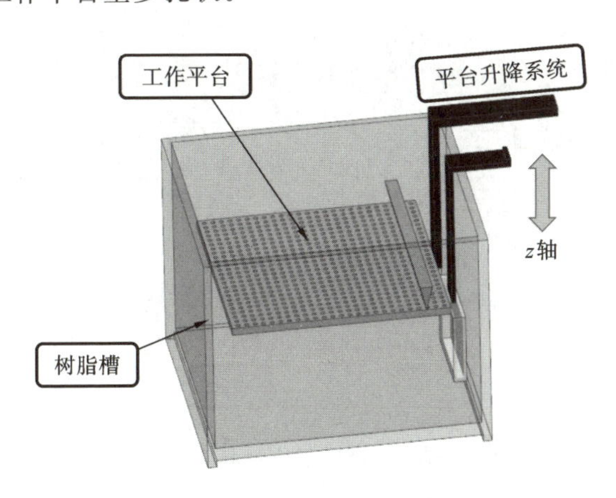

图3.16 SLA成形平台升降系统

4. 液面涂覆刮平系统

SLA工艺的层厚在0.05～0.30 mm内，得到如此薄且要求分布均匀的树脂，一直是 SLA 成形的关键。由于树脂本身具有黏性大、流动性差的特点，且已固化的树脂层表面存在张力作用，如果完全依靠树脂的自然流动，则在短时间内难以达到液面水平静止，并且很难控制层厚，从而影响成形的效率及精度。因此需要借助一定的装置在尽可能短的时间内在已固化的树脂上表面获得精确而均匀的树脂薄层。液面涂覆刮平系统可以让材料液面尽快流平，提高涂覆刮平效率，以缩短成形时间。目前常用的涂覆刮平系统有 3 种：机械刮平式、吸附式和吸附浸没式。

1）机械刮平式

美国 3D Systems 公司早期的 SLA-250 采用机械刮刀来完成树脂液面刮平，即完成一层打印后，平台下降一定高度（相当于几个层厚），然后再上升，随后刮刀沿水平方向运动将多余的树脂刮走，修平液面。这种方法速度较慢且不完善，在成形平台浸入树脂后易产生气泡等缺陷而影响液面位置的检测精度。

2）吸附式

美国 3D Systems 公司后来推出的 SLA-3500 对机械刮平方式进行了改进，采用了真空吸附式的涂覆刮平结构，如图 3.17 所示，即完成一层打印后，平台下降一个层厚的高度，由真空泵抽气产生负压使刮刀的吸附槽内吸入一定量的树脂，刮刀水平运动时，一边将吸附槽内的树脂涂覆到已固化的工件表面，一边去掉多余的树脂并刮平液面，同时还能消除由于平台移动在树脂中形成的气泡。

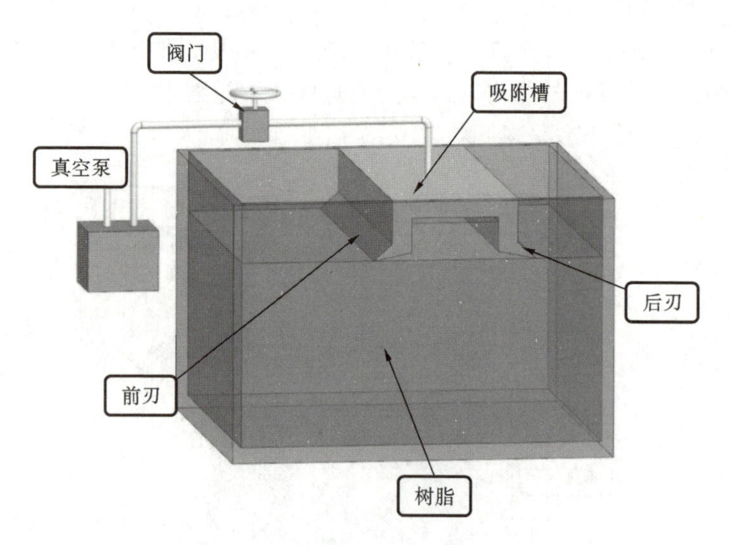

图 3.17　真空吸附式涂覆刮平结构

3）吸附浸没式

这种方式结合了前两者的优点，显著提高了打印工件的表面质量和精度，即完成一层打印后，平台下降一定高度（相当于几个层厚），然后再上升到比液面低一个层厚的位置，真空装置控制负压来调节吸附槽中的树脂液面高度，刮刀的水平运动一方面将吸附槽内的树脂涂覆到已固化的工件表面，一方面将液面多余的树脂和气泡刮走，然后再进行下一层的打印。

任务4　SLA成形后处理

任务单

1. 掌握SLA成形件后处理的主要流程。

2. 请同学们结合实训室现有条件，利用光固化设备打印模型并自行进行后处理，撰写后处理实践报告。

SLA成形件后处理技术主要包括清洗、去除支撑、后固化，以及表面打磨等工艺。通过合理的后处理工艺可以有效提高成形件的尺寸精度、强度、硬度、表面质量等性能。SLA成形件后处理有标准工艺流程和特殊工艺流程两种。

1. 标准工艺流程

1）清洗

SLA成形件从工作台上取下后，要马上进行清洗处理。一般用酒精或其他有机溶剂彻底清洗，不要残留液态树脂。

2）去除支撑

用裁剪工具去掉因加工工艺需要而生成的辅助支撑，内部支撑可以不去除。

3）打磨喷砂

SLA成形件经过自然光或紫外光固化后，可以进行打磨喷砂。注意调整喷砂机的压力大小，砂纸要选用较细的型号。打磨和喷砂同时进行，不要打磨过度。打磨是为了降低成形件的表面粗糙度和提高尺寸精度，特别是附着支撑的部位及台阶效应明显的部位。

4）清洁

先用清洁液与清水按一定比例混合的液体清洁成形件，再用灰色丝瓜布打磨SLA成形件表面，重复以上操作3～4次，可有效地清除工件表面杂质。最后，用清水洗净、晾干。

5）喷塑料底漆

先用除静电清洁液湿擦工件表面，并且马上用另一块干布擦干，然后直接喷塑料底漆，喷涂双层，20 ℃的温度下干燥15～20 min。中小工件要使用喷笔。

6）喷面漆

使用单工序纯色漆(配稀释剂),只需湿喷两道就能提供极佳的遮盖力和光亮度。如果使用适当的稀释剂并配合不同的温度,则效果更佳。60 ℃的温度下烘烤35 min,或 20 ℃的温度下烘烤 16 h。

7）打蜡抛光

喷面漆隔夜干固后进行打蜡抛光,直至出现光泽。

2. 特殊工艺流程

应用特殊工艺处理的模型适用于后期制作透明的聚氨酯(PU)材料。透明塑料件要求比较特殊,工件的内外两面都要极其光滑,所以特殊工艺流程比标准工艺流程要复杂。特殊工艺的基本工序和标准工艺的大致相同,所不同的是在打磨后要进行补原子灰。补原子灰的工艺如下:使用细粒原子灰填补不光滑及微凹的 SLA 模型表面,并使用 P400 或 P800 号砂纸打磨,然后再喷塑料底漆、喷面漆、打蜡抛光等。

从工人到院士！“中国 3D 打印之父”的“破壁”人生

2021 年,卢秉恒院士做客由人民网与中国科协联合推出的访谈节目《同上一堂公开课——百年科技强国梦》,讲述他与西安交通大学、与 3D 打印技术的故事。

卢秉恒,中国工程院院士,西安交通大学教授,博士生导师,也是一位在工厂一线工作过十余载的熟练工。我国增材制造技术的奠基人,中国 3D 打印之父。

自 1993 年以来,在国内率先开拓光固化快速成形制造系统研究,开发出具有国际首创的紫外光快速成形机及有国际先进水平的机、光、电一体化快速制造设备和专用材料,形成了一套国内领先的产品快速开发系统,其中 5 种设备,3 类材料已形成产业化生产。该系统可以大大缩短机电产品开发周期,对提高我国制造业竞争能力起到重要作用。

“年轻时我就梦想科技报国,现在赶上了国家发展的好机会,想尽力为国家多做些事情。”年逾七旬的卢秉恒院士依然奋战在科研第一线。

人生第一次提拔

“我想考北大,想搞航天。”受钱学森等老一辈科学家的影响,卢秉恒从小有个航天梦,作为当时的“学霸”,他一心想考进北京大学学习固体力学,为我国航空航天事业贡献一份力量。可最终失之交臂,卢秉恒去了其他大学学习机械制造专业。

大学毕业后的卢秉恒被分配到一间工厂做车床工人,这一干就是五年,后来,他迎来了人生第一次提拔。“厂子说提拔你,先当技术员吧,请你到家属工厂主管那里的技术。”“那里有一百多个家属工,有三分之一都不识字,但是我学习的东西在这里逐渐得到了应用，我学习制造工艺，设计了卡具，包括开动机床都可以教他们，最后形成很好的效益。”

“我这一生都受益于在工厂工作的十一年，没有白过。”年过七旬的卢秉恒回忆起当年工厂生涯时，动情地说。

改革开放之初，卢秉恒已是两个孩子的父亲，他顶着生活的压力，考取了西安交通大学研究生，师从顾崇衔教授，直到博士毕业。人生新篇章就此打开。

这些活他都自己做

“我今天回顾一下，幸亏是学机械制造的。”卢秉恒说，在工厂的经历，使他具备了实践的意识与能力。他举例，在完成他的硕士论文时，需要制作二百多个零件，最初联系的工厂一个多月都没有音讯，他便决定自己上手，只用了两个夜班时间，又快又好地做出了所需零件，顺利完成了论文。

博士毕业后，卢秉恒作为访问学者前往国外交流学习，在参观一家汽车企业的时候，一台设备引起了他的注意。“那是一台3D打印设备，只需要将CAD（计算机辅助设计）模型输进去就可以把原型做出来，这在中国没见到，我感到很新奇。”卢秉恒当即决定将自己的研究方向转向这个新兴领域，他认为这是发展我国制造业的一个好契机。

回国后，起初卢秉恒想引进这种机器，然而价格昂贵，光是一个激光器就需要十几万美元。由于资金紧缺，他不得不打消这个念头。面对“技术＋资金”的双壁垒，卢秉恒决心靠自己的力量“破壁”，从头开始研发这项技术。

起初不知道技术的工作原理，他就自己一步一步通过实践探索出来；买不起昂贵的零件和原材料，就联合其他科技工作者自己花小成本制作出来。终于，在他和团队的共同努力下，不仅制造出来了原型机，还获得了科技部的资助，自此卢秉恒顺利开始了增材制造技术的探索，并且让这项技术在中国的土地上“生根发芽”。

回想起当初在缺资金的情况下，卢秉恒带着博士生自己开发软件、研发设备，除了买到的一些机械零配件，其他零件几乎都是他们自己动手做出来的。机器上的激光器要3万美元，他们买不起，就联合兄弟院校花了3万元人民币试制了一台紫外光激光器。实验用的特殊材料，国外进口的要每公斤2000元，而做一次实验起码要30公斤。国内材料当时还不成熟，卢秉恒就和化工学院共同开发出光敏树脂，每公斤成本只要100元。至于开机床自己做试件，更是经常的事。最终，在科技部的资助和团队的共同努力下，1997年底，第一台3D打印原型机成功诞生。他们陆续研发的设备，均处于国内领先地位，达到国际先进水平。卢秉恒逐渐成为我国从事快速成型与制造技术的知名专家和带头人之一。

随后，由他主持完成的“快速成型制造若干关键技术及装备”获2000年国家科学技术进步奖二等奖，这一技术应用在家电、汽车等产品开发中，使产品开发周期与费用降到原来的30％以下，光固化3D打印技术基本实现完全国产化。随着元器件的持续国产化,设备价格和使用成本也降到进口技术的10%以下。

"西迁精神"不能丢

西迁精神是在1956年交通大学为响应支援大西北,由上海迁往西安的过程中,生发出来的一种宝贵的精神财富,其实质是"胸怀大局,无私奉献,弘扬传统,艰苦创业"。

"西迁精神一直在鼓励着我!"卢院士在节目中强调,他从导师顾崇衔身上清晰地感受到了西迁精神的伟大。顾教授是当年西迁的老教授之一,将自己的全部都奉献给了三秦大地。

"他知道此时国家正在发展工业,这里需要他,于是他带着全家老小搬到了西安。"卢秉恒表示,初到西安时,顾教授感到这里远不如上海,但是看见了许多在建的工厂,让他受到了触动,认为西安才是他该来的地方,帮助这些工厂建设,才是他要做的事。

卢秉恒一直强调的创新与实践,也来自于顾教授的深远影响。据卢秉恒介绍,为搜集机械加工的案例,顾教授带领助教走访一二十个工厂,用实际案例编写教材,证明了其中的理论,最终,这套教材被全国一百多所院校采用。

"如今,我两个梦都实现了,我研究的3D打印技术为我国航空航天事业做出了贡献,而我本人也被北京大学聘为了兼职教授。"站在舞台之上的卢秉恒不无自豪地说。他勉励莘莘学子牢记西迁精神,脚踏实地解决国家亟须解决的工程问题,在工作当中发光发热,实现自己的价值。

温馨提示

现代工业生产中光固化成形技术应用已越来越多,成形材料也多种多样,请查阅学校的数字图书馆并收集光固化成形技术方面的文献资料,作为课外阅读的内容。

习　题

1. 简述SLA成形技术的原理及特点。
2. 常用的SLA成形材料有哪些?各材料性能如何?
3. 简述SLA工艺参数对打印件微观结构、精度及打印件性能的影响。
4. 如何正确而有效地添加SLA成形件的支撑?
5. SLA成形后处理中的再固化有什么作用?
6. 如何清洗、保养光固化3D打印机?

项目 4
熔融沉积成形

视野拓展

熔融沉积成形(fused deposition modeling,FDM),又称熔丝沉积,是由美国Scott Crump博士于1988年提出的。其原理是将热塑性材料加热熔化后,从喷嘴均匀挤出成细丝状,同时喷嘴由数控系统控制,按照切片软件规划好的连续薄层数据按一定路径移动进行填充,丝状材料冷却后黏结形成一层层薄层的截面,最终层层叠加形成三维实体。FDM的成形材料主要是线材(也有直接采用塑料粉末加热经喷嘴挤出成形的),要求熔融温度低、黏度低、黏性好和收缩率小等,主要原材料有铸造石蜡、聚酰胺(俗称尼龙)、ABS塑料、PLA塑料、低熔点金属和陶瓷等。

案例导入

以一款创意设计手机支架为打印实例,零件功能比较简单,主要作用是放置手机,便于查看。如图4.1所示,从外观上看,手机支架的结构简单,适合使用FDM成形制作。

将模型导入切片软件,打开STL模型后,首先分析模型的大小及结构,然后开始摆放零件(见图4.2)。模型是一个拉伸特征体加创意字体零件,考虑支撑结构的稳定性、支撑设计的合理性和最大可能节省材料性。选择将模型侧面作为底部平面,以较平缓的底部连接支撑的姿态摆放,如图4.2所示。

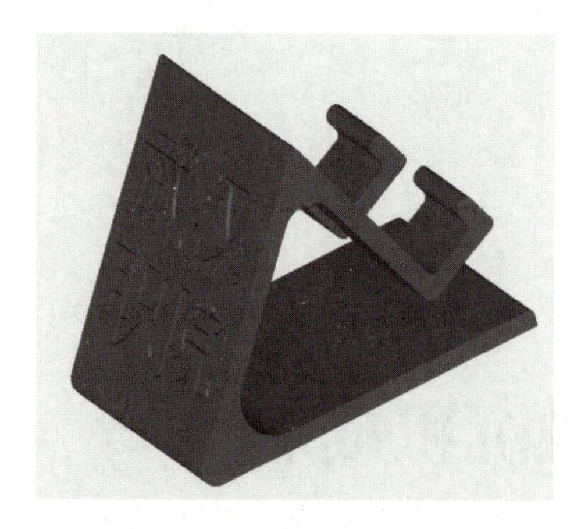

图 4.1　手机支架

(a) 不合理

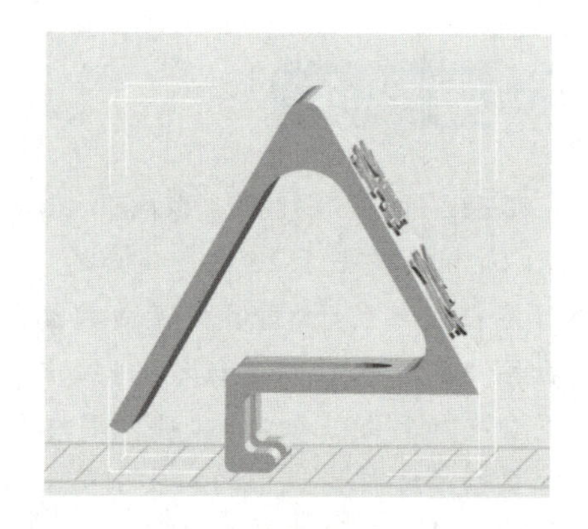

(b) 不合理

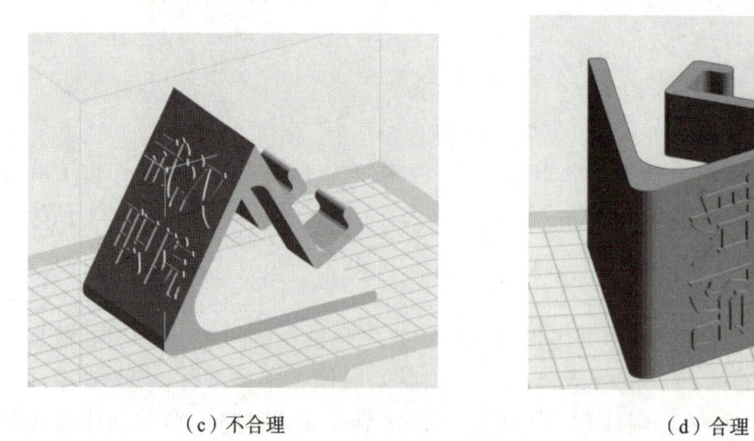

(c) 不合理

(d) 合理

图 4.2　零件的摆放

打印参数设置:在打印模型前,需要对 3D 打印成形参数进行设置,综合考虑零件的摆放方式、强度、外观质量及打印时间等因素。本例打印参数设置如图 4.3 所示。

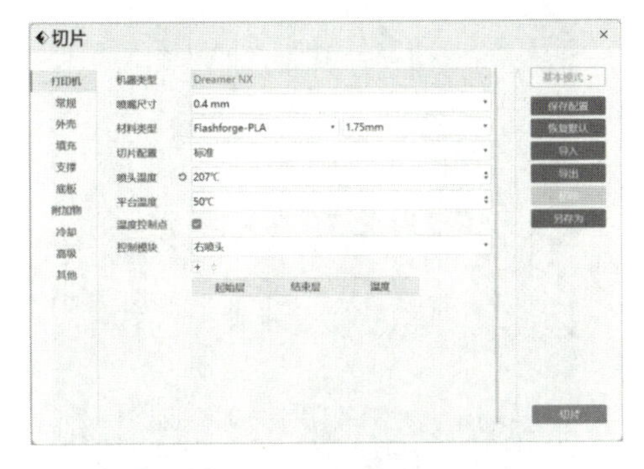

(a) 打印机设置

(b) 常规设置

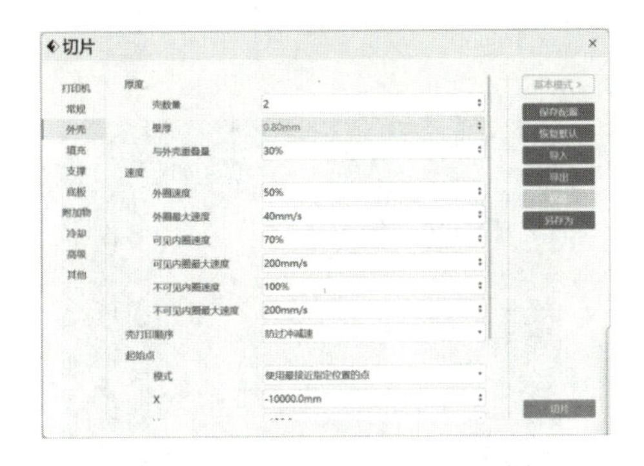

(c) 外壳设置

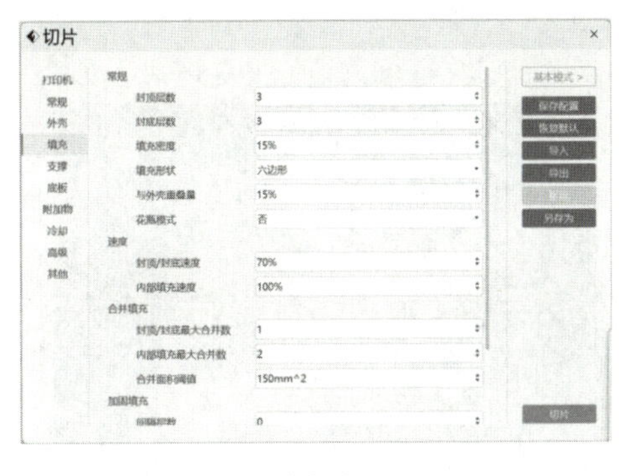

(d) 填充设置

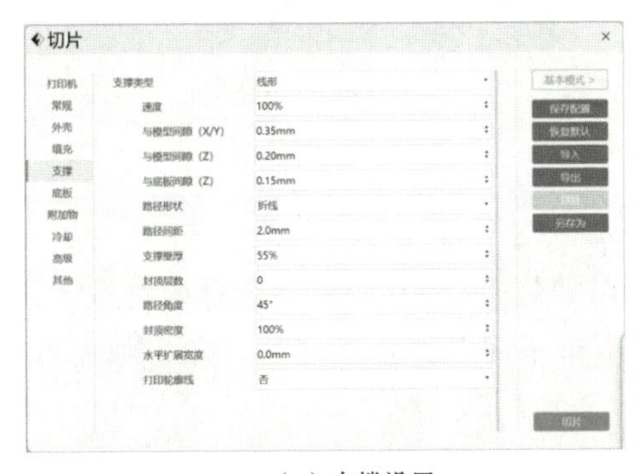

(e) 支撑设置

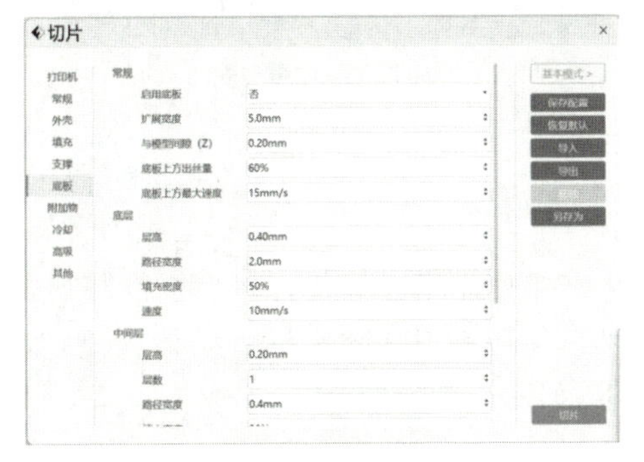

(f) 底板设置

图 4.3　打印参数设置

将切片数据导入 FDM 打印机中,调整好打印平台,开始打印模型,模型打印过程如图 4.4 所示。

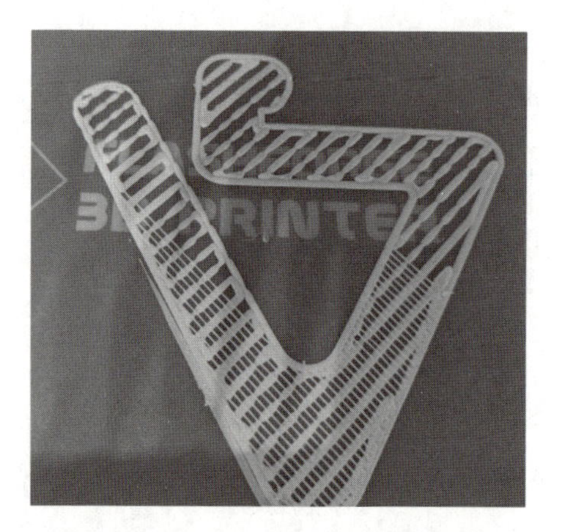

(a) 打印基底支撑层

(b) 打印模型主体

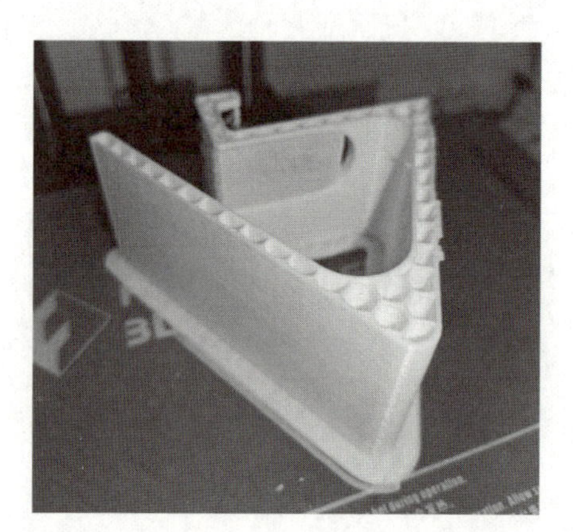

(c) 打印模型支撑

(d) 完成打印效果

图 4.4 模型打印过程

打印结束并等待打印平板冷却后,将打印平板连同打印模型从打印机取下,然后使用铲刀从基底拆下实体模型,最后用钳子或铲刀将基底从打印平板上取下,如图 4.5 所示。

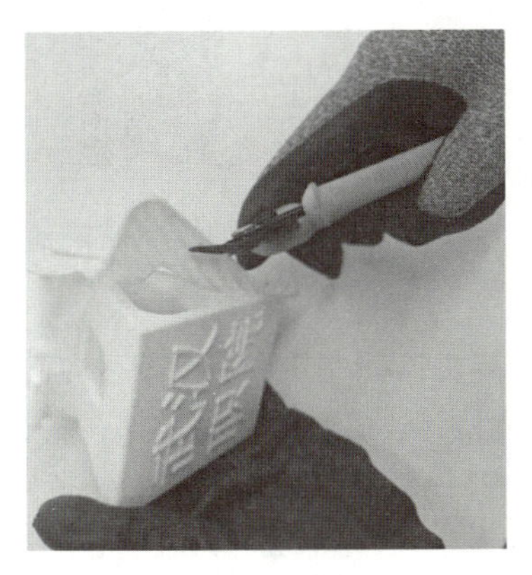

（a）去除底板

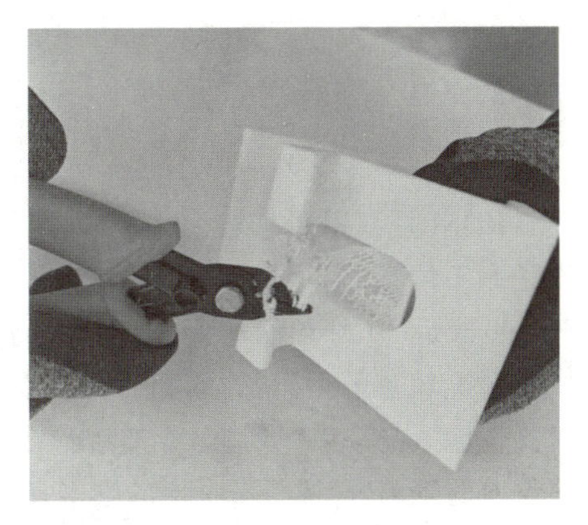

（b）去除支撑

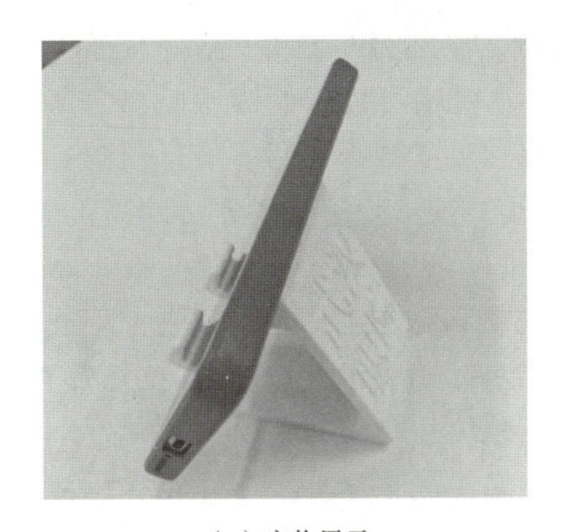

（c）实物展示

图 4.5 模型后处理

任务1 FDM成形原理及特点

任务单

1. 掌握FDM成形设备的主要结构、成形原理及工艺特点。

2. 请同学们结合所学的知识，利用相关软件设计并动态模拟FDM成形的过程。

4.1.1 FDM 成形原理

FDM 成形原理

FDM 是利用热塑性材料的热熔性和黏结性,在计算机控制下层层堆积成形的。送丝机构将丝状材料送进喷头,并在喷头中加热至熔融态,同时加热喷头,在计算机的控制下按照相关截面轮廓和填充轨迹的信息扫描,挤压并控制材料流量,使黏稠的成形材料和支撑材料被选择性地涂覆在工作台上,冷却后形成截面轮廓。一层成形完成后,工作台下降一个层厚的距离,再进行下一层的涂覆,如此循环,层层叠加,最终形成三维模型。

图 4.6 所示为 FDM 成形原理示意图。在计算机或 SD 卡中的 Gcode(即 G 代码,是数控程序中的指令,一般称为 G 指令)控制下,打印机喷头 1 在 *X-Y* 平面内做水平移动,喷头中的进丝机构可以控制喷头喷出打印材料的速度,底板 3 随着打印过程的进行逐步下降以便于成形工件。打印机运行时,首先要确定各层之间的距离(即层厚)、路径宽度(与喷头直径相等),计算机通过相应的软件生成三维模型的切片、生成路径及进丝量的 Gcode,随后打印机对 Gcode 进行解析以控制喷头的运动。喷头喷出的材料黏结在工作台上或者前一层材料上,打印完成一层之后,底板下降一个层厚的距离,喷头继续打印,如此循环直至打印完成所设计的三维模型。待温度冷却之后取下工件即可。

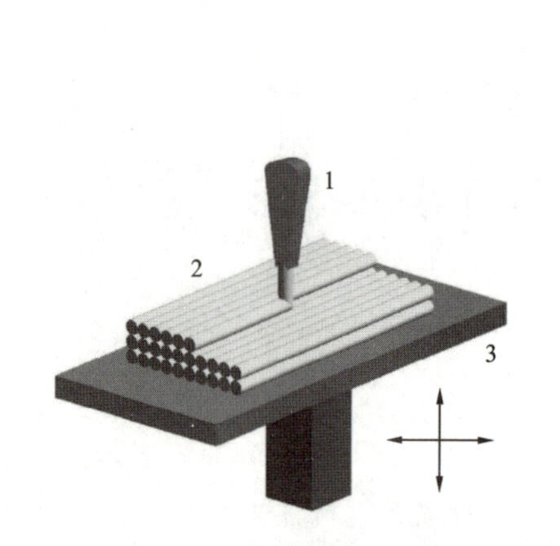

图 4.6 FDM 成形原理示意图

1—打印机喷头;2—已成形部分;3—打印底板

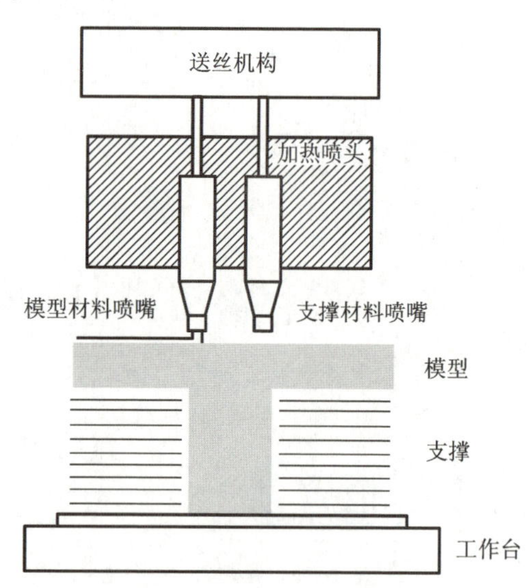

图 4.7 双喷头 FDM 成形原理

为了节省材料成本和提高成形效率,市面上推出了双喷头或多喷头 FDM 成形机。对于双喷头 FDM 成形机,其中一个喷头喷射沉积模型材料,另一个喷头喷射沉积支撑材料，如图 4.7 所示。这种双喷头 FDM 成形机的优点有：① 提高了沉积效率；② 降低了模型制造的成本；③ 允许灵活地选择具有特殊性能的支撑材料（如：水溶材料、低于模型材料熔点的热熔材料等），以便于去除后处理过程中的支撑材料。

4.1.2　FDM 成形特点

FDM 成形特点

FDM 工艺采用电能来加热塑料丝，使其在挤出喷头前达到熔融状态，喷头在计算机的控制下将熔融的塑料丝喷涂到工作平台上，从而完成整个零件的加工过程。这种方法的能量传输和材料叠加均不同于以激光为能源的光固化工艺，以及采用微滴喷射技术的三维打印工艺。FDM 工艺具有以下特点：

（1）能源价格相对低，设备成本低，日常维护成本也较低；

（2）成形材料广泛，热塑性材料均可应用，如各种色彩的工程塑料（ABS、PLA、PC、PPSF）及医用 ABS 等；

（3）环境友好，制件过程中无化学变化，也不会产生颗粒状粉尘；

（4）设备体积小巧，易于搬运，适用于办公环境；

（5）原材料利用率高，且废旧材料可进行回收再加工，并可实现循环使用；

（6）由于喷头的运动是机械运动，速度有一定限制，所以成形时间较长；

（7）与光固化成形工艺以及三维打印工艺相比，成形精度较低，表面有明显的台阶效应；

（8）成形过程中需要加支撑结构，支撑结构手动剥除困难，同时影响制件的表面质量。

任务 2　FDM 成形材料

FDM 成形材料

任务单

1. 了解 FDM 成形材料的发展。

2. 掌握 FDM 成形材料的组成成分及其功能。

3. 除书中讲述的 FDM 成形材料以外，请同学们查找文献找出其他 FDM 成形的材料，并分析其性能。

FDM 成形材料的形式主要是固态丝材，属于热塑性高分子材料。粒状的热塑性塑料首先需要用挤出机拉丝制成丝材(直径一般为 1.75 mm 或 3 mm,本书主要介绍直径为 1.75 mm 的丝材),作为 FDM 成形的原材料。在 FDM 成形过程中,丝状的热塑性材料通过喷头加热熔化,喷头底部带有细微喷嘴(直径一般为 0.2～0.8 mm),使熔融的热塑性材料以一定的压力喷出。同时,喷头沿水平面做二维移动,挤出的材料与前一层熔接在一起,当一个层面沉积完成后,工作台按照预定的增量下降一个层的厚度,再继续熔融沉积,循环往复,直至完成整个实体造型。

4.2.1 FDM 材料成形机理

1. 螺杆挤出过程

FDM 所用丝材的成形方法可以称得上是精密挤出成形,精密挤出是通过对制品工艺的控制,挤出机的优化设计,新型成形辅助装备的应用,以及机、电、气精密控制等手段,显著提高制品精度的成形方法。制品精度主要指几何精度、重复精度和机能精度。几何精度包括尺寸精度和形状、位置精度,它是精密成形所要解决的主要问题;重复精度主要反映制品在轴向的尺寸稳定性;机能精度是指制品的力学性能、光学性能、热学性能及表面质量等。

挤出机挤出的丝材要求其直径均匀(直径尺寸为 1.75 mm,精度为±0.05 mm)、表面光滑、内部密实,无中空、无表面坑洼或无表面疙瘩等缺陷,同时要求其柔韧性较好。挤出品的质量取决于挤出机螺杆头部熔体的温度、螺杆转速、压力等因素。因此,在挤出机刚开始启动时,螺杆转速调得较小,加料量也较少,待物料由机头挤出后,慢慢提高转速及加大进料量,同时控制好料筒各段温度。在挤出过程中,由于物料的阻力、螺杆槽深度的改变,滤网、过滤板、口模的阻力将在物料内部建立起一定的压力,从而增加熔体压力,使熔体体积压缩,分子链堆集紧密,黏度增大,流动性降低,挤出量下降,但产品密实,有利于提高产品的质量。与此同时,要密切关注主机电流、熔体压力的大小,直至达到设定的转速即可。

2. 熔融沉积过程

FDM 加料系统结构如图 4.8 所示。FDM 加料系统采用一对夹持轮将直径为 1.75 mm 的丝材送入加热腔入口,在温度达到丝材的软化点之前,丝材与加热腔之间有一段间隙不变的区域,称为加料段。随着丝材表面温度升高,物料开始熔融,形成一段丝材直径逐渐变小直到完全熔融的区域,称为熔化段。在物料被挤出口模之前,有一段完全由熔融物料充满机筒的区域,称为熔融段。在这个过程中,丝材本身既是原料,又要起到活塞的作用,把熔融态的材料从喷嘴中挤出。

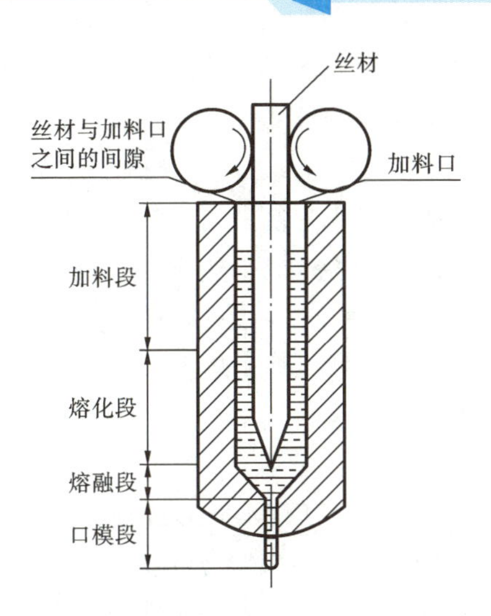

图 4.8　FDM 加料系统结构

3. 材料在加工过程中形态的变化

从丝材的制备到成品打印的完成，热塑性高分子材料在整个加工过程中历经了如图 4.9 所示的变化。首先，FDM 要求材料具有良好的成丝性；其次，由于螺杆挤出过程及熔融沉积成形过程，丝材要经受“固相—液相—固相—液相—固相”的转变，因此要求热塑性高分子材料在相变过程中具有良好的化学稳定性，且有较小的收缩性。

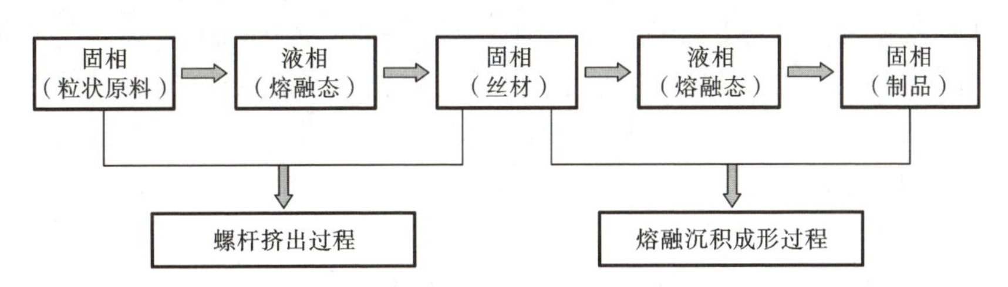

图 4.9　材料在加工过程中形态的变化

4.2.2　FDM 工艺对热塑性高分子材料的性能要求

无论是成形材料还是支撑材料，在进行 FDM 之前都要经过挤出机挤出制成直径 1.75 mm 的丝材，因此需满足挤出成形方面的要求。此外，针对 FDM 的工艺特点，热塑性高分子材料还应满足以下各方面的相关要求。

1. 熔体黏度

材料的熔体黏度低，流动性好，有助于材料顺利挤出，但是材料的流动性太好将导致流延的发生。而材料的流动性差,则需要很大的送丝压力才能将其挤出,这会增加喷头的启停响应时间,从而影响成形精度。

2. 熔融温度

较低的熔融温度可以使材料顺利挤出,有利于提高喷头和整个机械系统的寿命,可以减小材料在挤出前后的温差,减少热应力,从而提高制件的精度。但熔融温度低的高分子材料通常耐热性较差,若对制件的耐热性有较高要求,则应选择耐热性好且稳定性好的高分子材料。如果熔融温度与分解温度相隔太近,将使成形温度的控制变得极为困难。

3. 收缩率

成形材料收缩率大会使制件在 FDM 成形过程中产生内应力,导致制件翘曲变形甚至导致层间剥离;支撑材料收缩率大会使支撑结构产生变形而起不到支撑作用。因此材料收缩率越小越好,可以提高模型或产品的尺寸精度,一般要求其线性收缩率小于 1%。

4. 力学性能

从 FDM 工艺角度来看,丝材的进料方式要求丝材具有较好的抗弯强度、抗压强度、抗拉强度及较好的柔韧性,这样在驱动摩擦轮的牵引和驱动力的作用下不会发生断丝和弯折现象。成形丝材的力学性能是影响 FDM 制件力学性能的主要因素,而支撑材料只要保证在成形过程中不轻易折断即可。

5. 黏结性

FDM 工艺是基于分层制造的一种工艺,层与层之间往往是零件强度最薄弱的地方,黏结性的好坏决定了零件成形以后的强度。黏结性过低,有时成形过程中会因热应力导致层与层之间开裂。对于可剥离性支撑材料,其应与成形材料之间形成较弱的黏结力。

6. 吸湿性

材料吸湿性高,将会导致材料在高温熔融时因水分挥发而影响成形质量。所以,用于成形的丝材应干燥保存。

由以上材料特性对 FDM 工艺的影响来看,FDM 对成形材料的关键要求是熔体黏度适宜、熔融温度低、力学性能好、黏结性好、收缩率小。水溶性支撑材料要保证良好的水溶性,应能在一定时间内溶于水或碱性水溶液。

4.2.3 常见 FDM 成形的高分子材料

1. ABS 丝材

ABS(acrylonitrile butadiene styrene)一般由 25%~35%(若未作特别说明,

以下均为质量分数)的丙烯腈、适量的丁二烯和50%苯乙烯的三元共聚物组成,A代表丙烯腈,B代表丁二烯,S代表苯乙烯。丙烯腈赋予ABS材料良好的化学耐腐蚀性、耐油性和一定刚度及表面硬度;丁二烯赋予ABS材料一定的坚韧性和抗冲击性;苯乙烯使ABS材料具有良好的介电性能、加工流动性、较小的表面粗糙度及高强度。

ABS是3D打印中最常用的热塑性塑料,其优点是具有优良的力学性能、柔韧性、耐磨性、绝缘性、尺寸稳定性及抗高温性能,其热变形温度为70 ℃～107 ℃(常在85 ℃左右),FDM制品经退火处理后的热变形温度还可提高10℃左右,这使ABS成为工程师的首选塑料。ABS的缺点是其制件不能生物降解、熔体黏度较高、流动性差、耐候性较差、紫外线可使其变色、与3D打印机工作基板直接接触的打印面易向上卷曲,这需要提前加热工作基板(一般加热至50 ℃～110 ℃)以确保模型底部光滑、平整和洁净,消除卷曲现象。研究发现,采用ABS/丙酮混合物,或使用发胶喷枪能够避免打印表面产生卷曲。然而,在打印较大的物体时应注意3D模型冷却过程中由热应力所引起的翘曲变形。

为了进一步提高ABS材料的性能,并使ABS材料更加符合3D打印的实际应用要求,人们对现有ABS材料进行改性,又开发了ABS-ESD、ABS-plus、ABSi和ABS-M30i等适用于3D打印的新型ABS改性材料。

1) ABS-ESD材料

ABS-ESD是美国Stratasys公司研发的一种理想的用于3D打印的抗静电ABS材料,材料变形温度为90℃,具备静电消散性能,可以用于防止静电堆积,主要用于易被静电损坏的场合。因为ABS-ESD可防止静电积累,所以它不会导致静态振动,也不会造成粉末、尘土等微小颗粒在物体表面吸附。该材料能理想地用于电路板等电子产品的包装和运输,可减少每年因静电造成的巨大损失,降低弹药装置爆炸事故的发生,广泛用于电子元器件的装配夹具和辅助工具、电子消费品和包装行业。图4.10所示为ABS-ESD电子材料制品——硬盘卡具。

图4.10 ABS-ESD电子材料制品——硬盘卡具

2) ABS-plus 材料

ABS-plus 材料是 Stratasys 公司研发的 3D 打印专用材料，ABS-plus 的硬度比 ABS 的硬度大 40%，是理想的快速成形材料之一。ABS-plus 材料经济实惠，设计者和工程师可以反复使用它进行相关操作，经常性地制作原型及更彻底地进行测试，同时它特别耐用，使得概念模型和原型看上去就像最终产品一样。使用 ABS-plus 进行 3D 打印，能在 FDM 技术的辅助下提供最广泛的颜色(象牙色、白色、黑色、深灰色、红色、蓝色、橄榄绿、油桃红以及荧光黄)，而且还可以选择自定义颜色，让打印过程变得更有乐趣。用这种材料进行 3D 打印的部件具备持久的机械强度和稳定性。此外，因为 ABS-plus 能够与可溶性支撑材料一起使用，故无须手动移除支撑，即可轻松制造出形状复杂的产品以及较深的内部腔洞。因此 ABS-plus 是最好用和易用的 ABS 耗材，它通过弥补 ABS 固有的容易翘曲和开裂的缺陷，在最大限度保留材料原有综合性能的基础上，变得更加适合 3D 打印。使用 ABS-plus 标准热塑性塑料可以制作出更大面积和更精细的模型。ABS-plus 材料的服务领域涉及航天航空、电子电器、国防、船舶、医疗、玩具、通信、汽车等行业。使用 ABS-plus 材料制备的各类产品如图 4.11、图 4.12 所示。

图 4.11　用 ABS-plus 材料制备的建筑模型

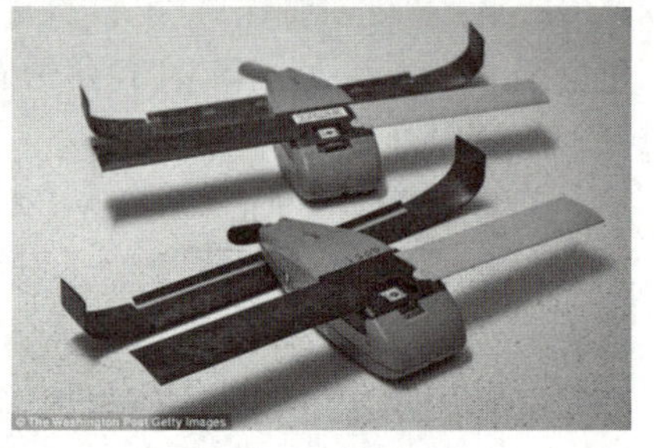

图 4.12　用 ABS-plus 材料打印的无人机

3) ABSi 材料

ABSi 为半透明材料(具备汽车尾灯的效果)，具有很高的耐热性和强度，呈琥珀色，能很好地体现车灯的光源效果。材料的热变形温度为 86 ℃。该材料比 ABS 多了两种特性——半透明度和较高的耐撞击力。其名称中的 i 即 impact(撞击)的意思。同时，ABSi 的强度要比 ABS 的强度高，耐热性更好。利用 ABSi 材料，可以制作出透光性好、色彩绚丽的艺术灯，它被广泛地应用于车灯(见图 4.13)行业，也常用于医疗行业等。

图 4.13　用 ABSi 材料制作的汽车尾灯

ABSi 材料主要采用 FDM 技术进行 3D 打印。

其制品主要包括现代模型、模具和零部件。它未来将在航空航天、家电、汽车、摩托车等领域得到广泛的应用,在工程和教学研究等领域也将拥有一席之地。

4) ABS-M30i 材料

ABS-M30i 材料颜色为白色,是一种热变形温度接近 100 ℃的具有生物相容性和高强度的材料。在 3D 打印材料中,ABS-M30i 材料拥有比标准 ABS 材料更好的拉伸性、抗冲击性及抗弯曲性。ABS-M30i 制作的样件通过了生物相容性认证(如 ISO 10993 认证),可以通过 γ 射线或环氧乙烷进行消毒。它能够让医疗、制药和食品包装工程师及设计师直接通过 CAD 数据在内部制造出手术规划模型、工具和夹具。ABS-M30i 材料通过与 Fortus 3D 成形系统配合,能带来真正的具备优秀医学性能的概念模型、功能原型、制造工具及最终零部件的生物相容性部件,是最通用的 3D 打印成形材料。它在食品包装、医疗器械、口腔外科(见图 4.14)等领域有着广泛的应用。

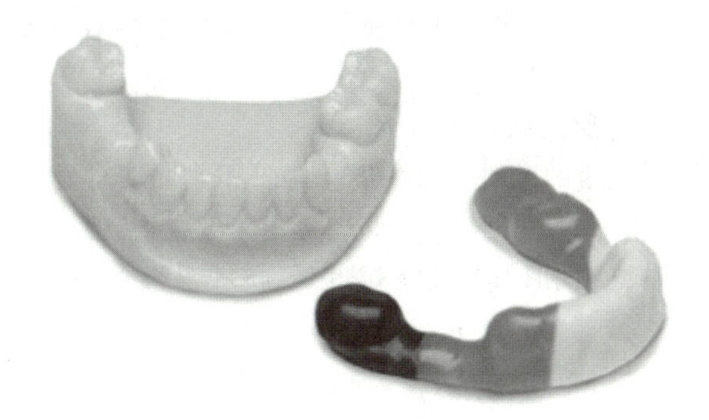

图 4.14　用于口腔外科的 ABS-M30i 材料

2. 聚乳酸丝材

聚乳酸(PLA)又名玉米淀粉树脂,是一种新型的可生物降解的热塑性树脂材料,具有可再生性,其原材料乳酸来源广泛,可通过玉米、淀粉等农业产品发酵获得。聚乳酸强度高、生物相容性好、环保、气味小,可在办公环境使用。但是,聚乳酸也存在韧度小、熔体强度低、热稳定性较差等缺点,未经改性的聚乳酸在熔融加工过程中易发生降解而导致熔体流动速率增大,其丝材在打印过程中会因熔体强度下降而使喷嘴产生漏料的现象,漏出的物料黏在制件上,易形成毛边,影响制件的表面质量。

由聚乳酸制成的产品除具有良好的生物降解能力外,其光泽度、透明性、手感和耐热性也很不错。聚乳酸具有优越的生物相容性,被广泛应用于生物医用材料领域。此外,聚乳酸也可用作包装材料。

与其他高分子材料相比,聚乳酸具有很多优异的性能,在 3D 打印领域拥有广泛的应用前景。聚乳酸的优点如下所述:

(1) 聚乳酸是一种新型的生物降解材料,由可再生的植物资源(如玉米)所提取的淀粉原料制成。淀粉原料经发酵制成乳酸，再通过化学合成转换成聚乳酸。因此，它具有良好的生物可降解性，使用后能通过自然分解、堆放、掩埋等方式快速降解对环境比较友好。聚乳酸塑料使用后一般采取掩埋的降解方式，分解产生的二氧化碳直接进入土壤有机质或被植物吸收，不会排入空气中造成温室效应。而普通塑料的处理方法大多是焚烧，不仅污染环境，还会导致温室效应。

(2) 聚乳酸拥有良好的光泽性和透明度(与聚苯乙烯所制的薄膜相似)，是一种可降解的高透明性聚合物。

(3) 聚乳酸具有良好的抗拉强度及延展度，可加工性强，适用于各种加工方式，如熔化挤出成形、射出成形、吹膜成形、发泡成形及真空成形。在3D打印中，聚乳酸良好的流变性能和可加工性，保证了其对FDM工艺的适应性。

(4) 聚乳酸薄膜具有良好的透气性、透氧性及透二氧化碳性能，并具备优良的抑菌及抗霉特性，因此，在3D打印制备生物医用材料中具有广阔的市场前景。

(5) 聚乳酸打印成形时，成形件的翘曲变形较小，不必对成形室或基板采取加热保温的措施。

聚乳酸也有需要克服的缺点：

(1) 聚乳酸中有大量的酯键，亲水性差，降低了它与其他物质的互溶能力。

(2) 聚乳酸的相对分子量过大，本身又为线性聚合物，使得聚乳酸材料的脆性高，强度往往难以保障。同时其热变形温度低、抗冲击性差，这也在一定程度上制约了它的发展。

3. 聚碳酸酯

聚碳酸酯(polycarbonate，PC)是一种20世纪50年代末发展起来的无色高透明度的热塑性工程塑料，是一种具有高强度、耐高温、抗冲击、抗弯曲、韧性好、收缩率小、绝缘性好、无毒无味、耐化学腐蚀、耐候性好且透光性好的热塑性聚合物。它的密度为(1.20～1.22) g/cm^3，线膨胀率为3.8×10^{-5} cm/℃，热变形温度为135 ℃。聚碳酸酯具备工程塑料的所有特性，将聚碳酸酯制成3D打印丝材，其打印制件可以作为功能件直接使用。聚碳酸酯最早由德国拜耳公司于1953年研发制得，并在20世纪60年代初实现工业化，20世纪90年代末实现大规模工业化生产，现在已成为产量仅次于聚酰胺的第二大工程塑料。

将聚碳酸酯制成3D打印丝材，其强度比ABS材料高出60%左右，具备超强的工程材料属性。但聚碳酸酯也存在一些不足，如缺口敏感度高，颜色单一，价格高等。长期以来，聚碳酸酯一直被用在对透明性和冲击强度要求都很高的领域，如电子消费品、家电、汽车制造、航空航天、医疗器械等领域。

4. 尼龙丝材

3D打印用尼龙材料有优良的力学性能，其拉伸强度、抗压强度、冲击强度、刚性及耐磨性都比较好，适合制造一些需要高强度、高韧性的制品，但其力学性能受温度及湿度的影响较大。尼龙是一种结晶高分子材料，分子内应力大，成形收缩率大。纯尼龙丝材在 FDM 成形过程中易产生翘曲变形，但是以尼龙作为基材，通过改性可降低其成形收缩率，改善成形过程中的翘曲现象。实验研究表明，将尼龙与玻璃微珠、玻璃纤维粉、碳纤维粉、铝粉等填充剂经过双螺杆挤出机熔融共混，挤出的尼龙复合丝材均能成功用于 FDM 打印工艺。

4.2.4 FDM 成形中的支撑材料

根据 FDM 的工艺特点，系统必须对产品三维 CAD 模型做支撑处理，否则在分层制造过程中，当上层截面大于下层截面时，上层截面的多出部分将会悬空，从而使截面部分发生塌陷或变形，影响成形零件的成形精度，甚至不能成形。支撑材料另一个重要作用是建立基础层，在工作平台与模型最底层之间建立缓冲层，使原型制作完成后便于与工作平台剥离。

若 FDM 采用单喷头成形机，即所用丝材既是支撑材料，又是打印材料，则通过控制丝材在支撑部位和成形零件部位的填充度来控制材料密度，以区分成形零件和支撑结构。若 FDM 采用双喷头成形机，一个喷头用来挤出模型材料，另一个喷头用来挤出支撑材料，则两种材料的特性不同，制作完毕后去除支撑相对容易。

目前 FDM 工艺常用的支撑材料有可剥离性支撑材料和水溶性支撑材料两类。在成形结构简单、中空结构较少的零件时，使用可剥离性支撑较为方便，而成形结构复杂、中空结构较多且内部无法手动去除支撑的装配件或一体成形的装配件时，最好使用水溶性支撑材料。因为水溶性支撑材料可以在水中溶解，自动去除。

任务 3 FDM 成形设备

FDM 成形设备

任务单

1. 了解国内外 FDM 成形设备的主要参数。
2. 掌握 FDM 成形设备的系统组成。
3. 查找文献进一步了解 FDM 成形设备运动系统的发展现状。
4. 利用所学的机械设计基础及三维建模的知识设计 FDM 运动系统。

1988 年，Scott Crump 发明了 FDM 技术，随后创立了 Stratasys 公司。1992

年,Stratasys 公司制造出世界上第一台基于 FDM 技术的 3D 打印机,标志着 FDM 技术步入商用阶段。在随后的一年里,Stratasys 公司制造了 FDM-1650 打印机,此后又推出了 FDM-2000,FDM-3000,FDM-8000,Fortus 900mc,FDM Vantage 系列,FDM Titan 系列,FDM Max 系列,Prodigy Plus 系列等。2013 年 6 月,Stratasys 公司宣布收购纽约的 3D 打印机厂商 MakerBot,至此,全球两家领先的 3D 打印机生产商合二为一。如今美国 Stratasys 公司 F 系列的成形设备无论是工业级的还是桌面级的,在业界均处于领先地位。除了 Stratasys 公司,目前国外研究 FDM 成形设备的机构主要有美国的 3D Systems 公司、Z Crop 公司,英国的 RepRap 公司,荷兰的 Ultimaker 公司,德国的 Envision TEC 公司和以色列的 Objet 等公司,多种多样的 FDM 3D 打印机正在不断涌现,其市场应用前景相当广阔。3D Systems 公司推出的具有双喷头结构功能的桌面级"Invision 3D Modeler"系列打印机,能够做到将熔丝挤料打印和建立模型支撑两个工序同时进行,从而使打印更加高效快捷,另外,此设备具备了彩色打印的功能。RepRap 公司提出了"用 3D 打印机去制造 3D 打印机"这一理念,并推出了首台程序开源的桌面级 3D 打印机,为 3D 打印爱好者提供了开源化的程序软件,促进了个性化 3D 打印机的发展。目前,一些中小型企业生产的 FDM 打印机普遍采用开源软件。MakerBot 公司主要生产高端的桌面级 3D 打印机,主要产品有 MakerBot Replicator、MakerBot Replicator Mini 和 MakerBot Replicator Z18,这些机型均采用了智能化的控制系统,可以实现自动进退料、断料检测及半自动调平等功能。

我国在 FDM 成形设备方面的研究开始于 20 世纪 90 年代初,最早在 1992 年由清华大学开始着手研究快速成形技术的工作。此后许多高校和公司也开发出了性能优越、能够成形复杂零件的 FDM 成形设备,并逐步形成了各自特色。清华大学、西安交通大学、南京航空航天大学、华中科技大学、上海交通大学、华北大学(华北工学院)、北京隆源自动成形系统有限公司、北京方明达技术有限公司以及广州市阳铭新材料科技有限公司等,在成形理论、成形方法、成形设备以及材料、软硬件等方面做了大量的研究与开发工作。目前国内的 3D 打印设备生产加工公司主要有:北京太尔时代、深圳创想三维、浙江闪铸科技、深圳极光尔沃、陕西恒通智能机器、湖北滨湖机电、湖北嘉一高科等。这些企业形成了稳定的产业化发展,其中一些企业所生产的部分产品已处于国际领先地位。国内的 FDM 3D 打印行业逐渐形成"百家争鸣,百花齐放"的繁荣局面。

4.3.1 国内外 FDM 成形机及其参数

1. 国外 FDM 成形机及其参数

1)美国 Stratasys 公司生产的 FDM 打印机及其参数

Stratasys 公司开发的 FDM 3D 打印设备如下:可用于办公室的 FDM Vantage 系列打印机及在此基础上开发的 FDM Titan 系列打印机，能够使用更多的成形材料；FDM Max 系列打印机，成形空间更大、打印速度更快；紧凑型 Prodigy Plus 系列，能够成形较小零件。Stratasys 公司于 2012 年 3 月发布的超大型基于 FDM 技术的 3D 打印设备 Fortus 900mc，最大成形尺寸达到 914 mm×610 mm×914 mm，最小打印层厚度为 0.014 mm。Stratasys 公司还推出了 F120、F123、F380CF 碳纤维版本、F380mc、F450mc 和 F900 等 FDM 3D 打印机。图 4.15 所示为 Stratasys 公司的 FDM 3D 打印机。表 4.1 列举了一些 Stratasys 公司生产的 FDM 成形机的主要技术参数。

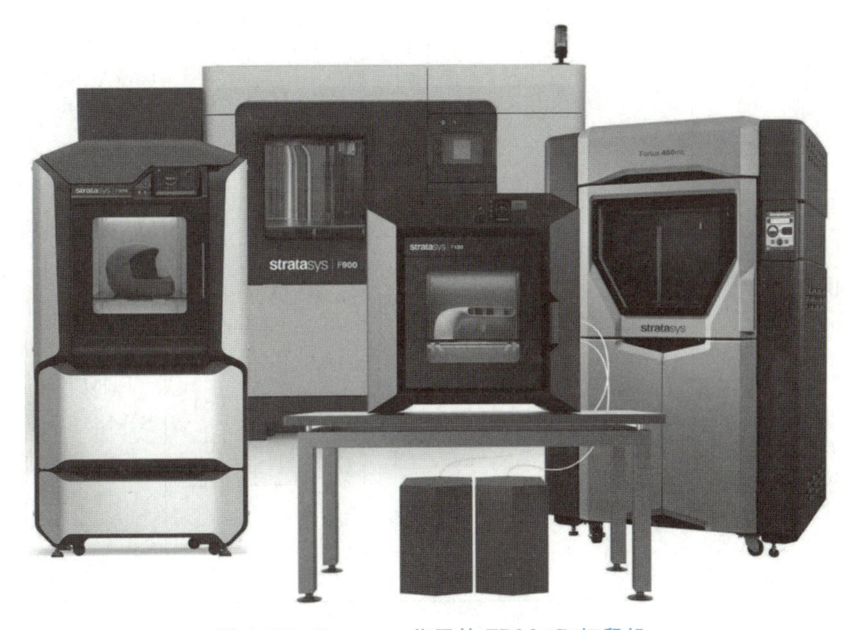

图 4.15 Stratasys 公司的 FDM 3D 打印机

表 4.1 Stratasys 公司生产的 FDM 成形机的主要技术参数

项目	成形机型号		
	F120	F170	F270
建模尺寸/(mm×mm×mm)	254×254×254	254×254×254	305×254×305
设备尺寸/(mm×mm×mm)	889×889×721	1626×864×711	1626×864×711
设备质量/kg	124	227(含耗材)	227(含耗材)
模型材料	ABS-M30、ASA	ABS-M30、ASA、PLA、FDM TPU 92A	ABS-M30、ASA、PLA、FDM TPU 92A
零件精度/mm	0.002	0.002	0.002

续表

项目	成形机型号			
	F370	Fortus 380mc	Fortus 450mc	F900
建模尺寸/(mm×mm×mm)	355×254×355	355×305×305	406×355×406	914×610×914
设备尺寸/(mm×mm×mm)	1626×864×711	1270×9017×1984	1270×9017×1984	2772×1683×2027
设备质量/kg	227(含耗材)	601	601	2869
模型材料	ABS-M30、ASA、PCABS、PLA、Diran 410MF07、ABS-ESD7、FDM TPU 92A	ABS-M30、ABS-M30i、ABS-ESD7、ASA、PCI-SO、PC、PCABS、FDM Nylon 12、Fortus 380mc 碳纤维版本：ASA 和 FDM Nylon 12CF	ABS-M30、ABS-M30i、ABSESD7、Antero 800NA、Antero 840CN03、ASA、PCISO、PC、PC-ABS、FDM Nylon 12、FDM Nylon 12CF、ST-130、ULTEM™ 9085 树脂、ULTEM 1010 树脂	ABS-M30、ABS-M30i、ABSESD7、Antero 800NA、Antero 840CN03、ASA、PCISO、PC、PCABS、PPSF、FDM Nylon 12、FDM Nylon 12CF、FDM Nylon 6、ST-130 ULTEM™ 9085 树脂、ULTEM™ 1010 树脂
零件精度/mm	0.002	0.0015	0.0015	0.0015

2）美国 Aleph Objects 公司生产的 FDM 打印机及其参数

美国科罗拉多州 3D 打印机制造商 Aleph Objects 公司推出的一款名为 LulzBot TAZ 4 的 3D 打印机，它改进了 y 轴的基座，缩短了 3D 打印机的工作时间，使用者可以在半小时之内完成机器设置，同时还增加了一个 400 W 的电源，使用者可以自己为 3D 打印机增加功能配件。这种打印机的打印精度为 0.1 mm，打印速度为 30 mm/s，并且可打印体积很大的工件，最大打印尺寸为 298 mm×275 mm×250 mm，解决了一些工件的打印问题，同时也能一起打印多个较小的工件。在技术上，Aleph Objects 公司为它设计了传动杆系统，以此来提高打印质量。与此同时，LulzBot TAZ 4 打印机还配有一个组装好的电子电路主机箱，这样使用者就能很容易地对其进行升级，使其具备多颜色或多材料的 3D 打印功能。图 4.16 所示为 LulzBot TAZ 4 打印机及其打印的实体模型。

随后该公司又相继推出了新的 FDM 3D 打印机，如 LulzBot Mini 2、TAZ Workhorse、LulzBot TAZ Pro、TAZ Workhorse/Palette 2 Bundle、Palette 2S Pro

（a）Aleph Objects公司生产的LulzBot TAZ 4打印机

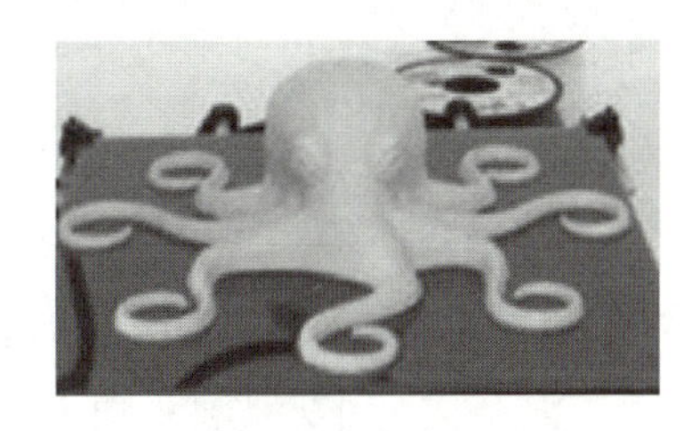

（b）打印的实体模型

图 4.16　Aleph Objects 公司生产的 LulzBot TAZ 4 打印机及其打印的产品

Kit 等。其中 LulzBot TAZ Pro 是一款工业级 FDM 3D 打印机，可提供大建模尺寸、多材料打印，具有 LulzBot 备受赞誉的可靠性。该设备的建模尺寸为 280 mm×280 mm×285 mm，并带有自动 $x/y/z$ 偏移校准、自动调平和喷嘴擦拭功能，可以实现多材料打印。如图 4.17 所示为 LulzBot TAZ Pro 打印机及其打印的产品。

图 4.17　LulzBot TAZ Pro 打印机及其打印的产品

2. 国内 FDM 成形机及其参数

1）工业级 FDM 成形机

图 4.18 所示为深圳创想三维的 CR-5 PRO 工业级 3D 打印机及其打印的产品。CR-5 PRO 工业级 3D 打印机拥有 300 mm×225 mm×380 mm 大型打印尺

寸，是一款集高颜值、强实力、高性价比于一体的 3D 打印机：一体式钣金机身稳固性加强；碳晶硅玻璃平台平整度保持在 0.1 mm，可快速取模；高品质安全电源；支持断电继续打印；拥有高性能喷头结构并附带大功率风扇，散热效果显著，出丝顺畅均匀。

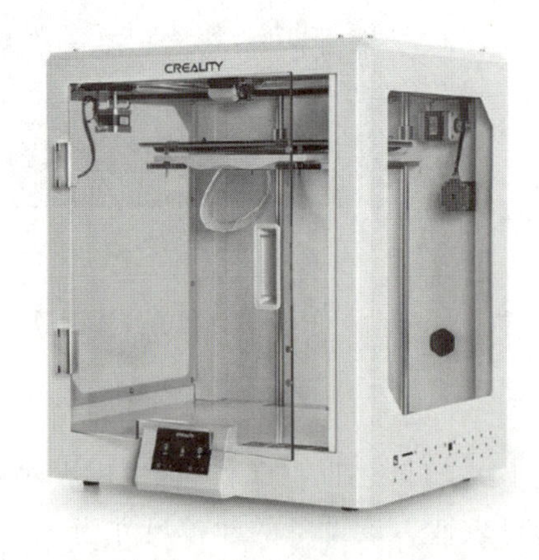

（a）深圳创想三维的CR-5 PRO工业级3D打印机

（b）打印的产品

图 4.18 深圳创想三维的 CR-5 PRO 工业级 3D 打印机及其打印的产品

图 4.19 所示为浙江闪铸科技的金刚狼 3 Creator3 3D 打印机。这款打印机是独立双喷头原型制造准工业级 3D 打印机，可使用可溶性材料作支撑，轻松打印极其复杂的形状和结构。独立的双喷头允许打印机对同一部件打印两次，软件可一

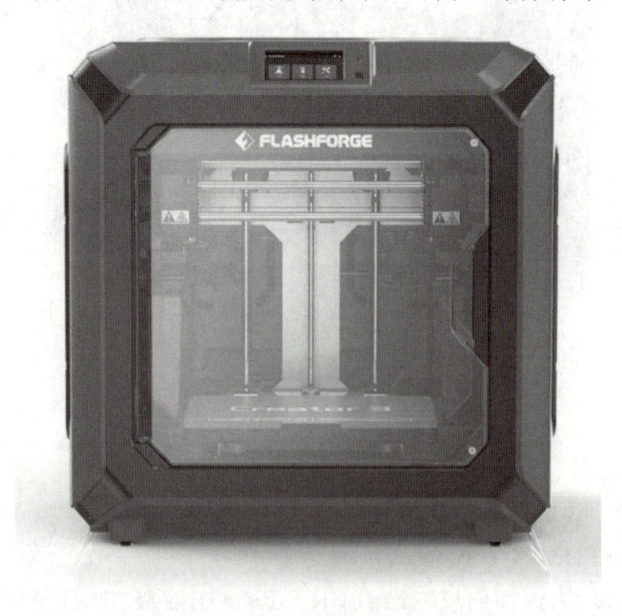

图 4.19 浙江闪铸科技的金刚狼 3 Creator3 3D 打印机

键生成模型的镜像打印文件，双倍的打印效率，完全自动的 z 轴校准功能，自动记忆左右喷头高度差值；使用柔性平台可加温至 120 ℃，最大程度避免模型起翘，方便拆取模型；300 mm×250 mm×200 mm 的超大打印尺寸；打印精度为±0.2 mm；适用于多种类型的丝状 3D 打印耗材，包括 PLA、ABS 等材料。

2）桌面级 FDM 成形机

图 4.20 所示为北京太尔时代科技有限公司生产的两款桌面级 FDM 打印机，其中图(a)所示为 UP300 打印机，图(b)所示为 UP Plus 2 打印机。UP300 打印机是一台高精度、多功能的 FDM 桌面 3D 打印机，配有三种喷头以匹配不同打印需求，一种用于 ABS 和其他高温长丝，一种用于低温长丝(如 PLA)，另一种用于 TPU(thermoplastic polyurethance，热塑性聚氨酯)类柔性聚氨酯；新的双面打印底板设计，玻璃表面提供了一致的平坦的底座，确保光滑的模型底面，适用于没有底部支撑的打印，而多孔表面提供优异的底部黏合力，防止翘曲，这样可以更轻松地面向多样打印要求，方便模型取下。UP Plus 2 是一款具备自动平台校准系统的 3D 打印机，不仅能自动校准平台水平，还能自动校准喷嘴高度；探头的传感器探测打印底板表面上的九个不同的点，通过 UP Studio 软件进行智能补偿；打印平台采用坚固的构架，以保障长时间、高频次打印；平台加热温度达到 90 ℃，可以有效避免打印过程中的翘曲现象。这两款打印机的具体技术参数见表 4.2。

(a) UP300 打印机

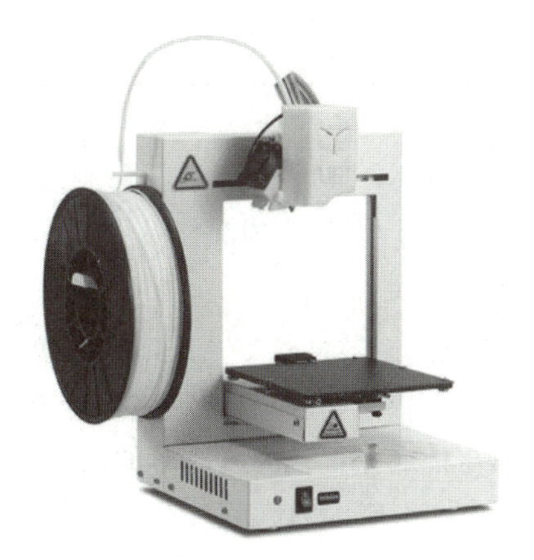

(b) UP Plus 2 打印机

图 4.20　北京太尔时代科技有限公司生产的桌面级 FDM 打印机

表 4.2　北京太尔时代科技有限公司生产的 FDM 成形机的主要技术参数

项目	成形机型号	
	UP300	UP Plus 2
建模尺寸/(mm×mm×mm)	205×255×225	140×135×140

续表

项目	成形机型号	
	UP300	UP Plus 2
分层厚度/mm	0.05～0.4	最小 0.15
外形尺寸/(mm×mm×mm)	500×523×460	245×350×260
质量/kg	11±1	5
丝材	UP Fila ABS、ABS+、PLA、TPU 等	ABS、ABS+、PLA、PLA 复合材料、木材、青铜、尼龙、聚碳酸酯、PET、ASA 等
耗材线径/mm	1.75	1.75
喷头	三种喷头(一种用于 ABS 和其他高温长丝，一种用于低温长丝如 PLA，另一种用于 TPU 类柔性聚氨酯)	一种喷头
打印平台校准模式	自动校准和找平	自动设置喷嘴高度，自动校准补偿打印平台
打印表面	多孔表面、玻璃表面，加热打印平台	UP Perf 多空板和 UP Flex 板，加热打印平台

4.3.2 FDM 成形设备的系统组成

FDM 成形设备是基于 ABS、PLA 等线材熔融温度低、加热可熔融、冷却能够转为固体这一特性，利用热熔喷嘴将半流动材料按 CAD 分层数据控制的路径挤出并沉积在指定位置且凝固成形的设备。

基于 FDM 技术的成形设备发展至今已衍变出了多种结构类型，其中的典型代表有笛卡儿结构、Delta 结构和龙门结构。

(1) 笛卡儿结构也称作 xyz 箱体结构，其结构特点主要是 x、y、z 三轴互相垂直交叉分布，三轴方向上的运动都相互独立、互不干涉，打印喷头则是通过 x、y 轴上的传动机构联动来控制移动速度和方向。该构型的主要优点在于外框支撑具有较高的稳定性，可以确保打印喷头组件和成形平台的平稳运行，而且结构紧凑、空间利用率较高。

(2) Delta 结构也称作并联臂或三角洲结构，其结构特点是打印喷头的运动主要由三支均匀分布、具有多自由度的连杆联动完成，打印速度快，但其垂直方向上的空间利用率较低，且三支连杆的轴向力过于集中，稳定性能较差。

(3) 龙门结构主要因主体部分似一座矩形门框架而得名，打印喷头组件在 x、z 轴方向上运动，成形平台在 y 方向上运动，该结构简单紧凑、桌面级的设备具有较高的打印精度，但成形平台过于沉重时，就会产生强大的惯性，进而引起打印模型倾斜的现象。

图 4.21 所示为三种不同结构类型的 FDM 3D 打印机，其中图(a)所示为笛卡儿结构，打印喷头沿 x、y 轴做复合运动，成形平台沿 z 轴移动；图(b)所示为 Delta 结构，打印喷头在水平方向和垂直方向上做复合运动，成形平台不移动；图(c)所示为龙门结构，打印喷头沿 x、z 轴做复合运动，成形平台沿 y 轴做往复运动。

(a) 笛卡儿结构　(b) Delts结构　(c) 龙门结构

图 4.21　FDM 3D 打印机结构类型

无论是哪种运动方式，FDM 3D 打印机主要由以下三个系统组成：供料系统、扫描运动系统、成形平台系统，如图 4.22 所示。

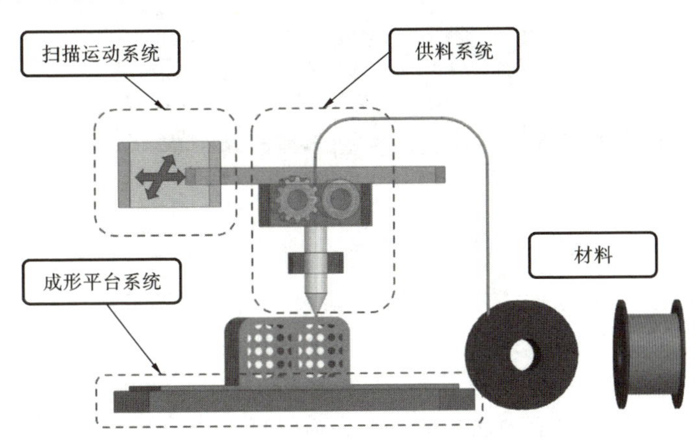

图 4.22　FDM 3D 打印机的系统组成

1. 供料系统

供料系统主要由喷头、挤丝电动机、挤丝轮、光电编码器、加热热敏电阻、测温热电偶、冷却风管及导料管等组成。普通供料系统的工作原理是通过直流电动机驱动一对挤丝轮(送进轮)，靠摩擦力推动丝材进入喷头，丝材经喷头处的加热装置加热至熔融状态从喷嘴挤出。

喷头是供料系统的核心部件,也是 FDM 工艺 3D 打印设备最为关键的部件,其由挤出机构、步进电动机、加热模块、散热装置、喷嘴等部件组成,如图 4.23 所示。喷头主要完成打印材料的输送、加热、散热、温度检测等功能。根据喷头各部位的功能,将其细分为进给区、熔丝区、打印区。进给区由远程送料装置、稳定架、散热装置、喉管组成,此区保证丝材能顺利进入熔丝区;熔丝区由加热模块和喷嘴组成,在此区,丝料受热熔化至熔融状态,同时进给区未熔化丝材起到活塞作用,使熔融状态丝料由喷嘴挤出;打印区主要用于成形件的造型,在成形过程中喷头沿 x、y 方向移动,每打印完成一层后,再沿 z 方向移动一个层厚,直至打印完成。其中,送料装置有两种结构,一种为远程送料装置,一种为近程送料装置。远程送料装置的送丝机构位于成形设备的成形架上,而近程送料装置的送丝机构位于打印喷头上。由于喷嘴堵塞是使用 FDM 3D 打印设备时最常遇到的问题,因此现在的一些喷头会带有自动清洗系统。

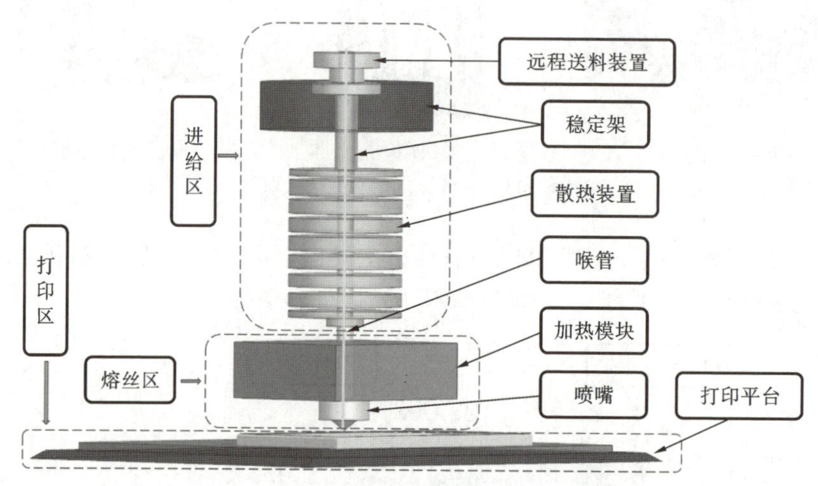

图 4.23 FDM 3D 打印机喷头的结构组成

理想的喷头应满足以下条件:丝材能够在恒温下连续稳定地挤出;丝材的挤出具有良好的开关响应;丝材挤出速度应有良好的实时调节响应特征;挤出系统的体积和质量需限制在一定范围内;具有足够的挤出能力。喷头工作时的送丝精度高低、挤丝是否顺滑和熔丝是否流畅直接影响工件的成形质量的优劣。随着技术的不断发展,打印设备逐渐从单喷头发展为双喷头乃至多喷头。世界各大著名 3D 厂商与科研机构为了追求高精度、高质量的打印工件始终未停止对喷头结构的研发。

2. 扫描运动系统

打印过程中,喷头移动的定位精度直接受传动系统的运动方式与传动精度影响。喷头在挤丝过程中要求运动高速、平稳,若三轴运动与传动精度无法达到要求,则打印工件的表面精度会降低。因此高质量、高精度的工件对运动与传动方式具有较高的要求。

无论是笛卡儿结构，还是 Delta 结构，抑或龙门结构，这三种运动方式都各有优缺点，均是在电动机的带动下做三轴运动，其传动方式普遍为同步带传动与丝杠传动相结合。滚珠丝杠是工程机械上普遍应用的传动器件之一，在设备传动过程中将回转运动转换为线性运动，具备微进给、高精度和高效率等特点，同时相对于其他传动器件，滚珠丝杠在运动过程中具有较小的摩擦阻力。同步带传动通过传动带与同步带轮相互啮合进行传动。由于啮合不会产生相对移动，因此其具备精准的传动比。同时同步带传动平稳，可以过滤传动中的振动，对轴作用力小，速比范围大，效率高。需要综合考虑电动机性能、加工精度、装配精度、丝材质量、打印环境、电器控制误差、切片质量等因素的影响，来对步进电动机、滚珠丝杠和同步传送带进行选型。

3. 成形平台系统

成形平台主要用来承接喷嘴中喷出的熔融丝材，并使其在平台上迅速冷却。因此成形平台的平行度及垂直度对工件的精度影响较大。成形平台的传动方式为直线运动，目前做直线运动的传动方式有同步带传动、曲柄滑块传动、丝杠传动等，3D 打印设备的传动方式普遍为同步带传动与丝杠传动相结合。

此外，成形平台的加热方式也会影响成形件的质量。丝料由喷嘴处挤出后，在工作平台上打印出成形件，一般会在工作平台处设置加热底板，加热底板的主要作用是防止成形件翘曲变形。目前多数 FDM 设备生产商常采用铝基板、钢化玻璃板、高硼硅玻璃板、碳晶硅玻璃配合加热底板的多层成形平台。由于玻璃平台平整度高、表面光滑、热导向均匀，因此高硼硅玻璃平台或碳晶硅玻璃平台在 3D 打印平台构建中应用广泛，且均设计有自动校准和找平功能。

任务 4　FDM 成形后处理

任务单

1. 掌握 FDM 成形件后处理的主要流程。

2. 请同学们结合实训室现有条件，利用 FDM 设备打印模型并自行进行后处理，撰写后处理实践报告。

FDM 成形件后处理比较简单，包括去除支撑、打磨和抛光。

打磨的目的是去除零件毛坯上的各种毛刺、加工纹路，并且在必要时对机加工中遗漏或无法加工的细节做修补。打磨常用的工具是锉刀和砂纸，一般手工完成。某些情况下也需要使用打磨机、砂轮机、喷砂机等设备，例如处理大型零件时，使用机器可大量节省时间。普通塑料件外表面最低需用 800 目水砂纸打磨 2 次以上方可喷油。使用砂纸目数越高，表面打磨越细腻。

抛光的目的是在打磨工序后进一步加工，以使零件表面更加光亮平整，产生光泽或近似于镜面的效果。目前常用的抛光方法有：机械抛光、化学抛光、电解抛光、流体抛光、超声波抛光、磁研磨抛光。FDM 成形件后处理的常用方法是机械抛光。抛光常用的工具是砂纸、纱绸布、打磨膏，也可使用抛光机配合帆布轮、羊绒轮等设备进行抛光。通常需要抛光的表面有：需要电镀的表面、透明件的表面、需要光泽或镜面效果的表面等。

熔融沉积成形

熔融沉积成形是一种工业成形方法，由美国学者 Scott Crump 博士于 1988 年研制成功。美国知名的 FDM 设备生产商主要是 Stratasys 和 3D Systems，设备主要类型分为工业级和桌面级。FDM 具有成本低、速度快、使用方便、维护简单、体积小、无污染等特点，极大地缩短了产品开发周期，降低了成本，从而能够快速响应市场变化，满足顾客的个性化需求，被广泛应用于工业制造、医疗、建筑、教育、大众消费等领域。

3D 打印技术最突出的优点是不需要机械加工或任何模具，就能直接通过计算机图形数据打印出任何形状的零件，从而极大地缩短产品的研制周期、提高生产率、降低生产成本。

与传统技术相比，3D 打印技术还拥有如下优势：

(1) 通过摒弃生产线降低了成本，大幅减少了材料浪费。

(2) 能制造出传统生产技术无法制造出的产品，让人们可以更有效地设计出飞机机翼或热交换器。

(3) 在具有良好设计概念和设计过程的情况下，还可以简化生产制造过程，快速有效又廉价地生产出单个物品。

(4) 与机器造出的零件相比，打印出来的产品的质量要轻 60%，并且同样坚固。

1. 简述 FDM 成形技术的原理及特点。

2. 常用的 FDM 成形材料有哪些？各材料性能如何？

3. 简述 FDM 工艺参数对打印件微观结构、精度及耐磨性能的影响。

4. 简述 FDM 成形设备的常见问题及解决方法。

5. FDM 打印短纤维增强的 PEEK(polyetheretherketone，聚醚醚酮)复合材料在工程应用中的潜力有多大？

6. 常用的 FDM 成形件后处理方法有哪些？

项目 5
激光选区烧结

视野拓展

激光选区烧结(selective laser sintering,SLS,也称选择性激光烧结)技术的概念是1986年被美国Texas大学的研究生Deckard提出来的,随后成立了DTM公司。1992年美国DTM公司(现已并入美国3D Systems公司)推出了Sinterstation 2000系列商品化选择性激光烧结成形机。德国于1989年成立EOS公司,先后研发出了EOS P、EOS M和EOS S三种适应不同材料的工业级SLS成形设备。美国3D Systems公司和德国EOS公司是研发SLS技术的两家巨头,为推动SLS技术的发展做出了巨大贡献。我国于20世纪90年代开始研究SLS技术,1995年北京隆源公司成功研制出国内第一台SLS成形设备,1998年华中理工大学成功研制出HRPS系列的工业级SLS成形设备,随后成立武汉滨湖机电公司,2011年湖南华曙公司成功研制出FARSOON系列的工业级SLS成形设备。

SLS技术是增材制造技术(或称3D打印技术)的一种,它用CO_2激光器作为能量源,通过选择性地熔化粉末材料来制作三维实体零件。SLS技术具有成形材料多样化、用途广泛、成形过程简单、材料利用率高等优点。SLS技术不受零部件形状复杂程度的限制,可以在没有工装夹具或模具的条件下,迅速制造出形状复杂的功能件或铸造用蜡模和砂型,是最具发展前景的3D打印技术之一。

案例导入

某企业生产线上的非标准件,价格昂贵、货源单一,作为耗材需要定期更换,为了降低生产成本,采用 SLS 技术打印成形。需要打印的非标准件如图 5.1 所示。

(a) (b) (c)

(d) (e) (f)

图 5.1 某企业生产线上的非标准件

注释:

(1) 标准件:是指结构、尺寸、画法、标记等各个方面已经完全标准化,并由专业厂生产的常用零(部)件,如螺纹件、键、销、滚动轴承等。广义的标准件包括标准化的紧固件、连接件、传动件、密封件、液压元件、气动元件、轴承、弹簧等机械零件。

(2) 非标准件:企业用语,意为没有标准化的产品。国家没有给出非标准件的规格标准,相关的参数规定由企业自行控制。

1. 模型创建

企业提供的实物需要经过尺寸测量或三维扫描及后处理,再经过逆向建模,形成三维模型。图 5.1(a)、(b)、(c)和(f)所示的非标准件可以采用游标卡尺或三坐标精密测量机实现尺寸的测量,然后根据测得的尺寸进行建模。图 5.2(a)所示为采用游标卡尺进行测量,图 5.2(b)所示为采用三坐标精密测量机进行测量。图 5.1(d)和(e)所示的非标准件可以采用非接触式扫描仪进行模型轮廓的扫描(见图 5.2(c)),然后获取点云数据,根据点云数据进行模型重构,形成三维模型。

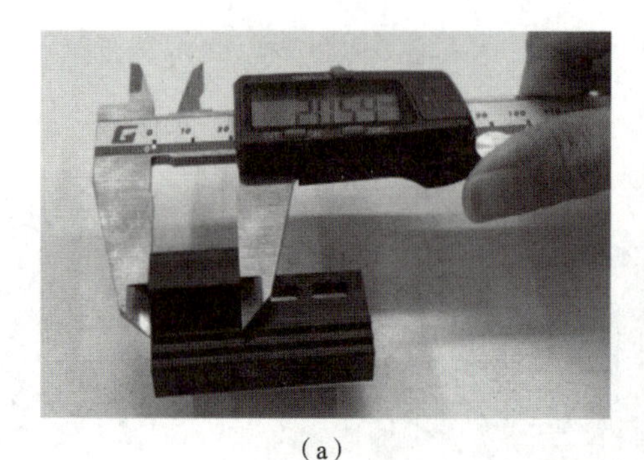

(a)

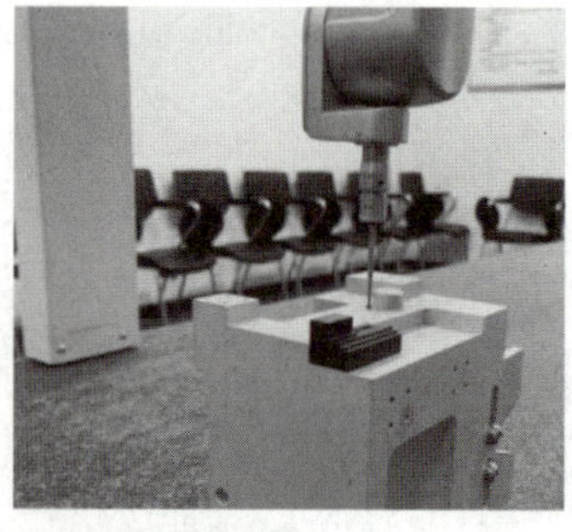

(b)

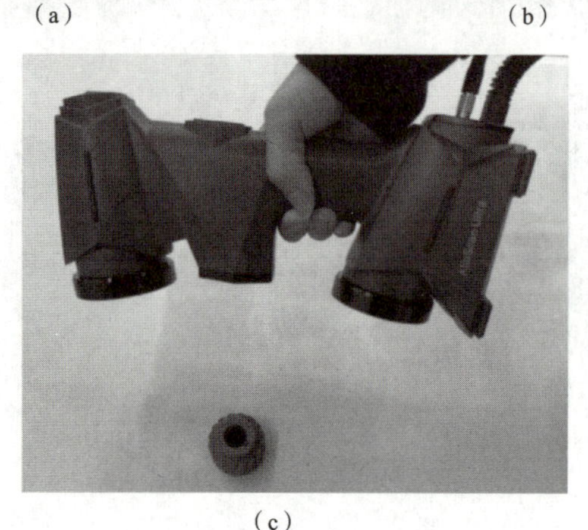

(c)

图 5.2　测量获取尺寸和扫描获取点云数据

注释:

(1) 三维扫描:是指集光、机、电和计算机技术于一体的高新技术,主要用于对物体空间外形和结构及色彩进行扫描,以获得物体表面的空间坐标。用三维扫描仪对手板、样品模型进行扫描,可以得到其三维尺寸数据,这些数据能直接连接 CAD/CAM 软件接口,在 CAD 系统中可以对数据进行调整、修补,再送到加工中心或快速成形设备上制造,可以极大地缩短产品制造周期。

(2) 三坐标精密测量机:是一种集机械、检测、控制、电子、光学等技术为一体的高精密测量设备,广泛应用于机械、汽车、航空航天、3C 电子等行业中。三坐标测量可以实现对零件的基本尺寸、孔的位置及孔中心距、球的位置、圆锥的锥角等元素的高精度测量,可以对高精密零件的尺寸公差、几何公差进行评价。

(3) 逆向建模:是基于现实中存在的产品进行逆向建模的一种方式。逆向建模技术包括:点云逆向建模、照片逆向建模、三维扫描逆向建模等技术。逆向建模是一种不同的建模思路,无论采用哪种逆向建模技术,最终都将转化为多边形或者三角面的数字模型。

2. 模型打印摆放及切片

SLS打印零件的大小和数量可以根据打印机成形仓的尺寸大小来决定，在打印前需要进行摆放，应尽量将空间摆放满，降低打印成本。通常采用Magics软件进行模型修复和摆放，如图5.3所示。模型摆放完后进行切片，不同的打印机对应不同的切片软件，切片层厚可以根据打印机、打印材料来选择。

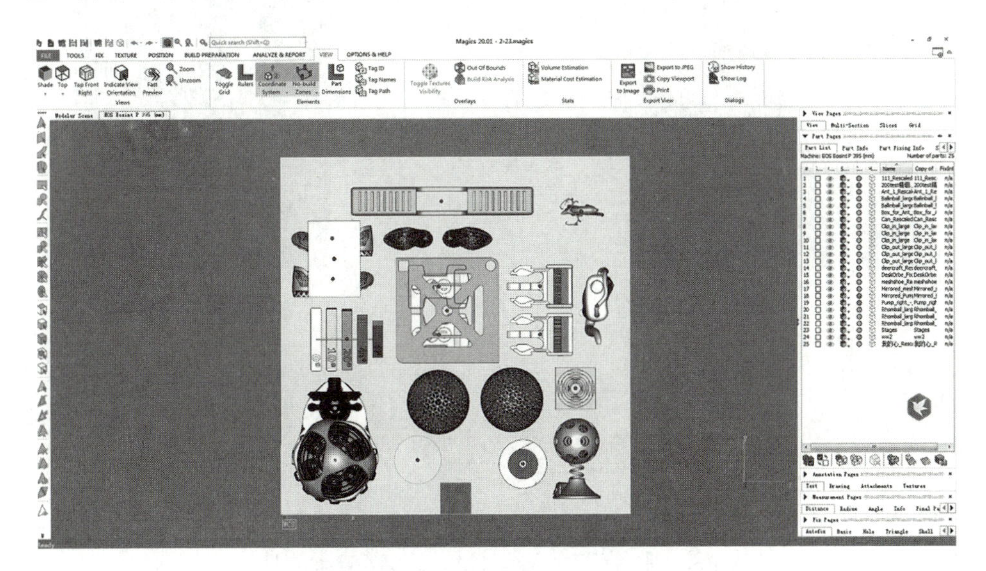

图5.3 在Magics软件中摆放工件

> **注释：**
>
> (1) Magics：是由Materialise公司推出的一款专业快速成形辅助3D设计软件，可以方便用户对STL文件进行测量、处理等操作，并拥有强大的布尔运算、三角缩减、光滑处理、碰撞检测等功能。该软件具有功能强大、易用、高效等优点，是从事3D打印行业必不可少的软件，常用于模型修复、零件摆放、添加支撑、切片输出等环节。
>
> (2) 切片：是指将一个实体分成厚度相等的很多层，得到的每一层就可作为这个模型的一个单层切片。3D打印就是将每层切片通过各种打印工艺逐层堆叠，进而得到设计的实体。

3. SLS打印及后处理

将切片数据文件导入SLS成形机，选择合适的工艺参数，这里打印设备选择EOS P396成形机，打印材料选择PA2200。打印结束后需要经过拆粉和喷砂等后处理工艺，拆粉通过筛粉机将没有结块的粉末回收利用，结块的粉末不能再回收利用，拆粉过程如图5.4所示。喷砂采用喷砂机将工件表面的粉清除干净，如图

5.5 所示。最后打印的成形件如图 5.6 所示。

图 5.4　拆粉过程

图 5.5　喷砂过程

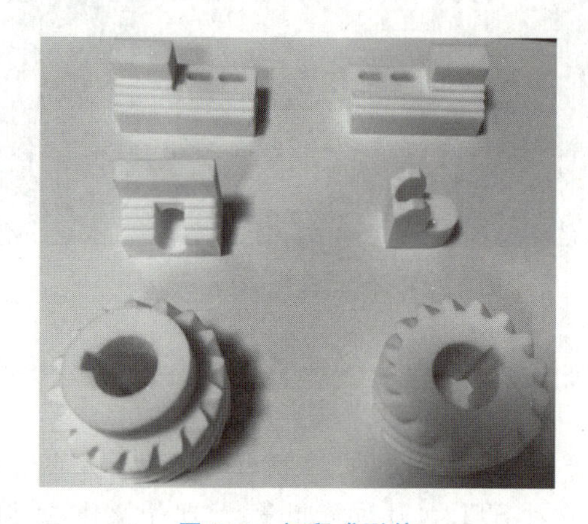

图 5.6　打印成形件

注释:

(1) SLS 成形工艺参数:粉末预热温度、激光功率、激光扫描速度、激光扫描间距、分层厚度、激光扫描路径等。不同的成形粉末对应不同的成形工艺参数,成形工艺参数决定了成形件的表面质量、精度和机械性能。

(2) 喷砂:采用压缩空气为动力,以形成高速喷射束将喷料(铜矿砂、石英砂、金刚砂、铁砂、海南砂)高速喷射到需要处理的工件表面,使工件表面的外表面或形状发生变化。由于磨料对工件表面的冲击和切削作用,工件的表面可获得一定的清洁度和不同的粗糙度,从而改善工件表面的机械性能,因此提高了工件的抗疲劳性,增加了它和涂层之间的附着力,延长了涂膜的耐久性。

任务1　SLS成形原理及特点

任务单

1. 掌握SLS的成形结构、原理和特点。

2. 了解SLS成形的整个工艺流程和成形工艺参数以及各个工艺参数对成形件的影响。

3. 请同学们利用所学的知识，将SLS成形的过程用相关软件动态模拟演示。

5.1.1　SLS成形原理

SLS成形原理

激光选区烧结(SLS)技术的基本原理如图5.7所示。首先，CAD模型需要在计算机程序中利用分层软件逐层切割以获得每层的加工数据信息。在激光选区烧结成形时，工艺条件如预热温度、激光功率、扫描速度、扫描路径、分层厚度等应根据制件要求进行调节，工作室中的预热温度升高到预定值并保持该值不变；送料筒上升，铺粉滚筒移动，在平台上铺一层粉末，由精密导轨、伺服控制系统控制激光束对粉末进行扫描烧结，形成一层实体轮廓。第一层烧结完成，工作台下降一个分层厚度，由铺粉滚筒再铺一层粉末进行下一层烧结，循环往复层层叠加形成三维实体。

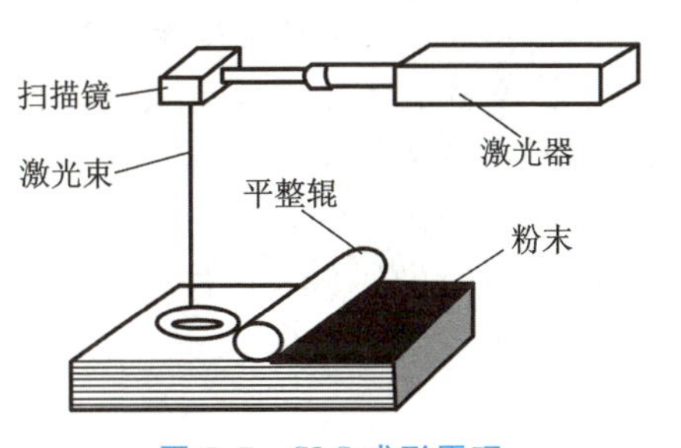

图5.7　SLS成形原理

5.1.2　SLS成形特点

SLS成形特点

SLS成形具有以下特点：

(1) SLS技术可以用来成形几何形状任意复杂的零件，而不受传统机械加工方法中刀具无法到达某些型面的限制。

(2) 制造过程中不需要设计模具,也不需要传统的刀具或工艺装配等生产准备,加工过程只需在一台设备上完成,成形速度快。用于模具制造,可以大大地缩短产品开发周期,降低费用,一般只需传统加工方法 30%~50%的工时和 20%~35%的成本。

(3) 实现了设计制造一体化。CAD 数据的转化(分层和层面信息处理)可100%地自动完成,根据层面信息可自动生成数控代码,驱动成形机完成材料的逐层加工和堆积。

(4) 属非接触式加工,加工过程中没有振动、噪声和切削废料产生。

(5) 材料利用率高,并且未被烧结的粉末可以对下一层烧结起支撑作用,因此,SLS 工艺不需要设计和制作复杂的支撑系统。

(6) 成形材料多样性是 SLS 最显著的特点,理论上凡经激光加热后能在粉末间形成原子连接的粉末材料都可作为 SLS 成形材料。

任务 2　SLS 成形材料

SLS 成形材料

任务单

1. 掌握 SLS 成形材料的种类及其成形性能。
2. 理解高分子粉材选择性激光烧结的成形机理。
3. 除书中讲述的 SLS 成形材料以外,请同学们查找文献找出其他 SLS 成形的材料,并分析其性能。

在 3D 打印技术中,市场使用量最多的耗材是高分子及其复合粉材(粉末、粉体均可理解为粉材),其主要用于 SLS 成形技术,即高分子粉材在激光照射的作用下黏结成形。

5.2.1　SLS 高分子材料的组成

SLS 高分子材料由高分子粉材及稳定剂、润滑剂、分散剂、填料等助剂组成,其中高分子基体材料是影响制件性能的主要因素,其他助剂使高分子材料适合 SLS 工艺要求,可改善制件性能。

1）高分子基体材料

（1）非结晶聚合物。

非结晶聚合物的品种较多，常用的有聚苯乙烯、ABS树脂、聚甲基丙烯酸甲酯及其他丙烯酸酯类聚合物、聚氯乙烯（PVC）、聚碳酸酯等。从理论上讲，这些聚合物粉末都可用于SLS工艺。但这些材料在进行激光烧结时由于表观黏度高，难以形成致密的制件，而且较高的孔隙率会导致制件的力学性能远远低于材料的本体力学性能，因此，用非结晶聚合物制作的制件不能直接用作功能件。但多孔的制件经过适当的后处理其强度可大幅度提高，经过后处理的制件就有可能用作功能件。常用的后处理方法是，用液态热固性树脂浸渍制件，固化后制件强度可提高。环氧树脂易于调节固化温度、固化收缩小且其本身具有优良的物理力学性能，非常适合用作浸渍剂。

常用的非结晶聚合物为聚碳酸酯，由于其变形温度高，因此它与环氧树脂的相容性优于其他非结晶聚合物，且环氧树脂可在较高的温度固化，从而使制件经环氧树脂后处理之后可获得优良的力学性能。

（2）结晶聚合物。

结晶聚合物经过激光烧结能形成致密的制件，制件的性能接近模塑件的性能，因此可直接用作塑料功能件。由于聚合物的性能决定了制件所能达到的性能，因此，要制备高性能的制件，必须选用高性能的聚合物作为烧结材料。

常用的结晶聚合物有聚乙烯、聚丙烯、尼龙、热塑性聚酯、聚甲醛（POM）等。聚甲醛加工热稳定性差，在烧结温度下易发生热降解和热氧化降解，不适合用作SLS成形材料。聚乙烯熔融黏度较大、力学性能一般，也不太适合烧结塑料功能件。尼龙和热塑性聚酯都是通用工程塑料，具有良好的综合性能，热稳定性较好，熔融黏度都很低，有利于激光烧结成形，因此有可能成为高性能的SLS成形材料。

表5.1所示为尼龙和热塑性聚酯主要品种的性能。

表5.1 尼龙和热塑性聚酯主要品种的性能

聚合物	尼龙6	尼龙66	尼龙11	尼龙12	聚对苯二甲酸乙二酯(PET)	聚对苯二甲酸丁二酯(PBT)
密度/(g/cm³)	1.14	1.14	1.04	1.02	1.4	1.31
玻璃化转变温度/℃	50	50	42	41	79	20
熔点/℃	220	260	186	178	265	225
吸水率/(%)(23 ℃,24 h)	1.8	1.2	0.3	0.3	0.08	0.09
成形收缩率/(%)	0.6～1.6	0.8～1.5	1.2	0.3～1.5	1.5～2	1.7～2.3
抗拉强度/MPa	74	80	58	50	63	53～55
伸长率/(%)	180	60	330	200	50～300	300～360

续表

聚合物	尼龙 6	尼龙 66	尼龙 11	尼龙 12	聚对苯二甲酸乙二酯(PET)	聚对苯二甲酸丁二酯(PBT)
抗弯强度/MPa	125	130	69	74	83～115	85～96
弯曲模量/MPa	2.9	2.88	1.3	1.33	2.45～3.0	2.35～2.45
悬臂梁缺口冲击强度/(J/m)	56	40	40	50	42～53	49～59
热变形温度/℃(1.86 MPa)	63	70	55	55	80	58～60

尼龙材料有较高的吸水率,吸水破坏了尼龙分子的氢键,吸水后的尼龙材料在高温下还会发生水解导致相对分子质量下降,从而使制品的强度显著下降,尺寸发生较大变化。因此,尼龙材料烧结前需要很高的预热温度。

热塑性聚酯的吸水率很低,但其成形收缩率较大,成形精度较难控制,而且它们的熔融温度也较高。

在表 5.1 所示的几种树脂中,尼龙 12 的熔点较低,吸水率和成形收缩率都较小,最适合做粉末烧结材料。

2) 稳定剂

SLS 高分子材料所用的稳定剂主要是抗氧剂。高分子粉末材料比表面积大,在 SLS 成形过程中易发生热氧化降解,导致成形件颜色变黄、性能变差。加入抗氧剂能较好地解决高分子材料的热氧化问题,同时还能防止制件在使用过程中发生热氧老化。抗氧剂分为自由基捕获剂(也称链终止型抗氧剂)和氢过氧化物分解剂(又称预防型抗氧剂)两大类。前者的功能是捕获自由基,使其不参与氧化链反应循环;后者的作用是分解氢过氧化物,使其不产生自由基,通常用作辅助抗氧剂。

除抗氧剂外,有时还需加入光稳定剂,以防止高分子材料在加工和使用过程中的光氧化。

3) 润滑剂

润滑剂可选用硬脂酸钙、硬脂酸镁等金属皂盐,其主要作用是减少高分子粉末之间的相互摩擦,提高加工材料的流动性。此外,润滑剂有利于铺粉,还可提高高分子粉末的热稳定性。

4) 分散剂

分散剂通常选用粒径在 10 μm 以下的无机粉末,如氧化铝、气相法白炭黑、二氧化钛、高岭土、滑石粉、云母粉等。分散剂的主要作用是减少原材料颗粒间的团聚,使高分子粉末在接近玻璃化转变温度 T_g(非结晶高分子粉末)或熔点 T_m(结晶高分子粉末)时仍具有流动性。

5）填料

无机填料的种类较多，常用的有碳酸钙、滑石粉、炭黑、高岭土、硅灰石、云母、玻璃微珠、氢氧化铝、二氧化钛等。不同的填料具有不同的几何形状、粒径大小及其分布，以及不同的物理化学性质，这些特性将直接影响填充后聚合物材料的性能。填充后聚合物的强度依赖于填料粒子和聚合物基体之间的应力传递。如果外加应力可以有效地从基体传递到填料粒子上，而且填料粒子能够承受一部分外加应力，那么填料可以使基体强度提高；否则将降低基体的强度。

6）其他助剂

根据需要，还可以加入增强剂、抗静电剂、颜料等助剂。

5.2.2　高分子粉材 SLS 成形机理

激光射到粉末材料的表面会发生反射、透射和吸收，在此过程中的能量变化遵循能量守恒法则：

$$E=E_{反射}+E_{透射}+E_{吸收} \tag{5.1}$$

式中：E 为射到粉末材料表面的激光能量；$E_{反射}$ 为被粉末表面反射的能量；$E_{透射}$ 为激光透过粉末材料后具有的能量；$E_{吸收}$ 为被粉末材料吸收的能量。

式(5.1)可以转化为

$$\rho_{R}+\tau_{T}+\alpha_{A}=1 \tag{5.2}$$

式中：ρ_{R} 为反射率；τ_{T} 为透射率；α_{A} 为吸收率。

对于高分子粉末，波长 10.6 μm 的二氧化碳激光的透射率很小，因此高分子粉末吸收的激光能量的大小主要由吸收率和反射率决定，反射率大，吸收率就小，粉末材料吸收的激光能量也小；反之粉末材料吸收的激光能量就大。

材料对激光能量的吸收与激光波长及材料表面状态有关，10.6 μm 的二氧化碳激光很容易被高分子粉末材料吸收。高分子粉末材料由于表面粗糙度较大，激光束在峰-谷侧壁会产生多次反射，甚至还会产生干涉，从而使吸收增强，因此高分子粉末材料对二氧化碳激光的吸收率很大，可达 0.95～0.98。

高分子粉材 SLS 成形的具体物理过程可描述为：当高强度的激光在计算机控制下扫描粉末时，被扫描的区域吸收激光的能量，该区域的粉末颗粒的温度上升，当温度上升到粉末材料的软化点或熔点时，粉末材料的流动使得颗粒之间形成烧结颈，进而发生凝聚。烧结颈的形成及粉末颗粒凝聚的过程称为烧结。这一成形机理包含了激光对高分子粉末材料的加热及高分子粉末材料的烧结两个基本过程，粉末材料也经历了“固态→液态→固态”的转变。在激光经过后，扫描区域的热量由于向粉床下传导及表面上的对流和辐射而逐渐消失，温度随之下降，粉末颗粒也随之固化，被扫描区域的颗粒相互黏结形成单层轮廓。

5.2.3 材料性能对 SLS 成形的影响

1) 粉末颗粒的粒径对 SLS 成形的影响

粉末颗粒的粒径会影响 SLS 制件的表面粗糙度、精度、烧结速率及粉床密度等。粉末颗粒的粒径通常取决于制粉方法。喷雾干燥法、溶剂沉淀法通常可以得到颗粒粒径较小的近球形粉末颗粒,而低温粉碎法只能获得颗粒粒径较大的不规则粉末颗粒。

在 SLS 成形过程中,分层厚度和每层的表面粗糙度都是由粉末粒径决定的。分层厚度不能小于粉末颗粒粒径,当粉末颗粒粒径减小时,SLS 制件就可以在更小的分层厚度下成形,这样就可以减小阶梯效应,提高成形精度。同时,减小粉末颗粒粒径可以降低铺粉后单层粉末的粗糙度,从而可以降低制件的表面粗糙度。因此,用于 SLS 成形的粉末的平均粒径一般不超过 100 μm,否则制件会存在非常明显的阶梯效应,而且表面非常粗糙。但平均颗粒粒径小于 10 μm 的粉末同样不适合 SLS 工艺,因为在铺粉过程中摩擦产生的静电会使粉末吸附在辊筒上,造成铺粉困难。

2) 粉末颗粒的分布对 SLS 成形的影响

粉末密度为铺粉完成后工作腔中粉体的密度,可近似为粉末的堆积密度,它会影响 SLS 制件的相对密度、强度及尺寸精度。研究表明,粉末堆积密度越大,SLS 制件的相对密度、强度及尺寸精度越高。

粉末颗粒粒径分布会影响固体颗粒的堆积,从而影响粉末堆积密度。一个最佳的堆积相对密度是和一个特定的粒径分布相联系的,如果将单分布球形粉末进行正交堆积(见图 5.8),其堆积相对密度为 60.5%(即孔隙率为 39.5%)。

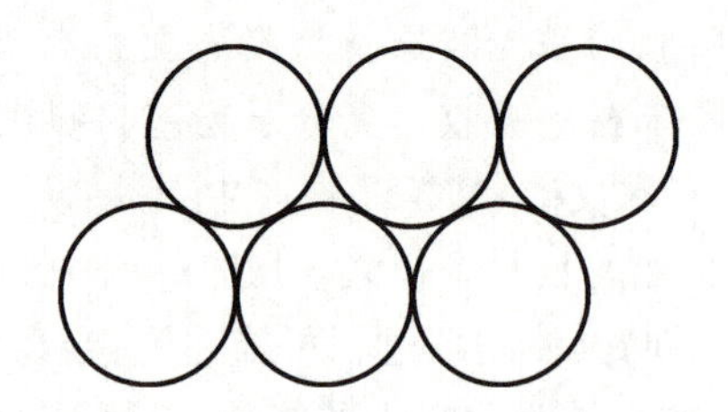

图 5.8 单分布球形粉末的正交堆积

正交堆积和其他堆积方式的单分布颗粒间存在一定的孔隙,如果将更小的颗粒放于这些孔隙中,那么堆积结构的孔隙率就会下降,堆积密度就会增加,增加堆积密度的一个方法是将几种不同颗粒粒径的粉末进行复合。如图 5.9 所示,对比大颗粒粒径粉末 A 的单粉末堆积与大颗粒粒径粉末 A 和小颗粒粒径粉末 B 的复合堆积,可以看出,单粉末堆积存在较大的孔隙,而在复合粉末堆积中,由于小颗粒粒径粉末 B 占据了大颗粒粒径粉末 A 堆积中的孔隙，因而其堆积密度得到提高。

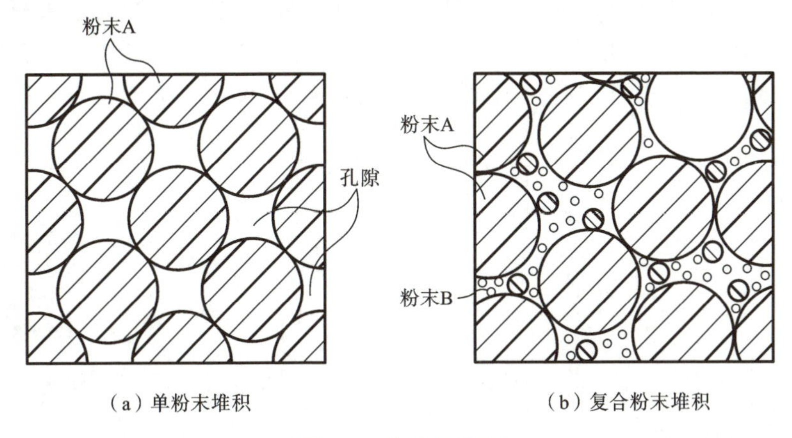

（a）单粉末堆积　　（b）复合粉末堆积

图 5.9　粉末的堆积

3）粉末颗粒的形状对 SLS 成形的影响

粉末颗粒形状对 SLS 制件的形状精度、铺粉效果及烧结速率都有影响。球形粉末 SLS 制件的形状精度要比不规则粉末的高。由于规则的球形粉末比不规则粉末具有更好的流动性，因此球形粉末的铺粉效果较好，尤其是在温度升高、粉末流动性下降的情况下，这种差别更加明显。Cutler 和 Henrichsen 由实验得出，在相同平均粒径的情况下，不规则粉末颗粒的烧结速率是球形粉末颗粒的 5 倍，这可能是因为不规则颗粒间的接触点处的有效半径要比球形颗粒的半径小得多。

4）黏度对 SLS 成形的影响

在 SLS 成形过程中，材料温度、相对分子质量等是影响其黏度的主要因素，从而成为影响其烧结速率的主要因素。华中科技大学快速制造中心研制的 HRPS-Ⅲ型激光烧结系统对三种聚苯乙烯粉末烧结的研究表明，材料的温度越高，相对分子质量越小，其黏度就越小，烧结速率就越快，制件相对密度就越高。

5）其他因素对 SLS 成形的影响

SLS 制件的强度与材料本体的强度和制件相对密度是密切相关的，随材料本体强度和制件相对密度的增大而增大。通过科学实验，以 SLS 最常用的非结晶聚合物聚苯乙烯与结晶聚合物尼龙 12（PA12）为对象，研究聚合物的聚态结构对其 SLS 成形的影响，可得出以下结论。

非结晶聚合物的烧结温度窗口较宽，烧结过程容易控制，制件不易产生翘曲变形；而结晶聚合物的烧结温度窗口一般较窄，其 SLS 成形对温度控制要求非常苛刻，控制得不好，制件容易产生翘曲。

非结晶聚合物制件的相对密度很小，因而其强度较低，不能直接用作功能件，只有进行适当的后处理提高其相对密度后，才能获得足够的强度；而结晶聚合物制件的相对密度较高,其强度接近聚合物的本体强度,因而当其本体强度较大时,制件可以直接当作功能件使用。

非结晶聚合物制件中的粉末颗粒在接触部位形成烧结颈,颗粒间的相对位置变化不大,因而其体积收缩很小,尺寸精度高;而结晶聚合物粉末烧结时颗粒完全熔融,形成了一个致密的整体,因而体积收缩较大,制件尺寸精度较非结晶聚合物的低。

任务 3 SLS 成形设备

SLS 成形设备

任务单

1. 了解国内外 SLS 成形设备的主要参数。
2. 掌握 SLS 成形设备的系统组成。
3. 查找文献进一步了解 SLS 成形技术的发展现状和未来发展趋势。
4. 利用所学的机械设计基础及三维建模的知识设计 SLS 成形平台升降系统。

1986 年,美国得克萨斯(Texas)大学的一个学生——Carl Deckard 在他的硕士论文中首先提出了 SLS 技术,并且成功研制出世界上第一台 SLS 成形机;随后美国 DTM 公司于 1992 年研制出第一台使用 SLS 工艺、可用于商业化生产的成形机 Sinterstation 2000,正式将 SLS 技术用于商业化。

目前国内外从事 SLS 打印设备研究的机构和公司较多,也开发出了一大批各具特色的 SLS 成形系统。国外生产快速成形设备的公司主要有美国的 Helisys 和 3D Systems 公司、以色列的 Cubital 公司,以及德国的 EOS 公司。其中美国的 3D Systems 和德国的 EOS 公司是目前世界上最大的 SLS 成形设备与材料的供应商。美国 3D Systems 公司收购了最早开发 SLS 设备的 DTM 公司,3D Systems 公司对成形设备的加热系数不断优化,减少了各环节的加热时间,大大提高了其研发的成形机的成形速度。德国 EOS 公司于 1989 年成立,并在随后几年间陆续推出了 3 个系列的激光烧结成形机,其中,EOS P 系列用于烧结热塑性塑料粉末,制造塑料功能件及熔模铸造和真空铸造的原型;EOS M 系列用于烧结金属粉末,制造金属零件和模具;EOS S 系列用于烧结树脂砂,制造铸造砂型和砂芯。

国内于 1994 年引进国外多台激光选区烧结成形机,开始了激光烧结的相关研究。1995 年,北京隆源自动成型系统有限公司研制出国内第一台自主研发的

AFS激光快速成形机。1998年,武汉滨湖机电技术产业有限责任公司也研制出了HR聚苯乙烯系列SLS成形机,该设备采用振镜式动态聚焦系统,具有高速度和高精度的特点,且稳定性好、寿命长、性价比高,可直接制作各种复杂精细结构的金属件以及注塑模、压铸模等。目前,国内从事SLS设备的知名企业有湖南华曙高科技股份有限公司(简称湖南华曙高科)、武汉滨湖机电技术产业有限公司(简称武汉滨湖机电)、浙江讯实科技有限公司、北京隆源自动成型系统有限公司。

5.3.1 国内外SLS成形机及其参数

1. 国外SLS成形机及其参数

1) 美国3D Systems公司生产的SLS成形机及其参数

图5.10所示为美国3D Systems公司生产的型号为ProX SLS 6100的SLS打印机及其打印的实体模型。该打印机可提供一流的部件质量、较短的建模时间和自动化的生产,能打印出高精度、耐用、高品质的零部件,尤其是制造强韧塑料零件。ProX SLS 6100的打印速度比相同价格区间的其他SLS打印机更快,在快速高效的过程中提供高品质部件生产。所生产的部件具有极佳的表面粗糙度、极高的分辨率和边缘清晰度,以及一致的机械属性等特点。此款打印机相关技术参数:最大建模尺寸为381 mm×330 mm×460 mm;层厚范围为0.08 mm~0.15 mm(0.003~0.006 in);设备尺寸为1740 mm×1230 mm×2300 mm;质量为1360 kg(3000 lb)。

(a) ProX SLS 6100成形机

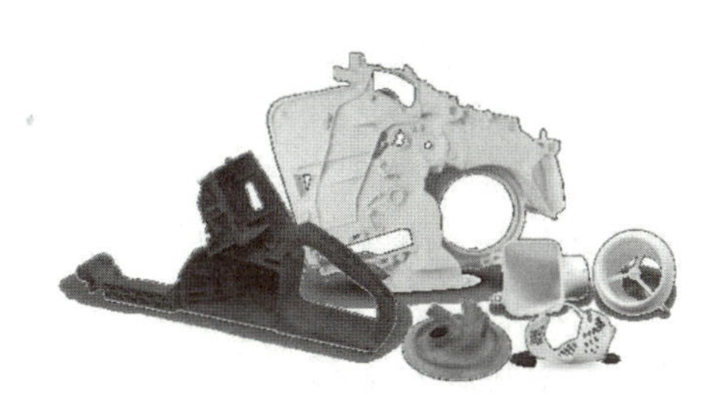

(b) 打印的实体模型

图5.10 美国3D Systems公司生产的SLS成形机及其打印的实体模型

表 5.2 为美国 3D Systems 公司生产的型号为 ProX SLS 6100、sPro 60 HD-HS 和 sPro 140 的 SLS 3D 打印机主要技术参数。

表 5.2 美国 3D Systems 公司生产的 SLS 成形机的主要技术参数

项目	成形机型号		
	ProX SLS 6100	sPro 60 HD-HS	sPro 140
建模尺寸/(mm×mm×mm)	381×330×460	381×330×460	550×550×460
分层厚度/mm	0.08～0.15,典型为 0.1		
铺粉装置	反向旋转滚筒		
体积构建速度/(L/h)	2.7	1.8	3.0
设备尺寸/(mm×mm×mm)	1740×1230×2300	1750×1270×2130	2130×1630×2410
设备重量/kg	1360	1865	2224
打印材料	DuraForm ProX PA、DuraForm ProX GF、DuraForm ProX EX BLK、DuraForm ProX HST、DuraForm ProX AF+、DuraForm ProX FR1200	DuraForm PA、DuraForm GF、DuraForm EX、DuraForm HST、DuraForm TPU、DuraForm Flex、DuraForm FR1200、CastForm PS	DuraForm PA、DuraForm GF、DuraForm EX、DuraForm HST
电源要求	AC208 V,50/60 Hz,3 PH	AC240 V,50/60Hz,3 PH	AC208 V,50/60 Hz,3 PH

2) 德国 EOS 公司生产的 SLS 成形机及其参数

图 5.11 所示为德国 EOS 公司生产的型号为 EOS P 396 的 SLS 成形机(简称 P 396)及其打印的实体模型。P 396 系统是高产能激光塑料粉末烧结系统,在烧结过程中无需添加支撑结构;拥有标准化的零件属性管理系统(含可选及标配模块),可根据实际需求调整层厚、材料和实际应用类型(机械强度模式、注重细节模式等)。P 396 的相关技术参数:最大成形尺寸为 340 mm×340 mm×600 mm;激光器类型为二氧化碳激光器;光学扫描系统采用 SCANLAB 高性能振镜;扫描速度为 6 m/s;粉末层厚有 0.06 mm、0.1 mm、0.12 mm、0.15 mm 和 0.18 mm 可供选择;设备尺寸为 1840 mm×1175 mm×2100 mm;质量为 1060 kg。

表 5.3 列举了德国 EOS 公司生产的型号为 EOS P 500、EOS P 800 和 EOS P 810 的 SLS 成形机的主要技术参数。

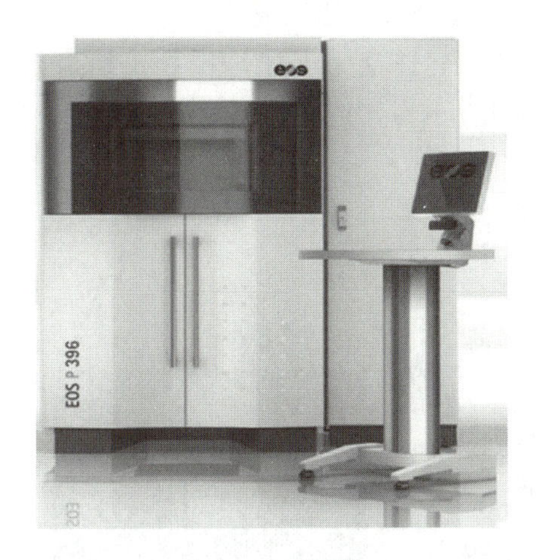

(a) P 396 成形机

(b) 打印的实体模型

图 5.11 德国 EOS 公司生产的 EOS P 396 SLS 成形机及其打印的实体模型

表 5.3 EOS 公司生产的 SLS 成形机的主要技术参数

项目	成形机型号		
	EOS P 500	EOS P 800	EOS P 810
成形室尺寸/(mm×mm×mm)	500×330×400	700×380×560	700×380×380
激光类型	CO_2		
分层厚度/mm	0.06,0.10,0.12,0.15,0.18	0.12	0.12
扫描速度/(m/s)	2×10	2×6	2×6
成形材料	塑料粉	塑料粉	塑料粉
额定功率/kW	32	12	12
最高工作温度/℃	300	385	—
外形尺寸/(mm×mm×mm)	3400×2100×2100	2250×1550×2100	2250×1550×2100
质量/kg	7000	2300	2300

2. 国内 SLS 成形机及其参数

1) 湖南华曙高科技股份有限公司生产的 SLS 成形机及其参数

图 5.12 所示为湖南华曙高科技股份有限公司生产的型号为 HT252P 的 SLS 成形机及其打印的实体模型。HT252P 成形机属于 252P 系列的高温版，可用于 PA6 等熔点 220 ℃以下材料的 3D 打印。252P 系列还有一款超高温版 ST252P，是可批量烧结 PA66、PEI 等熔点为 280 ℃及以下材料的工业级 3D 打印设备。252P 系列的成形机相关技术参数：外形尺寸为 1735 mm×1225 mm×1975 mm；

成形缸尺寸为 250 mm×250 mm×320 mm；有效成形尺寸为 220 mm×220 mm×320 mm；铺粉厚度为 0.06～0.3 mm；体积构建速度为 1.2 L/h；振镜扫描系统为高精度振镜扫描系统；扫描速度最高可达 10 m/s；建造腔体温度为 220 ℃。

(a) HT252P 成形机

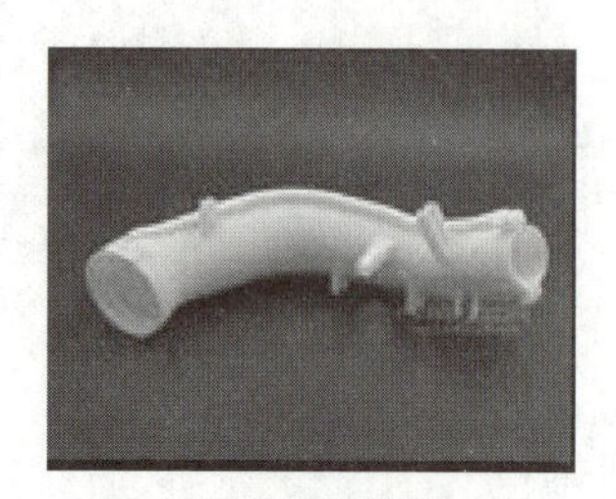

(b) 打印的实体模型

图 5.12　湖南华曙高科技股份有限公司生产的 SLS 成形机及其打印的实体模型

表 5.4 列举了湖南华曙高科技股份有限公司生产的 403P 系列尼龙成形机的主要技术参数。

表 5.4　湖南华曙高科技股份有限公司生产的 403P 系列尼龙成形机的主要技术参数

项目	成形机型号		
	HS 430P	SS 430P	HT 430P
外形尺寸/(mm×mm×mm)	2470×1500×2145		
成形室尺寸/(mm×mm×mm)	400×400×450		
铺粉厚度/mm	0.06～0.3		
振镜扫描系统	高精度三轴扫描振镜		
激光器	55W，CO_2	100W，CO_2	100W，CO_2
扫描速度/(m/s)	10(最高)	15.2(最高)	15.2(最高)
成形材料	塑料粉	塑料粉	塑料粉
建造腔体最高温度/℃	190	190	220

2) 武汉滨湖机电技术产业有限公司生产的 SLS 成形机及其参数

图 5.13 所示为武汉滨湖机电技术产业有限公司生产的型号为 HRPS 系列的 SLS 成形机及其打印的实体模型。HRPS 系列成形设备以粉末为原料，可直接制成蜡模、砂芯(型)或塑料功能零件。制造出来的原型件可快速翻制各种模具，如硅橡胶模、金属冷喷模、陶瓷模、合金模、电铸模、环氧树脂模和气化模等。

（a）HRPS系列成形机

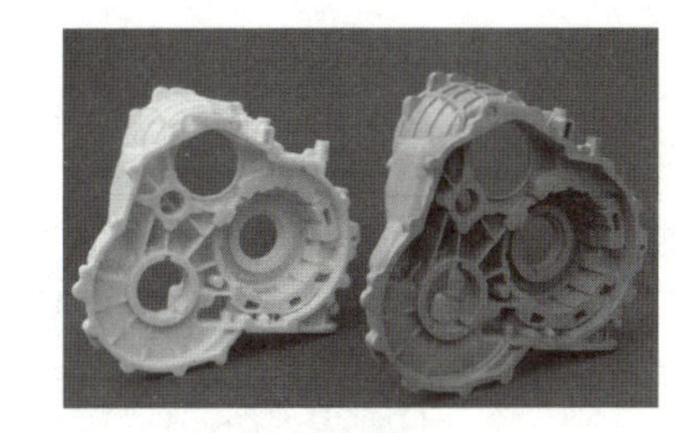

（b）打印的实体模型

图 5.13　武汉滨湖机电技术产业有限公司生产的 HRPS 系列 SLS 成形机及其打印的实体模型

表 5.5 列举了武汉滨湖机电技术产业有限公司生产的 HRPS 系列 SLS 成形机的主要技术参数。

表 5.5　武汉滨湖机电技术产业有限公司生产的 HRPS 系列 SLS 成形机的主要技术参数

项目	成形机型号				
	HRPS-II	HRPS-IV	HRPS-V	HRPS-VI	HRPS-VII
成形室尺寸/(mm×mm×mm)	320×320×450	500×500×400	1000×1000×600	1200×1200×600	1400×700×500
外形尺寸/(mm×mm×mm)	1610×1020×2050	1930×1220×2050	2150×2170×3100	2350×2390×3400	2520×1790×2780
分层厚度/mm	0.08～0.3				
制件精度	±0.2 mm($L\leqslant$200 mm)或±0.1%($L>$200 mm)				
送粉方式	三缸式下送粉	上/下送粉	自动上料、上送粉		
激光器	进口 CO_2 激光器				
扫描速度/(m/s)	4	5	8		7
扫描方式	振镜式聚焦		振镜式动态聚集		
成形材料	HB 系列粉末材料(聚合物、覆膜砂、陶瓷、复合材料等)				

5.3.2　SLS 成形设备的系统组成

SLS 成形设备一般由高能激光系统、光学扫描系统、预热系统、供粉系统、铺粉系统、成形缸体等组成，如图 5.14 所示。

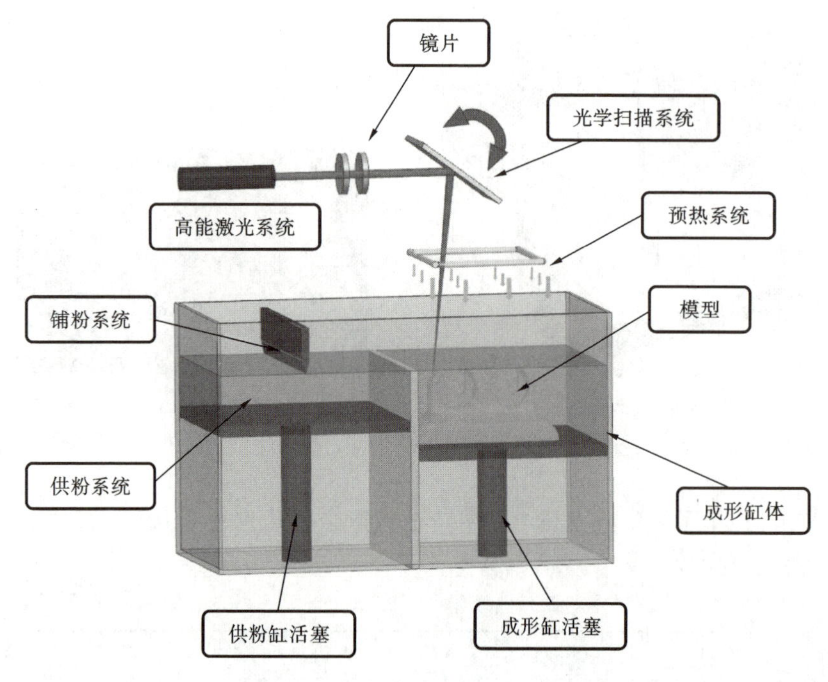

图 5.14 SLS 成形设备的系统组成

打印前，将 CAD 模型转为 STL 格式，然后将其导入 RP 系统中确定参数(激光功率、预热温度、分层厚度、扫描速度等)。在工作前，先向工作仓内通入一定量的惰性气体，以防止金属材料在成形过程中被氧化。工作时，供粉缸活塞上升，推粉装置在工作平面上均匀地铺上一层粉末，计算机根据规划路径控制激光对该层进行选择性的扫描，将粉末材料烧结成形为一层实体；一层粉末烧结完成后，工作平台下降一个层厚，推粉装置在工作平面上均匀地铺上一层新的粉末材料，计算机再根据模型该层的切片结果控制激光对该层截面进行选择性的扫描，将粉末材料烧结成形一层新的实体；一层一层叠加，最终形成三维实体。

1. 高能激光系统

SLS 烧结过程中，激光束的作用是使烧结区域内的粉层颗粒间融化、黏结。目前常见的激光器种类按照工作介质可以分为气体激光器、固体激光器、半导体激光器、光纤激光器和染料激光器 5 大类，近来还发展了自由电子激光器。

SLS 3D 打印机一般采用气体激光器和固态激光器这两种激光光源来提供烧结所需的能量。对于广泛应用在 SLS 工艺的粉末材料，在选取激光器时首先应考虑材料对特定波长的吸收率，其次要考虑激光器的成本与性能。CO_2 激光器是气体激光器的一种，具有较好的单色性、方向性及稳定性，是一种较理想的激光器。相比固态激光器，相同功率固态激光器的价格比 CO_2 激光器的高。CO_2 激光器的激光波长为10.6 μm，固态激光器的激光波长通常小于1024 nm，而大多数非金属材料尤其是SLS常用的打印材料如PA、PE、PES等对10.6 μm波长的激光吸收率更高，从而可减少功率损失；同时对于金属材料来说，其熔点比非金属材料的要高，因而对激光器的性能、功率和光束质量要求都较高，所以目前SLS设备中使用的激光器大多为连续可调的CO_2激光器。

2. 光学扫描系统

光学扫描系统的作用是把激光发射的能量传递至粉床表面，并根据加工路径烧结粉末。目前应用于SLS成形的光学扫描方式有两种，分别是振镜扫描式和激光头扫描式两种。

1）振镜扫描式

振镜扫描式系统是SLS 3D打印机最常采用的激光扫描系统，基本原理如图5.15所示。在SLS烧结过程中，控制系统根据扫描轨迹，分别驱动x、y振镜做对应角度的旋转运动，振镜电动机带动反射镜转动，通过x、y反射镜的配合运动使激光束改变到特定角度，场效应聚焦镜可以使激光光束在移动过程中始终聚焦在同一平面上完成烧结工作。为了使激光器发出的激光束能以较小光斑直径准确地投射到扫描振镜上，一般在激光器和扫描振镜之间设有扩束镜、动态聚焦镜和反射镜等。

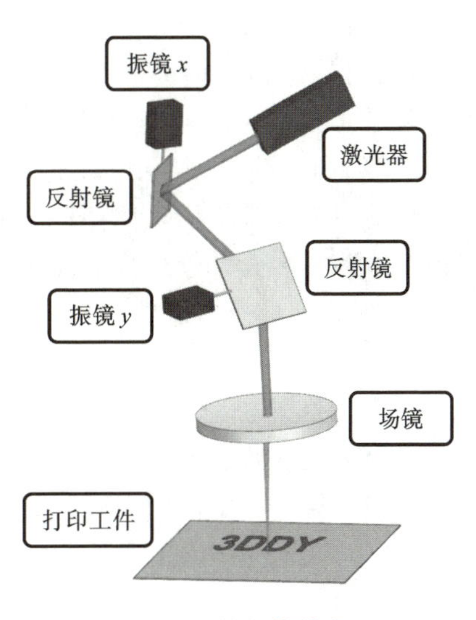

图5.15 振镜扫描基本原理

振镜系统又称为动态聚焦扫描系统，是SLS设备中的核心光学部件，它的扫描精度及控制算法是SLS技术的重点所在。目前，国内外从事SLS设备开发的公司所生产的SLS设备大多使用美国GSI公司或德国SCANLAB公司的振镜扫描系统，如GSI的HPLK系列振镜，SCANLAB的powerSCAN系列振镜等，这几个系列的振镜均具有非常高的控制精度和响应速度，且随着近年来SLS技术的日益成熟，GSI公司和SCANLAB公司的各系列新款振镜均能适应多种类型的激光器，在激光器功率上也适用从30 W到400 W等各个功率。美国Cambridge Technology公司和Nutfield Technology公司也研发出了自己的SLS设备的振镜系统。此外，国内对振镜系统的研究也已取得了一些进展，上海市激光技术研究所是我国首家从事振镜扫描头研究和生产的单位。北京世纪桑尼科技有限公司也推出了商品化的振镜扫描系统，主要用在激光打标行业。

2）激光头扫描式

激光头扫描式就是机械x-y直线导轨扫描方式，这种方式采用高精度直线导轨,使用伺服电机驱动激光头在直线导轨上完成 x、y 两个方向的运动,激光束直接作用在粉末表面完成烧结工作。激光头扫描式系统具有定位精度高、结构简单、成本低、便于控制且成形制件尺寸范围不受振镜扫描系统范围的限制等优点。

3. 预热系统

预热系统即加热温控系统,主要是对 SLS 设备成形室工作台面上方的粉末进行预热,将预热温度控制至略低于粉末的熔化温度。粉末的预热是影响成形过程和成形精度的重要因素之一。这样预热的作用有两个:一是可以节约激光能量;二是使工作平面各区域成形件的烧结性能趋向一致,减少烧结成形过程中烧结件因受热不均匀产生的变形。因此预热系统是 SLS 设备中的重要组成部分,国内外多家机构都对其进行了大量的研究并取得了一系列进展。SLS 设备在烧结零件时需要在工作腔内对粉末进行预热,在预热过程以及烧结过程中,温度场的准确性、均匀性及稳定性对零件的 SLS 成形工艺有很重要的影响。

目前国内外各机构采用不同的预热装置,但主流的预热装置主要分为两种:板式辐射预热装置及管式辐射预热装置。

1) 板式辐射预热装置

国际上大多采用 DTM 公司的板式辐射预热装置,如图 5.16 所示。板式辐射是一种高能红外辐射方式,以红外辐射的方式进行能量传播,进而在密闭的空间形成一个多层次叠加定向能量场,有极强的瞬时性,不存在有害射线。板式预热装置的能量传递是定向的,且其辐射提供的温度场很均匀,效果理想。

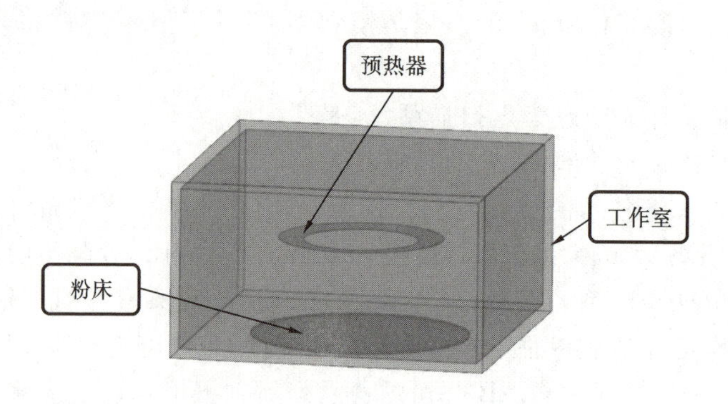

图 5.16 板式辐射预热装置

2) 管式辐射预热装置

国内以华中科技大学为代表研发的 SLS 3D 打印机的预热装置一般采用红外线灯管加热的方式进行预热,如图 5.17 所示。它的结构和控制方式相对来说比较简单,但是该预热方式存在两个方面的问题:一是在工作平面的预热温度的分布梯度较大;二是在预热过程中的温度波动比较大。

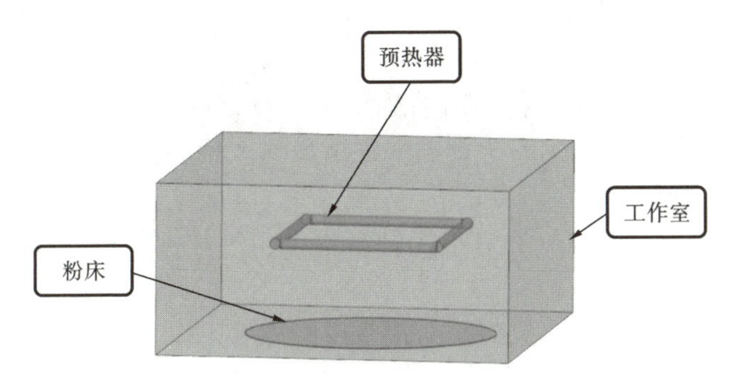

图5.17　管式辐射预热装置

目前多数SLS设备预热装置都设有非接触式红外传感器来检测温度是否达到控温的要求。红外传感器可将红外辐射能转换为可供采集的电信号，具有非接触测量、测量范围广、响应速度快、准确度高、灵敏度高等优点，十分契合SLS设备的复杂温度场对实时温度监测的高精度、高灵敏度、高反应速度的要求。

4. 供粉及铺粉装置

1）供粉装置

SLS 3D打印机按供粉方式不同可分为下供粉和上供粉两种类型。

（1）下供粉类型。

以三缸下供粉SLS 3D打印机为例说明此种供粉方式。如图5.18所示，三缸

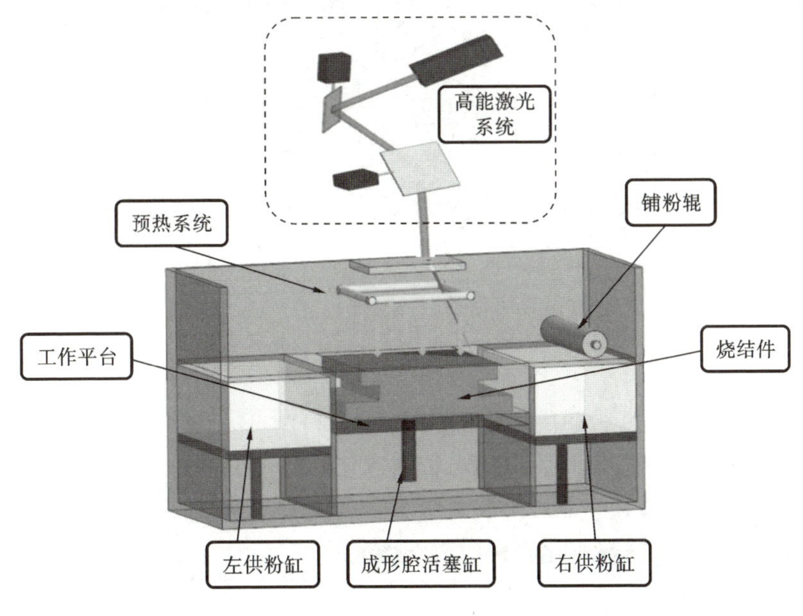

图5.18　三缸下供粉SLS 3D打印机原理

下供粉 SLS 3D 打印机采用一左一右两个供粉缸和一个工作缸,其工作过程:左供粉缸活塞在电动机的驱动下向上移动,待粉末高出供粉缸一个成形件的切片分层厚度后,计算机控制系统使铺粉装置由左往右移动,在成形工作平台上铺设一层粉末,与此同时多余的粉末则被推进余粉回收桶中,等待下次打印时使用;随后预热系统加热工作台上方的粉末,激光束对粉末进行选区扫描烧结,得到成形件的一层截面烧结层;然后成形缸活塞带动工作台下降一个分层厚度,右供粉缸活塞向上移动使粉末高出右供粉缸一个分层厚度,铺粉装置沿水平方向自右向左在工作台上铺设一层粉末,预热后激光对下一层粉末进行选区扫描烧结,如此反复。

(2) 上供粉类型。

图 5.19 所示为双缸上供粉 SLS 3D 打印机的原理,其供粉装置设在成形室的上方,其工作过程:电动机使供粉桶中的粉末下落到成形室工作平台上,然后电动机带动铺粉辊自左向右移动,在移动过程中粉末连续下落,实现铺粉。

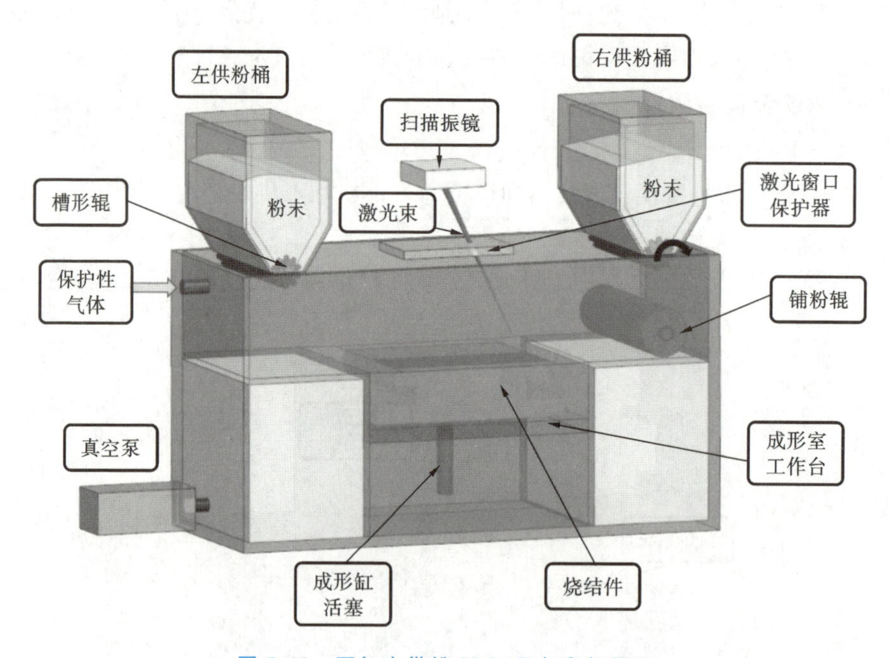

图 5.19 双缸上供粉 SLS 3D 打印机原理

与下供粉 SLS 3D 打印机相比,上供粉 SLS 3D 打印机具有整机结构尺寸体积小,打印过程中可以连续供粉等优点,特别适合大尺寸 3D 打印的需要。同时这种供粉方式的成形室最适合制成全密封状态,可使用真空泵抽真空或通入保护性气体,以用于金属粉末或易氧化粉末的激光烧结。

2) 铺粉装置

目前,应用较为广泛的铺粉装置主要有三类:滚筒式装置,刮板式装置和移动料斗式装置。图5.20所示为SLS 3D打印机的三种铺粉装置——铺粉辊(滚筒式装置)、铺粉刮刀(刮板式装置)和铺粉斗(移动料斗式装置)。

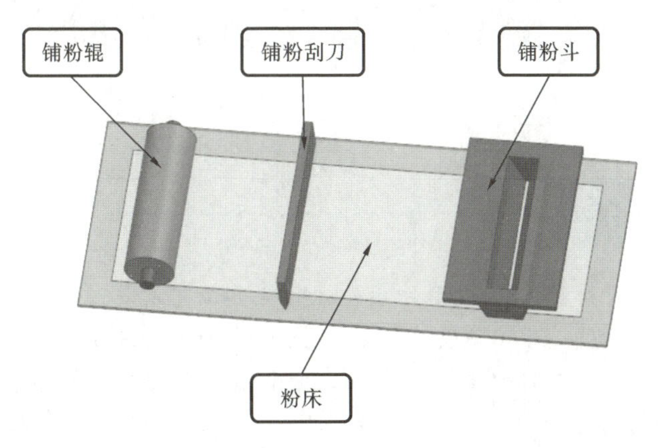

图5.20 SLS 3D打印机的三种铺粉装置

(1) 滚筒式。

滚筒式铺粉即使用铺粉辊铺粉。铺粉辊做旋转和平动合成运动,利用对粉末向前的推力分量和粉末的流动性将多余的粉末推走,并利用圆弧外形将未推走的粉末压平。大多数SLS 3D打印机采用直径为30～60 mm的实心圆钢棒或钢管制作的铺粉辊,并对表面进行镀铬处理。铺粉辊的优点是增加了被铺粉床的致密度,使粉床表面更光滑、平整、致密;缺点是必须安装滚动轴承及电动机,结构复杂,同时当滚筒最低点速度不为零时,会与已压实粉末之间产生水平方向的摩擦力,造成粉末层或制件移位甚至产生裂纹。

(2) 刮板式。

刮板式铺粉即使用铺粉刮刀铺粉。刮刀仅做平动,一般仅能铺平,而无法压实粉末。若其工作边有圆弧或楔形特征结构时,则可以实现压实功能。

以上两种铺粉方式均适用于下供粉方式。对于上供粉方式,由于粉末从供粉机构出口到铺粉平台之间存在一段自由落体运动,因此采用这两种铺粉方式有造成粉末飞散并污染设备的可能。

(3) 移动料斗式。

移动料斗式铺粉即使用铺粉斗铺粉,这种方式适合于上供粉方式。就成形材料粉末铺平和压实方面而言,铺粉斗与刮刀相似,其优点在于整个铺粉过程中粉末的运动均受到严格的控制,在最终铺平之前始终保存在总料斗或移动料斗中,避免了前两种铺粉方式中出现的粉末自由流动问题,有利于保持成形室的清洁。

这三种基本的铺粉方式在实现成形材料粉末铺平和压实方面均存在缺陷,但考虑到相对铺粉效果,国内外大多采用的铺粉装置是铺粉辊。

任务 4　SLS 成形后处理

任务单

1. 掌握不同材料 SLS 成形件后处理的主要工艺及其流程。

2. 查找文献进一步了解其他材料 SLS 成形的后处理工艺方法。

3. 请同学们结合实训室现有条件，利用 SLS 成形设备打印模型并自行进行后处理，撰写后处理实践报告。

SLS 成形机直接打印出来的成形件的力学性能和热学性能通常不能满足实际应用的要求，所以必须进行后处理。常用的后处理方法有：高温烧结、热等静压(HIP)烧结、熔浸和浸渍等。

(1) 高温烧结：将 SLS 成形件放入高温炉中，先在一定温度下脱掉黏结剂，然后再升温进行高温烧结。经过这样的处理后，坯体内部孔隙减少，制件的密度和强度得到提高。

(2) 热等静压烧结：将高温和高压同时作用于成形件，能够消除成形件内部的气孔，提高制件的密度和强度。

以上这两种方法，虽然能够提高制件的密度和强度，但是也会引起制件的收缩和变形。

(3) 熔浸：将成形件浸没在一种低熔点的液态金属中，金属液在毛细血管力的作用下沿着坯体内部的微小孔隙缓慢流动，最终将孔隙完全填充。经过这样的处理，零件的密度和强度都大大提高，而尺寸变化很小。

(4) 浸渍：浸渍和熔浸相似，所不同的是，浸渍是使多孔的激光选区烧结坯体的孔隙内浸满液态非金属物质。

5.4.1　复合材料成形件后处理工艺

SLS 复合材料分为热塑性塑料和热固性材料，目前，大多作为 SLS 粉料的是热塑性塑料。热塑性塑料粉又可分为晶态和非晶态两类，现在已投入使用的结晶类成形粉料一般是尼龙及共聚尼龙粉料，由于结晶性聚合物的烧结件具有较高的强度和韧度，因此其可以直接作为功能件使用。复合材料通常会进行渗树脂和渗蜡后处理。

1）渗树脂后处理工艺

在树脂涂料中，环氧树脂具有力学性能好、黏结性能优异、固化收缩率小、稳定性好的优点，浸渗后制件的强度高、变形度小，因此环氧树脂常被选用为后处理的基体材料。浸渗树脂的工艺流程如下：

（1）将附着在烧结件表面的粉末清理干净。

（2）根据材料的不同，称量环氧树脂与稀释剂以及固化剂，其比例需要通过实验获得。

（3）以手工涂刷的方式浸渗树脂。

（4）涂刷完毕，用吸水纸将制件表面多余的树脂吸净，制件置于室温下自然晾干，时间为4～6 h，再放置在60 ℃烘箱内进行固化，时间为5 h。

（5）对制件进行打磨、抛光等处理工艺，以满足制件的使用功能要求。

2）渗蜡后处理工艺

铸造蜡具有硬度高、线收缩率小、稳定性好、可反复使用、可降低制件表面粗糙度的优点。渗蜡的工艺流程如下：

（1）清理制件表面的浮粉。

（2）制件不要长时间浸泡于蜡液中以免变软变形，根据制件特征合理选择蜡液的温度和渗蜡时间。首先将制件放入烘箱（设定温度为60 ℃）中30 min，使制件受热均匀。然后将预热好的制件放入一定温度的蜡池中，等到制件表面没有气泡冒出时，再将制件用托盘提出蜡池。将渗蜡后的制件放在30 ℃的烘箱中冷却30～60 min，再放置到空气中冷却。

（3）根据铸件质量要求，对渗蜡制件进行相应的表面处理。

5.4.2　陶瓷粉末材料成形件后处理工艺

目前，业界研究的陶瓷材料主要有Al_2O_3、SiC、Si_3N_4及其复合材料。由于生产的SLS设备功率比较低，只能用间接成形的方法，将陶瓷粉末与一定量的低熔点黏结剂混合，再用激光加热熔化黏结剂将陶瓷粉末颗粒黏结起来，从而制出陶瓷坯体。

采用SLS陶瓷粉末成形后，后处理工艺一般分为3个阶段：脱脂降解黏结剂、高温烧结和熔渗或热等静压烧结。脱脂降解是去除坯体中的黏结剂。高温烧结是将去除黏结剂后的成形件放在温控炉中高温烧结，使得坯体内部的空隙率降低，密度和强度得到提高。熔渗是将陶瓷坯体浸没在低熔点的液态物质中，或将预渗物质放置于陶瓷坯体上进行加热，使预渗物质在毛细血管力的作用下浸渗到坯体内部的孔隙，最终将其完全填充。热等静压烧结是通过气体介质将高温和高压同时作用于陶瓷坯体的表面,消除坯体内部的孔洞,以提高制件的密度和强度。

5.4.3 木塑复合材料成形件后处理工艺

木塑复合材料(WPC)是用塑料和木纤维(或稻壳、麦秸、玉米秆、花生壳等天然纤维)加入少量的化学添加剂和填料,经过专用配混设备加工制成的一种低成本、绿色环保、可降解、可循环使用的成形材料。目前,SLS 木塑复合材料成形件主要用作模型测试件、工艺品以及消失模,还可以用于熔模铸造,以得到金属精密制件或模具。直接成形的木塑复合材料成形件力学强度较低,通常要经过打磨、烘干、渗蜡等后处理,这之后形成的工件已经可以达到一定的力学性能要求。研究结果表明,渗蜡件的抗拉强度、弯曲强度以及冲击强度都有显著提高(见表 5.6),处理之后的成形件表面密实,孔隙率为 7%左右,相比于未经后处理的成形件,表面密实度有了明显提高。

表 5.6 三种木塑 SLS 成形件的力学性能测试结果

制件	抗拉强度/MPa	弯曲强度/MPa	冲击强度/(kJ·m^{-2})
桉木/PES 成形件	0.240	0.620	0.760
杨木/PES 成形件	0.140	0.475	0.567
稻壳粉/PES 成形件	0.215	0.734	0.667
桉木/PES 渗蜡件	2.082	3.559	1.893
杨木/PES 渗蜡件	1.214	2.730	1.412
稻壳粉/PES 渗蜡件	1.866	4.214	1.661

注:PES 为聚醚砜树脂。

华曙故事之缘起湘大的创业梦

“要创业,就要舍得一身剐,要义无反顾全身心投入,创业要成功,就要把实验思维转化成实业思维,要敏锐地捕捉到竞争激烈的市场所存在的机遇,在新时代谋发展。”

——许小曙

2008 年,湘潭大学举办 50 周年校庆,许小曙作为特邀嘉宾发表了一场精彩的 3D 打印主题演讲。“3D 打印是快速成型技术的一种,未来会在航天航空、建筑、医疗等领域得到广泛应用。”许小曙讲起3D打印，心中热血澎湃，但是他却发现听众的脸上透露出的不是兴奋，而是迷茫和怀疑，他猛然意识到，虽然这个技术在美国已经发展了20多年，应用范围和深度已经达到一个很高的水平，但这个产业和技术在国内关注度不高，甚至接近于空白。当前，中国的传统制造业依旧以劳动密集型为主，因此急需普及3D打印技术来提升整个国家的制造水平，传统制造行业也急需新的血液。

3D打印是非常有前景的技术，中国不能落后于人。随着技术的推广和普及，未来会有越来越多的新兴企业进入3D打印市场，3D打印技术也将成为中国制造业追逐的热点。尽管许小曙的内心早已激情澎湃，斗志昂扬，但他明白，创业不是一时的冲动，更重要的是对机会的把握。细细想来，创业尚未起步，就有“三座大山”摆在他面前：

第一座“大山”就是资金的问题。3D打印企业的典型特点是“成果慢、烧钱多、投资回报期长”，是否有投资商愿意为这一项新兴技术买单呢？

第二座“大山”就是人才的不足。当时国内几乎没有人了解3D打印技术，国内高校也尚未开设相关的课程，这导致将难以招聘到合适的研发人才。

第三座“大山”来源于产业化资源。此时国内没有3D打印原材料供应商，全球3D打印行业又处于一个垄断的状态，设备生产商两家独大，材料生产商一家独大，这三家企业间已经形成了一个密不透风的产业闭环。要想在这样的情况下创立3D打印高科技企业，就必须打破国外3D打印巨头企业的垄断。

2009年5月，许小曙在国内同学的鼎力支持下，找到了几位愿意投资的企业家，其中有一位做房地产的湖南益阳企业家龚志先，对这个项目非常感兴趣，表示愿意加入并投资。

在高兴之余，许小曙也深刻意识到，对于3D打印高科技企业而言，决不能让资本引领技术，一定得脚踏实地、一步一步地走。虽然资金对于创业的成功十分重要，但在与风险投资商签订的投资协议上必须要坚持对技术和企业发展的控制权。

资金顺利谈妥后，剩下的就是选址问题。

23年的国外工作生活让许小曙更加清晰地认识到，要创业还是要在家乡。“别的地方有那么好的创业条件，我相信湖南也会有。”许小曙有一种难言的故土情结。但的确，时不我待，在许小曙看来，如果没有配套的政策、产业，创业者就像孤零零的一块石头。“中国人都很聪明，我们能研发的，别人也能研发，只是时间问题。”

2009年，湖南省启动实施了引进海外高层次人才的一项战略举措“百人计划”，计划用5年时间引进100名左右海外高层次人才。许小曙入选了第一批“百人计划”，同时成为湖南省特聘专家。

与此同时，长沙也实施了一系列措施对创新型企业进行大力支持，比如补贴、免税和场地支持，以此来吸引更多的海外人才回国工作和创业。作为中部的后起之秀，长沙具有扎实的制造业基础和良好的产业基础，具备承载新兴企业发展的条件。2009 年 10 月，由 55 岁的科学家许小曙博士创办的中国 3D 打印民族品牌——华曙高科，在湖南长沙横空出世。

几乎所有的创业，最初都是举步维艰、九死一生。著名企业家邱永汉说："25～35 岁为创业最佳时期，40 岁已经相当迟了，50 岁以后则是例外中的例外。"然而，就在这个"知天命"的年龄，许小曙开始了艰苦的创业。为了节省开支，他最初将办公地点安置在长沙晚报大厦 13 楼一个 80 平方米的办公室，而后转移到湖南大学科技园，租借了三佳公司车间的一个 600 平方米的仓库，6 个人和 1 台 3D 打印设备，便是华曙高科当年的全部家底。华曙高科的创办日被确定为 2009 年 10 月 21 日，那一段时间，许小曙和他的创业伙伴们在忙碌中度过。随着新成员的不断加入，华曙高科初创团队慢慢集结起来。他们思想单纯，敢想敢做，在此之前，他们从来没有亲眼见过 3D 打印设备，对此一无所知，但他们依然满怀着对 3D 打印事业的热情和期望而来。许小曙用他的才华、激情和同甘共苦把这群年轻人打造成一支目标简单又充满激情的铁军，每个人的智慧和创造性都空前爆发出来。所有人从内心相信他们所从事的是前途远大的事业，将会在 3D 打印历史上留下浓墨重彩的一笔！

习 题

1. 简述 SLS 成形技术的原理及特点。
2. 常用 SLS 成形材料有哪些？各材料性能如何？
3. 简述 SLS 工艺参数对打印件微观结构、精度及耐磨性能的影响。
4. SLS 成形设备的主要组成部分有哪些？
5. 请问利用 SLS 技术进行打印需要做哪些准备工作？
6. SLS 成形常用的后处理方法有哪些？

项目 6
激光选区熔化

视野拓展

激光选区熔化(selective laser melting,SLM)技术于1995年由德国Fraunhofer研究所提出,该技术突破了SLS对材料种类的限制。在该技术的支持下,德国EOS公司于1995年底制造了第一台SLM设备。2002年,德国成功研制了可成形接近全致密的精细金属零件和模具的SLM装备,其性能可达到同材质锻件水平。德国EOS公司、Concept Laser公司、SLM Solution公司等均推出了系列选区激光熔化(SLM)设备。目前国内SLM设备研发单位主要包括华中科技大学、华南理工大学、南京航空航天大学、西北工业大学、武汉光电国家研究中心和中国铂力特(深圳)增材制造有限公司等。

SLM技术是以光斑很小的高功率激光器快速、完全熔化粉末材料(这些材料可以是单一金属粉末、合金粉末甚至陶瓷粉末),基于快速冷却和凝固机制,可以获得非平衡态过饱和固溶体及均匀细小的金相组织,层与层之间具有冶金结合特征,成形零件相对密度接近100%,具有较高的尺寸精度和较低的表面粗糙度,力学性能可与锻件相当。SLM综合运用了新材料技术、激光技术、计算机技术等前沿技术,受到国内外科研机构和公司等的高度重视,成为新时代极具发展潜力的高新技术,它给制造业带来了无限活力,尤其是给快速精密加工、快速模具制造、个性化医学产品、航空航天零部件和汽车零配件生产行业的发展注入了新的动力。图6.1所示为用SLM技术制作的金属零件。

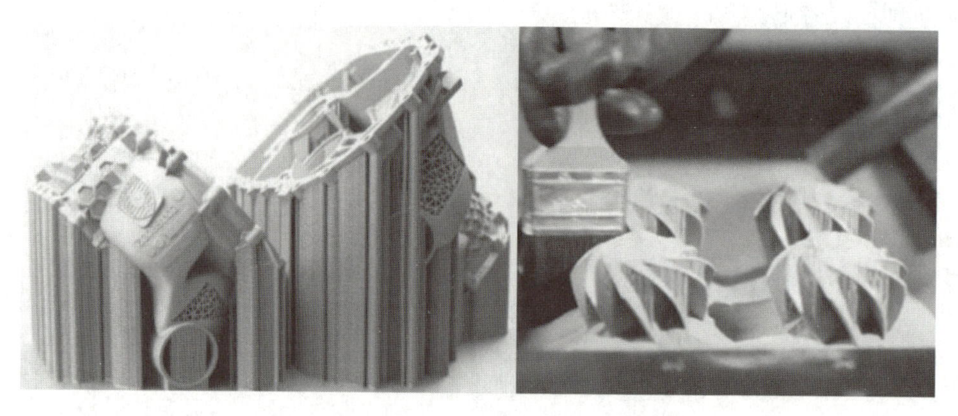

图 6.1　用 SLM 技术制作的金属零件

案例导入

用 SLM 技术制作的金属叶轮(见图 6.2)。

图 6.2　用 SLM 技术制作的金属叶轮

1. 材料准备

SLM 主要应用于金属材料,也可应用于陶瓷材料,成形前需准备激光选区熔化成形用粉末、基板以及工具箱等用品。SLM 用粉末的球形度较高(见图 6.3),成形所需粉末尽量保持在 5 kg 以上,基板需要根据成形粉末种类选择相近成分的材料,根据零件的最大截面尺寸选择合适的基板,将基板调整到与工作台面水平的位置,基板的加工和定位尺寸需要与设备的工作平台相匹配(见图 6.4～图 6.5),并清洁干净。准备一套工具箱用于基板的紧固和设备的密封。

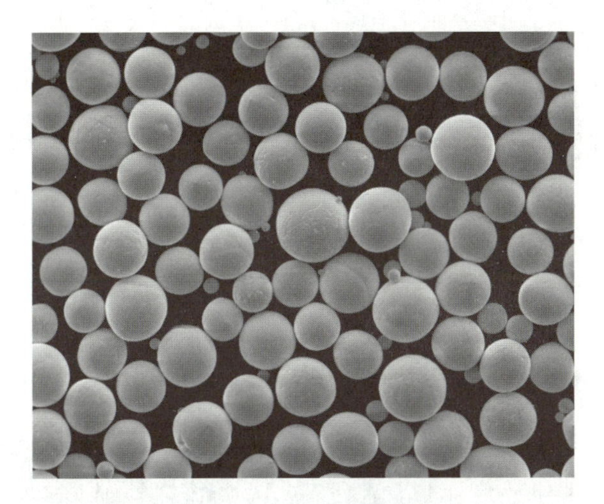

图 6.3　SLM 用球形粉末

图 6.4　SLM 用基板

图 6.5　SLM 用基板调平

2. 工作腔准备

在放入粉末前需要将 SLM 成形机(见图 6.6)的工作腔(成形腔)清理干净,包括缸体、腔壁、透镜、铺粉辊、刮刀等;将需要接触粉末的地方用脱脂棉和酒精擦拭干净,尽量保证粉末不被污染,尽量使成形的叶轮里面无杂质;将基板安装在工作缸上表面并紧固。

图 6.6　SLM 成形机

3. 模型准备

将 CAD 模型转换成 STL 文件,传输至 SLM 设备的 PC 端,在设备配置的工作软件中导入 STL 文件进行切片处理,生成每一层的二维信息。叶轮数据传输过程如图 6.7 所示。

4. 零件加工

数据导入完毕后,将设备腔门密封。抽真空后通入保护气氛,设置基底预热温度(若粉末需要预热)。将工艺参数输入控制面板,包括激光功率、扫描速度、铺粉层厚、扫描间距、扫描路径等。计算机控制振镜将激光束按当前层的二维轮廓数据选择性地熔化基板上的粉末,当该层轮廓扫描完毕后,工作缸下降一个切片层厚的距离,送粉缸再上升一定高度。铺粉辊滚动将粉末送到已经熔化的金属层上部,形成一个层厚的均匀粉层(见图 6.8)。

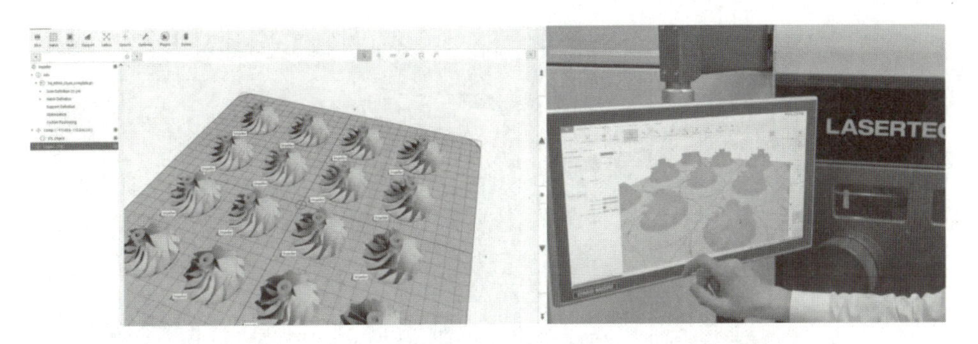

图 6.7 叶轮数据传输

图 6.8 激光选区熔化过程

5. 叶轮后处理

叶轮加工完毕后，需要通过喷砂或高压气处理来去除表面或内部残留的粉末(见图 6.9)。支撑结构需要进行机加工去除支撑，最后用乙醇清洗干净。图 6.10 所示为制作完成的金属叶轮。

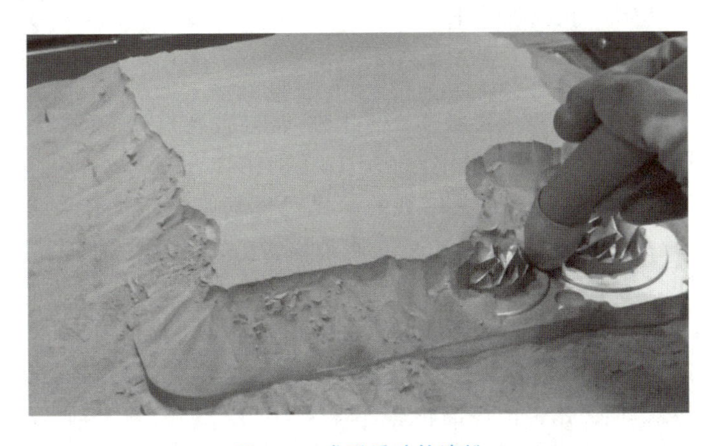

图 6.9 成形后叶轮清粉

图6.10　制作完成的金属叶轮

任务1　SLM成形原理及特点

任务单

1. 掌握激光选区熔化成形技术的主要结构、成形原理及工艺特点。
2. 理解激光选区熔化成形技术的工艺原理。
3. 请同学们结合所学的知识,利用相关软件将激光选区熔化成形的过程进行动态模拟演示。

6.1.1　SLM成形原理

SLM成形原理

激光选区熔化(SLM)成形技术的工作原理与激光选区烧结(SLS)的类似。其主要的不同在于粉末的结合方式不同。SLS通过低熔点金属或黏结剂的熔化把高熔点的金属粉末或非金属粉末黏结在一起(液相烧结方式),而SLM是将金属粉末完全熔化,因此其要求的激光功率密度要明显高于SLS所要求的。

图6.11所示是SLM成形原理示意图。激光束开始扫描前,水平铺粉辊先把金属粉末平铺到成形室的基板上,然后激光束将按当前层的轮廓信息选择性地熔化基板上的粉末,加工出当前层的轮廓,供粉缸上升一定的高度,而成形缸则降低一定的厚度,滚动铺粉辊再在已加工好的当前层上铺金属粉末,即铺粉辊将粉末

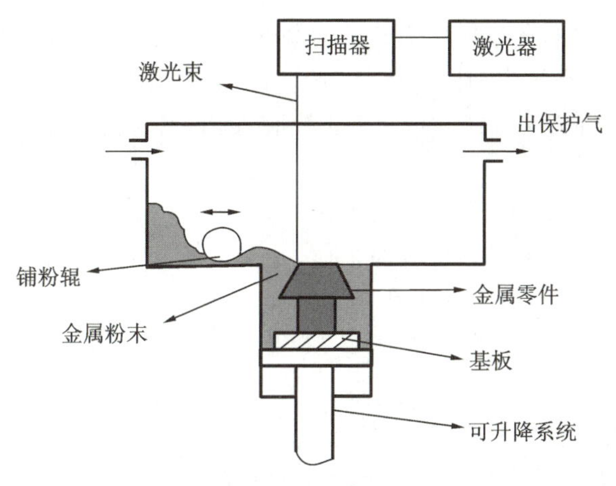

图 6.11 SLM 成形原理

从供粉缸中刮至成形平台上，再用激光将新铺的金属粉末熔化，设备调入下一图层进行加工；如此层层加工，直到整个零件加工完毕。整个加工过程在抽真空或通有保护气体的成形室中进行，以避免金属在高温下与其他气体发生反应。

SLM 技术是在 SLS 技术的基础上发展起来的，两种技术都可以用来成形金属零件，但两种技术又存在较大的区别，主要归纳如下：

(1) 成形材料不同。

SLS 所选用的材料必须是两种不同熔点材料的混合粉末，一种为待加工零件目标材料，另一种为低熔点粉末材料，需要起到黏结剂的作用，且往往需要特别配制。SLM 则在材料配比上对熔点要求较低，适用的材料品种更广泛，从单一组分金属粉末到合金、复合材料，甚至是陶瓷材料都具有可行性。

(2) 成形机理不同。

SLS 成形中，激光扫描将混合粉末中的低熔点材料熔化，高熔点的材料并不熔化，而是被熔化成液相的低熔点材料黏结在一起，形成与粉末冶金坯件类似的原型。SLM 要求用激光将粉末完全熔化为液态，经快速冷却凝固后形成具有完全冶金相的零件。

6.1.2 SLM 成形特点

SLM 成形特点

SLM 技术作为 3D 打印技术的一种，相对于传统加工方法，主要具有以下特点：

(1) 成形工艺简单，产品性能优良。

SLM 技术不需要铸模、锻模，不需要任何后处理工艺或只需要简单的表面处理，通过简单的 CAD 造型和材料选择即可加工出能直接使用的零件，提高了生产效率。SLM技术使用具有高功率密度的激光器,以光斑很小的激光束加工金属,能得到具有非平衡态过饱和固溶体及均匀细小金相组织的实体,其相对密度几乎能达到100%,零件力学性能与锻造工艺所得相当,尺寸精度可达0.1 mm,表面粗糙度 Ra 值可达30～50 μm。

(2) 易成形复杂结构,材料利用率高。

SLM适合制造各种复杂形状的工件,尤其适合制造内部有复杂异型结构(如空腔、三维网格)及用传统方法无法制造的复杂工件。SLM成形技术制造零件消耗的材料基本上与零件实际用料相等,未用完的粉末材料可以重复利用,材料的利用率高达90%以上。

(3) 满足个性化需求,应用领域广。

利用SLM技术可以满足一些个性化的制造需求,如制造人的牙齿。由于人的牙齿各不相同,不适合批量制造,这时用SLM便可以实现个性化制造:通过扫描牙齿获得三维数据,利用逆向建模构建出牙齿的三维模型,最后通过SLM成形机打印出来,这样省去了使用传统方法制造一个个牙齿模具的步骤,缩短了生产周期,提高了生产效率。SLM基于其独特的成形技术,在航空航天、生物医学等高新领域已经崭露头角,渐有大放异彩之势,日益受到国内外各行各业专家的关注。

任务2 SLM成形材料

SLM成形材料

任务单

1. 了解SLM成形材料的发展。
2. 掌握SLM成形材料的组成成分及其功能。
3. 掌握SLM成形技术的光固化反应机理及SLM成形工艺对材料的要求。
4. 除书中讲述的SLM成形材料以外,请同学们查找文献找出其他SLM成形的材料,并分析其性能。

金属制品在工业、农业及人们生活的其他各个领域的应用越来越广泛,给社会创造了越来越多的价值。金属3D打印技术作为整个3D打印技术体系中最前沿和最有潜力的技术,是先进制造技术的重要发展方向。金属3D打印技术目前取得了一定的成果,但3D打印技术对金属材料提出了更高的要求。现适合工业用3D打印的金属材料种类越来越多,但是只有专用的金属粉材才能满足工业生产的要求。金属3D打印技术较传统加工技术,其突出优点是复杂零件制造工艺简单，材料利用率高，制造时间缩短和能源消耗量减少，特别适用于轻量化多孔制件的制造。如图 6.12 所示，相比传统加工工艺，采用 SLM 制造的具有内部网状结构的钛合金发动机叶片，材料使用量减少 70%，制造时间缩短 60%。

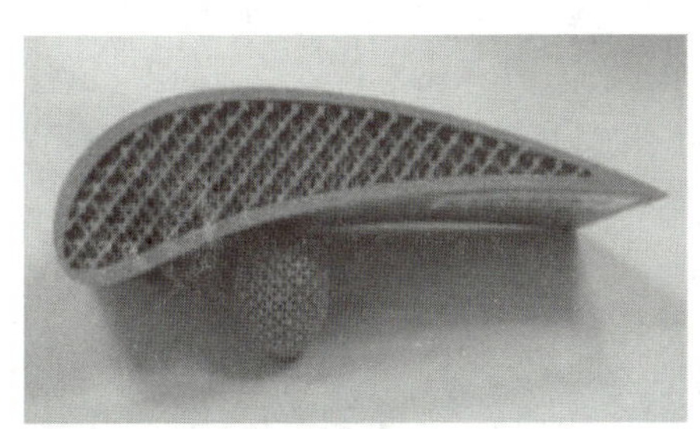
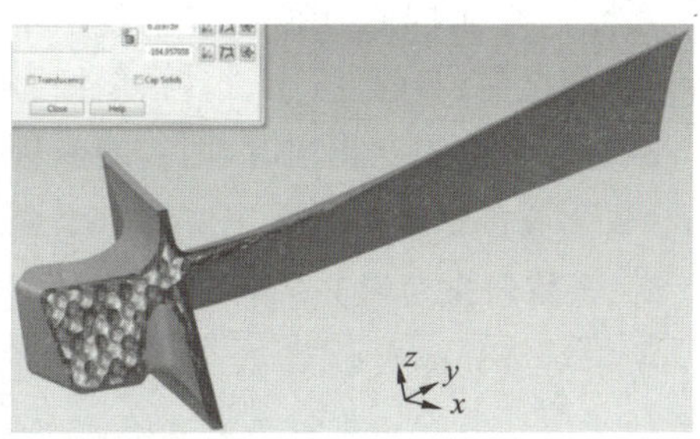

图 6.12　具有内部网状结构的钛合金发动机叶片

6.2.1　金属粉末 SLM 成形机理

1. 激光能量传递

SLM 成形主要是利用光热效应。激光照射金属表面时，在不同功率密度的激光作用下，金属表面物理状态的变化影响金属对激光的吸收。随着激光功率密度与作用时间的增加，激光将发生四种物态变化：

一是激光功率密度较低（$<10^4$ W/cm^2）、照射时间短。这一阶段金属吸收的激光能量只能引起金属由表及里温度的升高，但金属维持固相不变。这种物理过程主要用于零件退火和相变硬化处理。

二是激光功率密度提高（$10^4\sim10^6$ W/cm^2）、照射时间加长。这一阶段金属表层逐渐熔化、随着输入能量增加，液固分界面逐渐向深处移动。这种物理过程主要用于金属表面重熔、合金化、熔覆和热导型焊接。

三是进一步提高功率密度（$>10^6$ W/cm^2）和加长照射时间。这一阶段材料表面不仅熔化，而且汽化，汽化物聚集在金属表面附近并发生微弱电离形成等离子体，这种稀薄的等离子体有助于金属对激光的吸收。在汽化膨胀压力下，液态表面变形，形成凹坑。这种物理过程可以用于激光焊接。

四是再进一步提高功率密度（$>10^7$ W/cm^2）和加长照射时间。这一阶段材料表面加剧汽化，形成较高电离度的等离子体，这些等离子体对激光有屏蔽作用，大大减少了激光射到金属内部的能量。这种物理过程可用于激光打孔、切割、表面强化等。

金属发生汽化是其对激光吸收的一个重要分界线。当金属没有发生汽化时，不论是固相还是液相,其对激光的吸收仅随表面温度的升高而有较慢的变化;而一旦金属出现汽化并形成等离子体,则金属对激光的吸收会发生突然变化。因此,SLM 成形过程要求激光功率密度大于 10^6 W/cm^2,确保对前一成形层的重熔,利于冶金结合。

激光与金属的相互作用包括复杂的微观量子过程,也包括所发生的宏观现象,如光的反射、吸收、折射、衍射、偏振、光电效应、气体击穿等。

激光与金属相互作用时,两者的能量转化遵守能量守恒定律,见式(5.1)。研究表明:金属对激光的吸收主要取决于金属材料种类、激光波长。

2. 金属粉末对激光的吸收

粉末对激光的吸收率 α_A 是粉末的重要特性,是被吸收激光能量与入射激光能量的比值。通常粉末对激光的吸收率受耦合作用方式、传输深度、激光波长、粉末成分、粉末颗粒粒径、熔化过程等因素的影响,还与粉末堆积特性、颗粒重组、相变、残留氧、温度等相关。研究表明,金属粉末对近 1000 nm 波长的激光的吸收率大于 60%。

3. 熔池的产生

在 SLM 成形过程中,高功率密度的激光束(10^5～10^7 W/cm^2)在很短时间(10^{-4}～10^{-2} s)内与材料发生交互作用,这样高的能量足以使材料表面局部区域很快被加热到上千摄氏度,使之熔化甚至汽化,随后借助尚处于冷态的基材的换热作用,使很薄的表面熔化层在激光束离开之后快速凝固。高能激光束在此过程中连续不断熔化金属粉末,故而形成熔池。

由高斯光束的光强分布特点可知,光束中心处的光强最大,故熔池中心的温度高于边缘区域的温度。又因为熔池表面的温度分布不均匀,故流体表面张力也分布不均匀,从而在熔池表面上存在表面张力梯度。对于液态金属,一般情况下,温度越高,表面张力越小,而表面张力是熔池内流体流动的主要驱动力,它使流体从表面张力低的部位流向表面张力高的部位,故熔池内的液态金属沿径向从中心往边缘流动,在熔池中心处由下往上流动。在这个过程中,向外流动的熔流造成了熔池的变形,从而导致熔池表面呈现鱼鳞状的特征。

SLM 成形过程是由线到面、由面到体的 3D 打印过程。高能激光束作用形成的金属熔化道能否稳定连续的存在,直接决定了最终制件的质量。由不稳定收缩理论可知,液态金属体积越小,其稳定性越好。液态金属的体积主要是由激光光斑的尺寸和能量决定的,尺寸大的光斑更容易形成尺寸大的熔池,进入熔池的粉末也就更多,熔池的不稳定程度也就增加。同时,光斑太大会显著降低激光功率的密度,由此产生黏粉、孔洞、结合强度下降等一系列缺陷。光斑尺寸太小,激光照射的金属粉末会吸收太多的能量而汽化,显著增加等离子流对熔池的冲击作用,故需要控制好光斑的尺寸才能保证熔池的稳定性。

6.2.2　粉末材料性能对 SLM 成形的影响

1. 粉末粒径对 SLM 成形的影响

与 SLS 粉末颗粒的分布对成形的影响类似，在 SLM 成形中，粉末堆积密度也直接影响成形件表面的质量。根据球体堆积密度理论可知，单一颗粒粒径球体堆积密度最小，其平均值为 53.3%，当粉末平均颗粒粒径在 50.81～13.36 μm 内变化时，粉末堆积密度逐渐增大。另外，不同颗粒粒径的球体混合在一起，会降低粉末的孔隙率。根据球体堆积理论，在只有两种颗粒粒径的球体堆积中，当小、大球体粒径之比为 0.31 时堆积密度达到最大。

通过实验测得，采用颗粒粒径为 50.81 μm 的粉末单道成形会出现扫描线宽不均匀、表面粗糙，形成大量彼此隔离的金属球，此种现象称为 SLM 成形过程的球化现象。造成这种现象最主要的原因是粉末颗粒粒径较大，堆积密度小，铺粉时分布不均匀且粉末比表面积较小，对能量的吸收较小。球化现象对 SLM 成形技术来讲是一种普遍存在的成形缺陷，严重影响了 SLM 成形质量，其危害主要表现为金属件内部出现孔隙，大大降低了制件的力学性能并增加了其表面粗糙度。

2. 粉末球形度对 SLM 成形的影响

科学家对同为 400 目颗粒粒径的气雾化和水雾化两种不锈钢粉末进行了试验。两种粉末颗粒粒径分布基本接近，但由于采用了不同的雾化制粉方式，其颗粒形状存在较大差异。水雾化不锈钢粉末的颗粒呈不规则形状，气雾化不锈钢粉末的颗粒呈较规则形状。两种不锈钢粉末经过相同的 SLM 工艺后，对两者成形件的相对密度进行比较得出：水雾化粉末制件的相对密度约为 90%，气雾化粉末制件的相对密度在 90%以上；水雾化粉末制件较为粗糙，表面存在大量体积较大的孔隙，气雾化粉末制件表面平整，孔隙数量少。因此，粉末颗粒形状直接影响 SLM 制件的相对密度和表面质量，相对不规则的球形颗粒粉末更适合 SLM 成形。

3. 粉末含氧量对 SLM 成形的影响

随着粉末含氧量的增加，制件的相对密度和抗拉强度明显下降。当粉末含氧量超过一定限度时，制件性能急剧下降。其原因：在成形过程中，金属粉末在激光作用下短时间内吸收高密度的激光能量，温度急剧上升，如果有氧存在，则制件极易被氧化；粉末中残留的氧化物在高温作用下也会导致液相金属发生氧化，从而使液相熔池的表面张力增大，加剧球化效应，直接降低制件的相对密度，影响制件的力学性能。

4. 工艺参数的影响

激光烧结工艺参数，如激光功率、扫描速度、扫描方向、扫描间距、烧结温度、烧结时间及分层厚度等,对层与层之间的黏结、烧结体的收缩变形、翘曲变形甚至开裂都会产生影响。上述各种参数在成形过程中往往是相互影响的,如 Yong Ak Song 等研究表明减小扫描速度和扫描间距或增大激光功率可降低表面粗糙度,但扫描间距的减小会导致烧结体翘曲趋向增大。因此,在进行最优化设计时就需要从总体上考虑各参数的优化,以得到对成形件质量改善最为有效的参数组。目前制造出来的零件存在着致密度、强度及精度较低,力学性能和热学性能不能满足使用要求等问题。这些成形件不能作为功能性零件直接使用,需要进行后处理(如热等静压、液相烧结 LPS、高温烧结及熔浸)后才能投入实际使用。此外,还需注意的是,由于金属粉末的 SLM 成形温度较高,为了防止金属粉末氧化,烧结时必须将金属粉末封闭在充有保护气体的容器中。

5. 后处理影响

利用 SLM 技术虽可直接成形金属零件,但成形件的力学性能和热学性能还不能很好地直接满足使用的要求,经后处理后可得到明显改善,不过后处理对成形件的尺寸精度有所影响。

6.2.3 常用的 3D 打印金属及合金材料

SLM 成形技术的特征是材料的完全熔化和凝固,因此,其主要适用于金属材料的成形,包括纯金属材料、合金材料及金属基复合材料的成形。

纯金属已经应用于增材制造领域中,但是与合金相比,纯金属粉末不是增材制造的主要对象,其原因在于,相对于合金,纯金属自身的性质较弱,其不仅力学性能较差,而且抗氧化性、抗腐蚀性等较弱。与此同时,SLM 成形要求材料的颗粒粒径很小(20～100 μm),而流动性好的球形纯金属粉末制造加工很困难。目前,对 SLM 成形中纯金属材料的研究集中在钛、铜、金等非铁纯金属上。

铁基合金是 SLM 成形研究较早的一类合金材料,因为铁基合金粉末具有容易制备、不易老化、流动性能好等特点,广泛应用于 SLM 成形中。其中,主要研究的铁基合金包括铁-碳,铁-铜,铁-碳-铜-磷,不锈钢和 M2 高速钢等。

金属钛具有可塑性,纯钛的延伸率可达 50%～60%,断面收缩率可达 70%～80%,具有比强度高、热强度高、质量小、耐腐蚀、低温性能好等优点,钛具有同素异构转变现象,在 882℃以下为密排六方晶格,称为 α-Ti,在 882℃以上为体心立方晶格,称为 β-Ti。钛作为结构材料所具有的良好机械性能,在添加合金元素后,可得到相变温度及成分含量不同的钛合金。目前钛合金主要应用于航空航天件、人工植入体(如骨骼、牙齿等)。

铝合金是以铝为基础,加入一种或几种其他元素(如铜、镁、硅、锰、锌等)构成的合金。相比纯铝,铝合金的强度更高,它还可经过冷变形加工和热处理等方法进一步增加强度。所以铝合金还具有良好的耐腐蚀性能和加工性能，可制造某些结构零件。目前，应用于金属 3D 打印的铝合金主要有铝硅 Al12Si 和 AlSi10Mg 两种。Al12Si 是具有良好的热学性能的轻质增材制造金属粉末，可应用于薄壁零件如换热器或其他汽车零部件，还可应用于航空航天及航空工业级的原型和生产零部件；AlSi10Mg 具有更高的强度和硬度，适用于薄壁及复杂的几何形状的零件，尤其适用于具有良好的热性能和低重量场合中。

任务 3 SLM 成形设备

SLM 成形设备

任务单

1. 了解国内外 SLM 成形设备的主要参数。
2. 掌握 SLM 成形设备的系统组成。
3. 查找文献进一步了解 SLM 成形设备的光源及光学扫描系统的发展现状。
4. 利用所学的机械设计基础及三维建模的知识设计 SLM 成形平台升降系统。

SLM 技术与 SLS 技术的工作过程基本一致：首先建立一个 CAD 模型，然后通过特殊的分层软件对 CAD 模型进行切片处理，并把生成的层信息传给控制计算机。激光束按照所得信息对位于工作台上的金属粉末进行选区扫描，被扫描的粉末熔化、黏结在一起。一层加工完成之后，工作台下降一定的距离，送粉器再铺上一层粉末，然后激光对新铺的粉层进行加工。粉末熔化—工作台下降—铺粉这一过程不断重复，直到生成一个完整的模型。

在 SLM 加工过程中，激光作用在金属粉末上使粉末完全熔化，由于热传导作用形成的微小熔池扩展到前一层已经固化的金属及刚刚固化的周围金属中，在随后的冷却过程中，熔池的液态金属结晶形成致密的冶金结合。由于被激光扫描的金属粉末随后与周围的材料形成致密的冶金结合，因此采用该技术生产的零件致密度高、强度高、力学性能好，无须进行后处理。

德国 Fraunhofer 研究所于 1995 年首次提出 SLM 技术，开辟了激光增材制造的新方向。由于 SLM 技术能够生产致密度更高的产品，因此在金属打印方面大有超过 SLS 技术的发展势头。2003 年，美国 MCP 集团公司的德国 MCP-HEK 分公司研发出全球第一台 SLM 成形设备——MCP Realizer，从此 SLM 技术及设备研发得到了快速发展。国外对 SLM 技术进行研究的国家主要集中在德国、美国、比利时、英国、日本和新加坡等。目前，EOS 公司、Concept Laser 公司、SLM Solutions公司等均推出了系列SLM设备,并且已成功地利用SLM技术制造出了组织致密、成形精度高、力学性能良好的金属零件。德国Fraunhofer研究所和Concept Laser公司合作研发的Xline1000R型SLM成形设备的成形尺寸为630mm×400mm×500 mm,于2015年又开发了Xline2000R,其成形尺寸达到800 mm×400 mm×500 mm;SLM Solutions公司研发了SLM-500HL,其成形尺寸达到500 mm×280 mm×325 mm;EOS公司也推出了EOS M400,其成形尺寸达到400 mm×400 mm×400 mm,成形精度在200 μm左右。

美国通用电气(GE)公司从2010年起开始利用SLM技术研发航空产品,在2014年7月,GE宣布将投资5000万美元生产3D打印的喷气发动机燃油喷嘴;2016年4月,通用航空(GEA)利用SLM金属打印技术组装完成并测试了最新开发出的有史以来全球最大的喷气式发动机GE9X。德马吉公司于2017年2月收购了德国金属3D打印公司REALIZER 50.1%的股份,正式进入SLM金属3D打印领域。SLM设备能够制造航空航天、汽车、工业模具等领域的零部件,尤其适合解决复杂整体结构、内部异形流道、空间栅格轻量化结构等金属加工难题。

国内对SLM增材制造的研究起步较晚,从事SLM技术和设备研究的科研单位有华中科技大学、华南理工大学和南京航空航天大学等,各院校(机构)研究的重点和优势各有不同。华中科技大学是较早进行SLM研究的高校,自主研发了SLM成套设备,如HRPM-I和HRPM-II两款设备。华南理工大学于2003年推出了SLM设备DiMetal-240;于2007年与北京隆源自动成型系统有限公司合作推出了DiMetal-280,提高了零件的致密度与精度,可用于成形钛合金、不锈钢、铜基合金等材料;于2012年推出了SLM设备DiMetal-100,使粉层的厚度降低到20~50μm,光斑尺寸达到30~50μm。西北工业大学所生产的SLM设备BLT-S300配有500W光纤激光器,最大加工尺寸为250 mm×250 mm×400 mm,通过双向铺粉来缩短成形时间,提升效率,并对粉床进行预热,最高温度为200℃,降低成形过程中产生的温度梯度,减少变形与开裂。武汉光电国家研究中心自主设计和制造了NRD系列SLM设备。中国铂力特(深圳)增材制造有限公司推出了BLT-S300等SLM设备。随着SLM技术的发展,国内对于SLM成形技术的研究已经取得了许多优秀的成果,但在SLM成形过程、设备的控制系统及零件的变形机理等方面,仍需做深入的研究。

6.3.1 国内外SLM成形机及其参数

1. 国外SLM成形机及其参数

1)德国MCP-HEK公司生产的SLM成形机及其参数

德国MCP-HEK公司最早将Fraunhofer研究所提出的SLM技术商品化,于

2003 年年底推出了世界上第一台 SLM 快速成形设备 MCP Realizer。该设备采用刮板进行铺粉，可将铺粉层厚控制到 30μm，较薄的粉层厚度提高了成形的精度。以 Nd:YAG 激光器进行选择性熔化，激光波长为 1.09μm，这种波长能使金属材料很好地吸收激光辐射的能量。该设备全自动化高速加工时的成形量可达每小时 $5cm^3$，数小时内就能完成零件的加工，成形效率极高。成形的金属零件相对致密度达到 100%，且表面质量较高，表面粗糙度 *Ra* 值能达到 10～30 μm，不需要进行热处理或者渗透处理，只需进行简单的喷砂和抛光即可直接使用，生产过程相当高效。目前该公司的 Realizer SLM 系列成形机在金属模具制造、轻量化金属零件制造、多孔结构制造方面有较为成熟的应用。表 6.1 所示为 Realizer SLM 系列成形机的主要技术参数，图 6.13 所示为 Realizer SLM 300 成形机。

2）德国 EOS 公司生产的 SLM 成形机及其参数

德国 EOS 公司最早研究的是塑料成形，到 20 世纪 90 年代进入金属粉末成形领域。作为最早一批涉足激光快速成形的企业，EOS 公司发展十分迅猛，已有多款商用成形机投入市场，其产品包括 2009 年推出的 M270、2011 年推出的 M280、2014 年推出的 M290 和 M400。M400（见图 6.14）为 EOS 公司推出的专门针对工业大尺寸加工需要的金属快速成形机。为提高铺粉质量，该设备采用涂覆的双刮刀铺粉，一方面可以增强刮刀的耐磨性，减少因与金属粉末长时间互相作用而使刮刀磨损、铺粉质量降低的情形；另一方面由于粒径过小的金属粉末有团聚聚集效应，采用涂覆异性材料可以避免大量金属粉末黏附在刮刀表面，保证粉层表面平整。EOS 公司的 M290 和 M400 成形机的相关技术参数如表 6.2 所示。

表 6.1 德国 MCP-HEK 公司生产的 Realizer SLM 系列成形机的主要技术参数

项目	成形机型号		
	SLM 100	SLM 250	SLM 300
加工材料	不锈钢、钛合金、铝合金、铜合金、钴铬合金、镍基高温合金等金属粉末材料		
激光器类型	200 W 连续光纤激光器	200 W 连续光纤激光器	200 W～400 W 连续光纤激光器
成形尺寸（mm×mm×mm）	100×100×100	250×250×170	300×300×300
铺粉层厚/μm	20～80	20～100	20～100
光学系统	后聚焦高精度振镜扫描系统		
光斑直径/μm	40～100	50	50～150
最大扫描速度/(m/s)	7		
惰性气体供应	氮气/氩气，制氮模组可选		

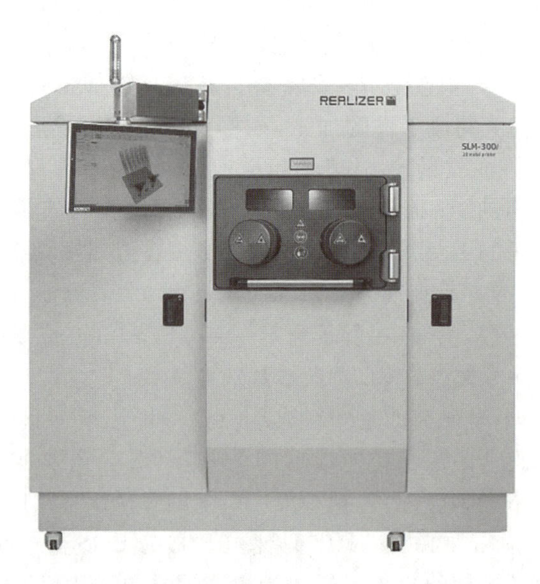

图 6.13　德国 MCP-HEK 公司生产的 Realizer SLM 300 成形机

图 6.14　德国 EOS 公司生产的 M400 型号 SLM 成形机

表 6.2　EOS M290 和 M400 成形机技术参数

项目	成形机型号	
	EOS M290	EOS M400
成形尺寸/(mm×mm×mm)	250×250×325	400×400×400
激光器类型	Yb-fiber laser 400W	Yb-fiber laser 400W
激光扫描速度/(m/s)	7	最高为 7
激光光斑直径/μm	100～500	约 90
光学系统	*F*-*θ* 镜，高速扫描	
铺粉层厚/μm	20～100	
加工速度/(cm^3/h)	5～20	2～30
保护气体	氮气/氩气	

随后 EOS 公司又推出了专为工业应用而设计的 EOS M400-4 型号的 SLM 成形机(见图 6.15)，该设备拥有 400 mm×400 mm×400 mm 的大型成形尺寸与四台激光器，可将生产率提高四倍。

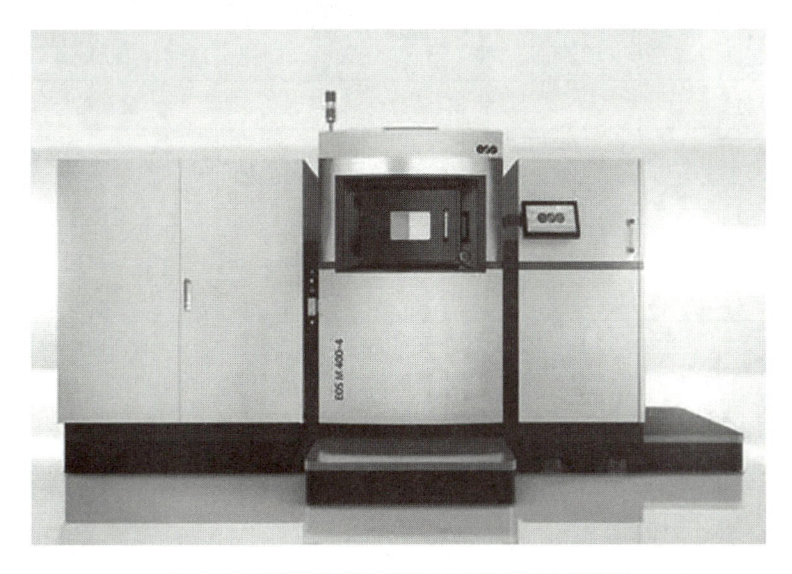

图 6.15　型号为 EOS M400-4 的 SLM 成形机

EOS M400-4 SLM 成形机的相关技术与性能特点如下：4 台 400 W 精密光纤激光器分别在 250 mm×250 mm 的方形区域内运行，各区域之间有 50 mm 的重叠区域，配有 4 个 *F*-*θ* 透镜和 4 台高速扫描仪，优异的光束和功率稳定性可确保打印出品质卓越的直接金属激光烧结零部件；激光光斑直径约为 100 μm；扫描速度最高为 7 m/s；铺粉层厚为 20～100 μm；加工速度可达 2～30 cm^3/h；铺粉方式为横向双向铺粉，刮刀装置可配碳纤维毛刷刮刀、陶瓷刮刀、高速钢刮刀；原 EOS M290 中执行的所有工艺均可在 EOS M400-4 中实施，而且零部件性能相当；全新 EOS ClearFlow 专利技术可确保加工过程中的气体控制始终如一，形成理想的成形条件；适合多种金属材料成形，可加工轻金属、不锈钢、模具钢和高温合金等各种材料；工作流程和运行过程高度自动化，易于操作；具备丰富的监测功能，可确保工艺的高度稳定性和优异的零部件质量。直观的用户界面、灵活的软件工具和各种配套设备可完全满足工业生产要求。

2. 国内 SLM 成形机及其参数

1) 华南理工大学生产的 SLM 成形机及其参数

华南理工大学激光加工实验室分别于 2004 年、2007 年开发了 DiMetal-300、DiMetal-280 成形机，并于 2012 年推出了预商业化设备 DiMetal-100。这三种设备的主要技术参数如表 6.3 所示。DiMetal-100 和 DiMetal-280 成形机的外形如图 6.16 所示。其中 DiMetal-100 能成形致密度达到 99％的金属零件，且零件表面粗糙度 Ra 值为 5～30 μm，尺寸精度较高。

表 6.3　华南理工大学生产的 SLM 成形机的主要技术参数

项目	成形机型号		
	DiMetal-300	DiMetal-280	DiMetal-100
典型材料	不锈钢、钛合金、钴铬合金、高温合金、模具钢等		
激光器类型	红外掺镱光纤激光器，500 W		红外掺镱光纤激光器，200 W
成形尺寸/(mm×mm×mm)	250×250×300		100×100×1030
供料方式	双缸单向供粉	单向柔性钢刮刀铺粉	双缸单向供粉（或多缸）
铺粉层厚/μm	20～100		
光学系统	高精度扫描振镜		
最大扫描速度/(m/s)	7		
成形环境	无预热＋真空		

2) 华中科技大学生产的 SLM 成形机及其参数

华中科技大学快速制造中心从 1991 年开始进行快速成形制造技术的研究，是国内最早开展该技术研究的单位之一，依托武汉滨湖机电技术产业有限公司的“产、学、研”结合，在 SLM 成形系统的开发制造方面取得了创新和突破，目前已推出了 SLM 成形设备：HRPM-I 型成形机和 HRPM-II 型成形机，如图 6.17 所示。

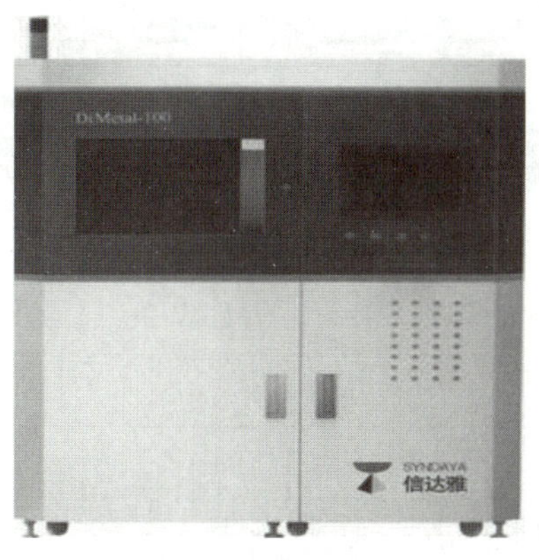

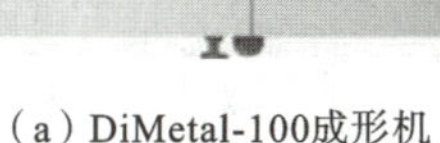

(a) DiMetal-100成形机

(b) DiMetal-280成形机

图 6.16 华南理工大学生产的 SLM 成形机

HRPM-I 型成形机采用 150 W 半导体激光器，由双缸体下送粉，设备体积庞大，制造成本高，送粉时间长，影响零件的生产效率。HRPM-II 型成形机采用 200W/400W 光纤激光器，具有噪声低、稳定输出高、功率衰减慢、光斑聚焦直径小于 10 μm 等优点，且改用了双缸上落粉方式送粉，减少了铺粉行程，缩短了成形时间，降低了成本，提高了制件质量，尤其在超轻结构复杂件的制备方面具有较强的优势。表 6.4 所示为 HRPM-I 型成形机和 HRPM-II 型成形机的主要技术参数。

(a) HRPM-Ⅱ型成形机

(b) 打印的实体模型

图 6.17 华中科技大学生产的 SLM 成形机及其打印的产品

3) 湖南华曙高科生产的 SLM 成形机及其参数

2012 年，湖南华曙高科公司率先研制出中国首台激光选区熔化设备，成为继美国 3D Systems 公司、德国 EOS 公司后，世界上第三家拥有该类设备的制造商；

表 6.4 华中科技大学生产的 SLM 成形机的主要技术参数

项目	成形机型号	
	HRPM-I	HRPM-II
典型材料	不锈钢、钛合金、钛合金镍基高温合金、钨合金等	
激光器类型	100W fiber laser	500W fiber laser
成形尺寸/(mm×mm×mm)	250×250×250	
铺粉装置	压紧式铺粉辊筒	
铺粉层厚/μm	50～100	20～200
光学系统	振镜式激光扫描	
光斑直径/μm	60～120	50～80
最大扫描速度/(m/s)	5	7

同时，华曙高科公司成功研制出选择性激光烧结尼龙材料，成为继德国 Evonik 公司后，世界上第二家拥有该类材料的制造商(当时华曙高科是全球唯一一家既制造设备，又生产材料，还从事终端产品加工服务的企业，独立构成了 SLS 完整的产业链)。华曙高科公司自主研发了系列金属 SLM 3D 打印设备，并全部采用具有自主知识产权的 3D 打印操作系统，如 FS721M、FS621M、FS421M、FS301M、FS273M、FS271M、FS121M-E 等，加工零件尺寸精度高，材料选择广泛且利用率高，是航空航天、汽车、医疗、模具、义齿等行业的理想之选。图 6.18 所示为湖南华曙高科公司研发的 FS621M 和 FS721M 成形机，多激光、多振镜并行，并配备全新高效的全自动闭环送粉、清粉系统，极大地提高了粉末利用率，帮助用户提高生产效率、降低生产成本、缩短生产周期。全惰性气体保护环境和全新的集成除尘系统进一步提升了成形机的安全性能并大幅降低了使用成本。表 6.5 给出了华曙高科公司生产的 SLM 成形机的主要型号及技术参数。

(a) FS621M 成形机　　(b) FS721M 成形机

图 6.18 华曙高科公司生产的 SLM 成形机

表 6.5　华曙高科公司生产的 SLM 成形机的主要技术参数

项目	成形机型号		
	FS121M-E	FS721M	FS421M
典型材料	不锈钢、钛合金、钴铬合金等		
激光器类型	200 W 光纤激光器	光纤激光器： 双激光(2×500 W)； 四激光(4×500 W)； 八激光(8×1000 W)	光纤激光器： 单激光(1×500 W)； 双激光(2×500 W)
成形尺寸/(mm×mm×mm)	120×120×100	720×420×420 (含成形基板厚度)	425×425×420
激光光斑尺寸/μm	轮廓扫描直径约为 45	轮廓扫描直径约为 70， 填充直径为 70～200	
铺粉层厚/μm	20～30	20～100	
扫描速度/(m/s)	最高达 15.2	最高达 10	最高达 15.2
光学系统	高精度扫描振镜		
设备尺寸/(mm×mm×mm)	780×1000×1700	6600×2800×3900	2700×1290×2290

6.3.2　SLM 设备的系统组成

由于 SLM 技术原理上与 SLS 技术相似，因此 SLM 设备与 SLS 设备的组成大体相同，是由激光器、振镜、铺粉装置、送粉缸、气体保护装置、净化系统，以及控制系统等组成。各部分组成如图 6.19 所示。

SLM 设备与 SLS 设备的主要差异在于激光器和光路上，激光器是为 3D 打印设备提供能量的核心功能部件，直接决定成形质量，其中 SLS 技术常采用长波长的 CO_2 激光器和与之配套的光学扫描系统；而 SLM 技术常采用短波长(通常在 100μm 以下的)的 YAG 或高光束质量的光纤激光器及其配套的光学扫描系统，这是因为 SLM 技术以金属粉末为主要加工对象，需要高光束质量及高功率密度的激光器作为加工热源才能将金属粉末熔化，完成加工对象的快速成形。

表 6.6 列出了不同激光器的性能对比。相比 CO_2 激光器与 Nd：YAG 激光器，光纤激光器具有很多优点：① 光束质量好；② 能量转换效率高，运行成本低，可在工业环境下长期使用；③ 光束波长短，容易被加工金属粉末吸收；④ 体积小，重量轻，集成度高，基本不需要维护。同时，光纤激光器的高光束质量很

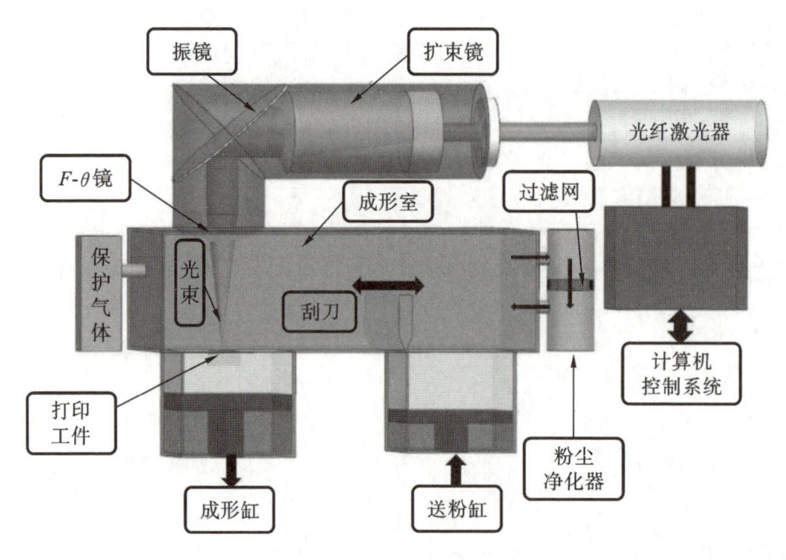

图 6.19　SLM 设备的系统组成

容易将光斑聚焦到 100 μm 以下，聚焦光斑的功率密度超过 10^6 W/cm²，能够使得几乎所有的金属材料都瞬间熔化，保证成形金属零件具有良好的冶金结合。因此 SLM 设备大多采用光纤激光器作为加工用激光器，并设计与之相匹配的光路系统。

表 6.6　不同激光器性能对比

激光器类型	光纤激光器	半导体激光器	Nd:YAG 激光器	CO_2 激光器
工作物质	光纤	半导体	固体	气体
工作原理	吸收跃迁	吸收跃迁	吸收跃迁	碰撞跃迁
最大功率/W	20000	6000	6000	30000
转换效率/(%)	20	30	30	15
价格	高	低	中	低

另外，由于 SLM 加工过程中采用的是高功率甚至是千瓦级的激光器，为了避免金属在高温下与其他气体发生反应，成形室必须真空或通有保护气体，因此设备组成中必须考虑真空系统或气体保护系统；同时 SLM 成形过程中会产生金属气化蒸发等现象，成形室中容易形成金属烟尘，降低激光能量密度，影响成形质量，因此还需配备气体循环净化系统，并设计惰性保护气体的风场，以有效去除成形室内的烟尘，并保护激光入口镜片不受烟尘的污染，避免激光被烟尘遮挡，保证保护气体的洁净，使整个成形过程具备良好的成形条件。

任务4 SLM成形后处理

任务单

查阅文献资料，探究SLM成形件后处理的最新研究进展。

在SLM加工过程中，激光束将金属粉末完全熔化并迅速凝固在一起，生产的零件有较高的相对密度、力学性能及尺寸精度，所以通常不需要后处理来提高成形件的相对密度和力学性能。但是，其成形的零件内部可能存在裂纹和孔隙等各种缺陷，此时需要通过后处理的方法提高SLM制件的性能，现在比较通用的方法为热等静压工艺。

采用热等静压方式对SLM制件进行后处理的研究还处于起步阶段，国内外研究相对较少。目前的研究表明：通过热等静压处理后的成形件，其相对密度得到了很大的提高。美国Texas大学、我国的华中科技大学都做了相关的研究工作，均得出了这一结论。

阅读材料

华中科技大学张海鸥教授破解3D打印世界性难题

“我们的技术将在先进制造领域掀起新一轮的革命。”日前，华中科技大学机械科学与工程学院教授张海鸥携其研发的“智能微铸锻铣复合制造技术”，与法国空客公司举行了技术合作签约仪式，这是法中两国在先进制造领域的一项重要合作。这位年过60岁的老人和夫人王桂兰一起，带领团队用14年的时间，破解了困扰金属3D(三维)打印的世界级技术难题，实现了我国首超西方的微型边铸边锻的颠覆性原始创新。

不仅是空客，美国通用电气公司不久前也主动上门洽谈合作。创新成果被航空业巨头竞相追逐，表明了我国在3D打印技术上已经由“跟跑”开始进入“领跑”阶段。

将金属铸造、锻压技术合二为一，改变西方引领的制造模式

在华中科技大学，张海鸥、王桂兰夫妇就像一段传奇。跟电弧光打交道十余年，他们被称为“华科居里夫妇”。其实，张海鸥的科研路颇为曲折，刚起步时，他

埋头于轧钢研究。但“这项技术,日本已经研究得差不多了”,导师的话如当头一棒,他懵了。考虑再三,他于 1987 年东渡日本“取经”。

王桂兰说,在日本工作之余,她做得最多的就是收集资料,从课程配置到最前沿的技术,无所不有。“回国的时候,资料整整打包了 31 个大箱子。”

十几年科研路,就是不断试错的过程。“唯有创新才有未来,跟在别人后面是不会有太大出路的。”1998 年,张海鸥被引进到华中科技大学,致力于高效低成本无模快速制造技术研究,4 年后开始主攻金属 3D 打印。

试错之后迎来创新。2016 年 7 月,张海鸥团队创造性地将金属铸造、锻压技术合二为一,成功制造出世界首批 3D 打印锻件,实现 3D 打印锻态等轴细晶化、高均匀致密度、高强韧、形状复杂的金属锻件,全面提高了制件强度、韧性、疲劳寿命及可靠性,降低设备投资和原材料成本,大幅缩短制造流程与周期,全面解决常规 3D 打印成本高、工时长,打印不出经久耐用材质的世界性难题。

专家表示,这项技术改变了长期以来由西方引领的“铸锻铣分离”的传统制造历史,将开启实验室制造大型机械的历史。

攻克传统技术难题,推动金属 3D 打印制件进入高端应用

最近几天,在华中科技大学数字制造装备与技术国家重点实验室的实验基地,张海鸥团队正在加紧制造一批应用于航空领域的高端金属锻件。目前由“智能微铸锻”打印出的高性能金属锻件,已达到 2.2 米长,约 260 公斤。现有设备已打印飞机用钛合金、海洋深潜器、核电用钢等 8 种金属材料,是世界上唯一可以打印出大型高可靠性能金属锻件的增材制造技术装备。

据介绍,在传统机械制造中,浇铸后的金属材料不能直接加工成高性能零部件,必须通过锻造改造其内部结构,解决成形问题。但是对超大锻机的过度依赖,导致机械制作投资大、成本高且制作流程长、能耗大、污染和浪费严重的问题。正因如此,金属 3D 打印技术因能解决以上弊病而成为前沿性的先进制造技术。作为全球新一轮科技革命和产业革命的重要推动力,目前已经在航空航天、医疗、汽车等领域开始获得大规模应用。

“常规金属 3D 打印存在致命缺陷:一是没有经过锻造,金属抗疲劳性严重不足;二是制件性能不高,难免存在疏松、气孔和未熔合等缺陷;三是大都采用激光、电子束为热源,成本高昂。所以形成了中看不中用的尴尬局面。”张海鸥介绍,正因如此,全球金属 3D 打印行业一直处在“模型制造”和展示阶段,无法进入高端应用。

2016 年 7 月,张海鸥团队研发出微铸锻同步复合设备,并打印出全球第一批锻件:铁路关键部件辙叉和航空发动机重要部件过渡锻。专家表示,这种新方法制件的强度和塑性等性能及均匀性显著高于自由增材成形制件,并超过锻件水平,将为航空航天高性能关键部件的制造提供我国独创、国际领先的高效率、短流程、低成本、绿色智能制造的前瞻性技术支持。

“常规 3D 打印金属零件的过程是打印算一层，铸造算一层，锻压又一层，三者要分开依次进行，即前一个步骤完了，后一个步骤方可进行，中间还要腾出金属冷却的时间。”张海鸥介绍，智能微铸锻技术可以同时进行上述步骤，打印完成了，铸锻也就同时完成了。

“我们将原先需要 8 万吨力才能完成的动作，降低到八万分之一，也就是不到 1 吨的力即可完成，同时一台设备完成了过去诸多大型设备才能完成的工作，绿色又高效。”他说。

从“跟跑”到“领跑”，为先进制造业带来深刻的技术变革

张海鸥介绍，我国 3D 打印产业一直处于“跟跑”阶段，与发达国家相比，我国 3D 打印产业大多停留在科研层面。要摆脱“跟跑”的尴尬，必须创新。在他的研究方向上，处处都体现了创新精神。

“当时国内外的金属 3D 打印主要以激光、电子束为热源，我们想降低成本，就选择了等离子束为热源，发现效率很高。”张海鸥介绍，等离子和激光做热源都是通过高能束来熔化金属粉末，制造金属模具，但两者的发生装置和加工方式不同，等离子具有成本低、成形率高等优点。

十几年前，金属 3D 打印做出的制件非常粗糙，经过后期机械加工后才能当做零件使用，而要打印复杂制件，则几乎不可能实现。张海鸥带领团队反复实验，在金属 3D 打印中加入了铣削环节，边打印边进行机械加工，攻克了此项难题，获得国家发明专利。

选择铸锻合一的方向是更大的创新。“他首次跟我提出‘铸锻铣一体化’构想时，我认为是异想天开，两人为此进行了激烈的争吵。”王桂兰说，很多时候，创新是在夫妇俩的争吵中产生的。

反复实验、不断试错之后，研究方向愈加清晰。2010 年，大型飞机蒙皮热压成形模具的诞生，验证了在金属 3D 打印中复合锻打的可行性。

铸锻一体化 3D 打印技术发布后，国外航空工业巨头纷纷上门洽谈合作。据介绍，美国通用公司不久前斥巨资收购了德国和瑞典两家 3D 打印公司，但对于许多需要锻造性能的大中型承力构件仍无能为力，而张海鸥团队的研究成果可弥补这个缺陷。

北京工业大学教授陈继民认为，张海鸥发明的技术在航空航天、核电、舰船、高铁等重点支柱领域的应用前景广阔，比如对于长寿命、高可靠性的航空发动机关键部件的制造有显著优势。

在我国研制的新型战斗机上，一种新型复杂钛合金接头的制造也已经开始和张海鸥团队合作，用该技术打印出来的钛合金抗拉强度、屈服强度、塑性、冲击韧性均超过传统锻件。

目前，该技术正在西航动力公司、西安飞机制造公司等新产品开发中应用，已经试制了高温合金双扭叶轮、铝硅合金热压泵体、发动机过渡段等零件，以及大型飞机蒙皮热压成形双曲面模具、轿车翼子板冲压成形 FGM 模具等，应用前景广阔。

目前，根据空客公司对飞机零部件的需求，张海鸥团队正在研发新技术，“一旦获得认可，我们将赢得空客的零部件生产的订单，同时还可能获得更多国际民用航空巨头的青睐。”张海鸥说。

(资料来源：分析测试百科网，2017 年 1 月 18 日)

温馨提示

现代工业生产中 SLM 成形技术应用已越来越多，成形材料也多种多样，请查阅学校的数字图书馆并收集 SLM 成形技术这方面的文献资料，作为课外阅读的内容。

习　题

1. 简述 SLM 成形技术的原理及特点。
2. 常用的 SLM 成形材料有哪些？各材料性能如何？
3. 影响 SLM 打印机精度的因素有哪些？
4. 利用 SLM 成形技术打印前需要做哪些准备？
5. 使用 SLM 打印机的常见问题及解决方法有哪些？
6. SLM 成形常用的后处理方法有哪些？

项目 7
三维打印

视野拓展

三维打印(3 dimensional printing,3DP)技术是由美国麻省理工学院(MIT)的Emanual Sachs等人率先提出的,并于1989年申请了专利。1997年,Z Corporation公司得到美国MIT的3DP技术授权后,开始生产Z系列黏结剂喷射式3D打印机,这种打印机是实现黏结剂喷射式工艺的一类增材制造装备,后来该公司被3D Systems收购。

3DP成形工艺分为基于喷墨打印原理的3D打印成形工艺和黏结剂喷射式3D打印成形工艺。项目7主要介绍黏结剂喷射式3D打印成形工艺(以下简称3DP)。3DP工艺与SLS工艺类似,但固化方式不同:首先铺粉作为基底,按照原型零件分层后得到的截面图形,喷头在每一层铺好的材料上有选择性地喷射黏结剂,喷过黏结剂的粉末材料被黏结在一起,其他地方仍为松散粉末,层层黏结后去除未黏结的粉末就得到了三维实体。工作过程中的喷射方式类似于普通喷墨打印机,3DP使用的粉末材料有金属粉末、陶瓷粉末、石膏粉末和塑料粉末等。

案例导入

对于铸造行业来说,目前能实现铸造砂型3D打印的技术主要就是三维印刷技术(简称3DP技术)。如图7.1所示,想要设计并制造一个内部环形结构复杂,连接管路为一体式环形的高压柱塞泵,可采用传统砂型铸造技术和3DP技术进行制造。

具体设计要求:需实现高压柱塞泵工作腔里的容积变化,从而达到输送液体的目的;要求该零件主体壁厚6 mm,且内部包括多个管路结构,其中最小管路直

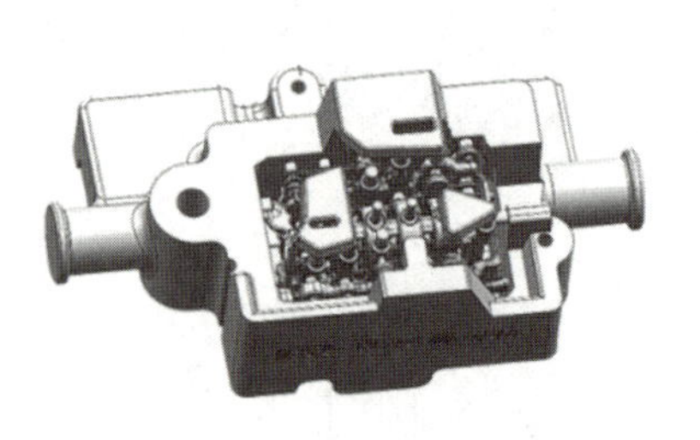
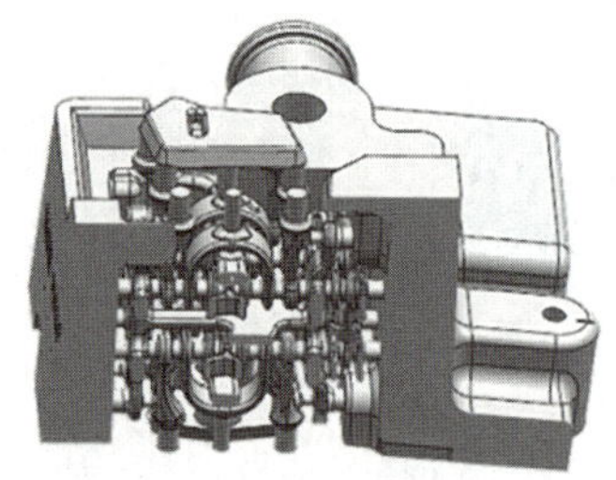

图 7.1　铸造高压柱塞泵结构图

径 6 mm,最大管路直径 12 mm,内部承压需达到 35 MPa 以上。

采用两种不同技术进行砂型生产的方案对比如表 7.1 所示。

表 7.1　采用传统砂型铸造技术和 3DP 技术进行砂型生产的方案对比

利用传统砂型铸造技术	利用 3DP 技术
尺寸精度低,表面粗糙度高; 内腔造型困难; 造型材料不易清理; 难以满足客户要求	尺寸精度高,表面平整; 不受形状的限制,内部结构一体成形; 多余粉末材料去除方便; 复杂管路结构强度、铸件壁厚有保障; 能够满足客户要求

3DP 打印技术利用三维模型造型,能够将传统铸造的模具制造、造型、制芯、合箱等四个工序全部由 3D 打印及智能成形工序实现,手工、体力工作将被智能机器代替。3DP 具体打印步骤如下:

1. 模型设计与创建

企业提供的实物需要经过尺寸测量或三维扫描及后处理,再经过逆向建模,形成三维模型。同时在铸件砂型模型设计时,还要从以下几个方面来考虑设计。

(1) 分型面。分型面选取的优劣,对铸件精度、生产成本和生产率影响很大,特别是 3DP 砂型打印后需要对砂型进行清砂,要充分考虑造型设计是否能顺利清砂,从而保证砂型的完整精确。同时,要尽可能减少分型的数目并简化砂型造型。

(2) 定位方式。为了保证砂型模型的位置,提高铸件的尺寸精度,提高工作效率,设计合理的定位方式对于砂型模型的设计是十分重要的。

(3) 排气系统。为了保证铸件的质量,砂型模型设计过程中要保证砂型结构有利于铸件充分的排气,避免因排气不良而导致铸件报废。

(4) 砂型强度。3DP 砂型不同于传统的手工造型,砂型造型设计时要考虑砂型的强度是否能满足铸造生产过程。一般来说,砂型造型时要保证铸件与四周的壁厚≥35 mm;多个铸件同时造型时,要保证相邻铸件间距≥10 mm。

(5) 吊装方式。对于实际生产过程来说,铸件砂型应方便进行搬运,合适的吊装方式可以大大提高生产效率。小型铸件可以采用手柄式设计进行搬运,大型砂型可以采用吊装方式进行搬运。

2. 模型打印摆放及切片

将模型导出为“.stl”格式的文件,随后导入3DP打印设备进行排版优化,并选择合适的工艺参数,进而满足砂型的打印需求。首先,砂子进入铺砂器,铺砂器在工作台平面上方移动,并在移动过程中通过振动使得铺砂器中的砂子从预设的缝隙中散落到工作台上。铺砂器以一定的速度沿着 y 方向运动,在运动的过程中砂子散落在刮板前方,刮砂板最低点距离已铺好砂面一个层厚,由刮板推动多余的砂子向前方移动,直到从工作台的起始端到另一端,完成一层铺砂,铺砂厚度为一个层厚。每移动一次,铺一层砂,每铺一层,打印头根据切片处理的结果在实体切片层位置喷射黏结剂,该层黏结剂喷涂完成后,打印头回到初始位置,工作台下降,下降高度和预先设置的铺砂厚度一致,铺砂器工作,铺下一层砂。如此循环往复,直到打印任务完成。

3. 3DP打印及后处理

打印结束后需要经过清砂和烘烤等后处理工艺,将打印好的砂型放入烘箱中,在100 ℃温度下烘烤2~3 h取出方可进行使用。烘烤时间过长或过短,都会直接影响铸件的质量。采用3DP技术制造完成的高压柱塞泵铸造砂型如图7.2所示。

图7.2 采用3DP技术制造完成的高压柱塞泵铸造砂型

可见,面对这样的复杂管路结构,相比传统砂型制作方式,3DP砂型打印技术具有绝对优势:

(1) 缩短铸造生产流程——3DP技术打印铸造砂型,节省了制作砂型模具的时间和费用,大大缩短了新产品的开发周期和成本,为公司开拓新的市场抢占先机。

(2) 提高铸件质量,提升生产效率——3D打印整体成形,节省部分组芯工序,可以避免组芯过程造成的尺寸累积误差;通过提高砂型尺寸精度,改善因砂型尺寸不符造成的铸件尺寸超差的缺陷;3D打印砂型质量高,可实现一次铸造成功,保证交货时间。

(3) 设计灵活,降低制造难度——3DP打印工艺采用数字化虚拟制造的方式,设计自由度高,可及时修改,节约成本,能够完成手工造型无法实现的复杂型腔结构的生产制造,降低生产难度。

(4) 以人为本,绿色铸造,智能铸造——大幅改善了铸造现场环境,降低了操作人员的劳动强度;替代了人工制芯、造型,节省人力成本,实现智能生产、绿色生产,推动铸造行业由粗放型向精细型转变。

任务1 3DP成形原理及特点

任务单

1. 掌握3DP成形技术的原理、系统构成及工艺特点。
2. 了解3DP成形技术中粉末和黏结剂的使用过程。
3. 请同学们根据所学的知识,利用相关软件动态模拟并演示3DP打印过程。

7.1.1 3DP成形原理

3DP成形原理

3DP成形原理如图7.3所示,其工作过程如下:① 铺粉辊将供粉缸活塞上方的一层粉末(例如石膏粉)铺设至成形缸活塞上方;② 喷头按照经计算机辅助设计(CAD)确定的工件截面层轮廓信息,在水平面上沿 x 方向和 y 方向运动,并在铺好的一层粉末上,有选择地喷射黏结剂,黏结剂渗入部分粉末的微孔中并使其黏结,形成工件的第一层截面轮廓;

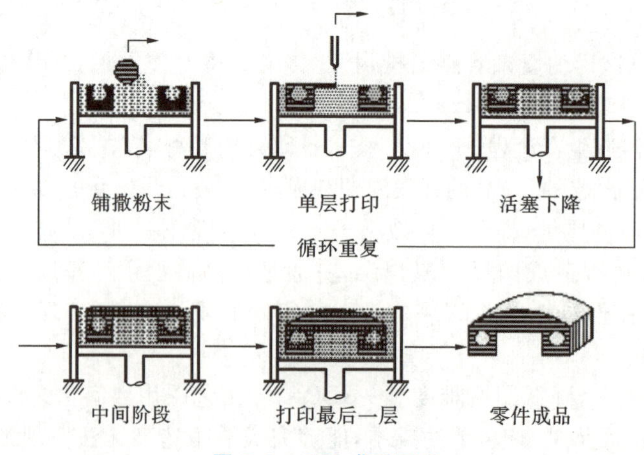

图7.3 3DP成形原理

③ 一层成形完成后，成形缸活塞下降一个分层厚度（一般为 0.1～0.2 mm），供粉缸活塞上升一个分层厚度，再进行下一层的铺粉；④ 在下一层上有选择地喷射黏结剂，形成工件的下一层截面轮廓。如此循环，直到完成最后一层的铺粉与黏结，得到成形工件为止。

在这种 3D 打印机中，未黏结的粉末自然构成支撑，因此，不必另外制作支撑结构，成形完成后也可免除剥离支撑结构的麻烦。此外，喷头还可以喷射多种颜色的黏结剂，以便成形彩色工件。

7.1.2 3DP 成形特点

3DP 成形特点

3DP 技术最大的特点就是能够制作彩色产品，多用于商业、办公、科研和个人工作室，具体成形工艺的特点如下：

(1) 成形速度快，完成一个产品的加工有时只需半个小时。

(2) 不需要激光器，设备具有较低的制造成本与运行成本。

(3) 可使用多种粉末材料及色彩黏结剂，制造彩色零部件。

(4) 成形过程不需要制作支撑。

(5) 高度柔性，生产过程不受零件的形状结构等多种因素的限制，能够完成各种复杂形状零件的制造。

(6) 成形材料无味、无毒、无污染、低成本、品种多、性能高。

任务2 3DP 成形材料

3DP 成形材料

1. 掌握 3DP 成形材料中粉末和黏结剂的组成及各自作用。
2. 理解液滴喷射和物理黏结的原理。
3. 请同学们根据所学的知识，查阅资料并畅想 3DP 成形技术更广阔的应用。

7.2.1 3DP 成形所需材料的组成

3DP 成形所需的材料，主要包括粉末和黏结剂两部分。

1. 成形所需的粉末

从 3DP 成形工作原理可以看出,3D 打印机使用的粉材应满足以下基本要求:① 粒度应足够细,一般应为 30～ 100 μm,以保证成形件的强度和表面品质;② 能很好地吸收所喷射的黏结剂,形成工件截面;③ 低吸湿性,以免从空气中吸收过量的湿气而导致结块,影响成形品质;④ 易分散,性能稳定,可长期储存。

目前,3DP 成形所需的粉末材料大体上有石膏粉末、淀粉、砂子、陶瓷粉末、金属粉末、复合材料粉末、石墨烯等,各种类型的粉末材料都要求具有尺寸分布均匀、球形度高、与黏结剂作用后固化迅速等特点。在 3DP 所用粉末的粒径范围内,粉末直径越小,流动性越差,制件内部孔隙率越大,但所得制件的质量和塑性较好;粉末直径越大,流动性越好,但打印精度越差。

粉末材料的优劣直接影响最终制件的打印质量。随着技术的不断发展,这些基体粉末中往往加入了不同的添加剂以保证打印精度和打印强度。例如:加入卵磷脂,可保证打印制件形状并且还可以减少打印过程中粉末颗粒飘扬的情况;混入 SiO_2,可以增大整体粉末的密度,减小粉末之间的孔隙,提高黏结剂的渗透程度;加入聚乙烯醇、纤维素,可起到加固粉床的作用;加入氧化铝粉末、滑石粉,可以增加粉末的滚动性和流动性。

2. 成形所需的黏结剂

用于打印头喷射的黏结剂有以下基本要求:① 具有较高的黏结能力;② 具有较低的黏度且颗粒尺寸小(10～20 μm),能顺利地从喷嘴中流出;③ 能快速、均匀地渗透粉末层并使其黏结,即黏结剂应具有浸渗剂的性能。

3DP 所使用的黏结剂总体上大致分为液体和固体两类,而目前液体黏结剂应用较为广泛。液体黏结剂又分为以下几个类型:一是自身具有黏结作用的,如 UV 固化胶;二是本身不具备黏结作用,而是用来触发粉末之间的黏结反应的,如去离子水;三是本身与粉末之间会发生反应而达到黏结成形作用的,如可与氧化铝粉末发生反应的酸性硫酸钙黏结剂。此外,为了满足最终打印产品的各种性能要求,针对不同的黏结剂类型,常常需要在其中添加促凝剂、增流剂、保湿剂、润滑剂、pH 值调节剂等多种可发挥不同作用的添加剂。目前常用的黏结剂情况如表 7.2 所示。

表 7.2　3DP 成形常用的黏结剂

<table>
<tr><th colspan="2">黏结剂</th><th>添加剂</th><th>应用粉末类型</th></tr>
<tr><td rowspan="3">液体
黏结剂</td><td>不具备黏结作用(去离子水)</td><td rowspan="3">甲醇、乙醇、聚乙二醇、丙三醇、柠檬酸、硫酸铝钾、异丙酮等</td><td>淀粉、石膏粉末</td></tr>
<tr><td>具有黏结作用(UV 固化胶)</td><td>陶瓷粉末、金属粉末、砂子、复合材料粉末</td></tr>
<tr><td>与粉末反应(酸性硫酸钙)</td><td>陶瓷粉末、复合材料粉末</td></tr>
<tr><td>固体粉末
黏结剂</td><td>聚乙烯醇(PVA)粉、糊精粉末、速溶泡花碱等</td><td>柠檬酸、聚丙烯酸钠、聚乙烯吡咯烷酮(PVP)</td><td>陶瓷粉末、金属粉末、复合材料粉末</td></tr>
</table>

7.2.2 3DP成形材料的成形机理

3DP是基于微滴喷射和物理黏结的原理成形的。首先，由铺粉装置在工作平台上均匀铺设一层粉材，喷头会根据每层的切片路径，在已铺粉平面上进行扫描运动，喷头会迫使黏结剂以微滴（或液流）的形式从喷嘴以一定速度射至粉末底材上，液滴湿润并渗透粉材，进而使其有选择性地溶解和固化。之后工作台下降一个分层厚度的高度，循环铺粉和喷头扫描喷射动作，直至整个制件完成。

1. 液滴对粉末材料表层的冲击作用

Aglang等人通过实验研究液滴对粉材的冲击作用，将液滴对粉材的冲击分为五种形式，分别是沉入、穿透、团块、伸展、飞溅/破裂。这五种冲击形式，按前述排列顺序，液滴的韦伯数We依次增大。经过实验研究，得出当We>1000时，液滴与粉材层的互相作用会发生飞溅/破裂，铺粉表面的平整性会遭到破坏，液滴形状也不再完整；而当We<300时，液滴与粉材层的相互作用的表现形式为沉入，既不会产生粉材飞溅，也不会使液滴破裂，此时液滴对粉材层的冲击类似于液滴冲击多孔介质表面，3DP呈现理想成形状态。

2. 液滴在粉材层表面的铺展

在不发生飞溅现象的条件下，液滴自由下落冲击粉材层后，会湿润粉材表面并向周围扩展，由冲击的反力引起振荡，最后稳定在粉材层表面。液滴在粉材层铺展的最大半径取决于液滴的黏度和冲击速度。液滴的铺展时间一般小于100 μs，可见液滴在粉材表面的铺展是一个很迅速的过程。

3. 液滴在粉材层表面的渗透

对于液滴在粉材层表面的渗透，需要确定渗透深度及完全渗透所需的时间，为单层铺粉厚度、每一层打印消耗时间的参数选定提供参考。

液滴在粉材层的渗透深度是一个与液滴的冲击速度和渗透阻力相关度很高的量。其中粉末材料对液滴的渗透阻力主要取决于粉末材料的孔隙率和粉材的堆积密度，孔隙率越大时，渗透阻力越小；堆积密度越高，渗透阻力越大。另外，粉末颗粒的形状越接近球形，渗透阻力越小。

液滴渗透的时间一般为0.1～1 s。液滴在向粉材层做毛细渗透的同时还进行着物理/化学反应——溶解喷射点附近的粉末、干燥后固化模型。此时，需要控制黏结剂溶解粉末材料后的干燥时间，使其在完全干燥之前完成下一层的铺粉和喷射，避免上层完全干燥后与下层无法互相黏结，造成打印出的制件是一层层片体而非整体。

7.2.3 常用3DP成形的粉末材料

1. 石膏粉末

石膏粉末是3DP应用较早、较为成熟的粉末之一，它具有价格低廉、环保安全、成形精度高等优点，并在生物医学、食品加工、工艺品制造等行业有较为广泛的应用。目前的研究方向有石膏粉末打印工艺参数优化、石膏粉末改性等。

2. 陶瓷粉末

陶瓷材料凭借其硬度、强度高和脆性大的特点，在航空航天、电子产品、医学等领域应用较广。其成形方式一般是通过模具挤压来成形，整个过程成本高、周期长，但采用3DP来打印陶瓷制品，省去了制模过程，可以大大降低成本、提高生产效率。有研究表明，3DP成形的陶瓷制件精度相对较低，因而多用于陶瓷基复合材料零件的制造。

3. 石墨烯

石墨烯材料作为目前最薄、强度最大、导电导热性能最强的一种新型纳米材料被人们发现。国内外学者由此也提出将3DP成形技术用来制造石墨烯产品的想法，包括全球石墨烯行业巨头Lomiko金属公司在内的多家公司建立了合作关系来开发多种基于石墨烯的三维打印新材料，美国石墨烯公司也与乌克兰国家科学院合资公司合作顺利研究出首个可用于三维打印的石墨烯材料。

任务3 3DP成形设备

3DP成形设备

任务单

1. 了解国内外三维印刷成形设备的机型及参数。
2. 掌握3DP成形设备的系统组成。
3. 查阅文献进一步分析液滴喷射技术的原理及未来的发展方向。

3DP技术最初是由美国麻省理工学院Emanual Sachs等人提出的，1993年其团队开发出基于喷墨技术与3D打印成形工艺的3D打印机，随后于1997年成立了Z Corporation公司，开始系列化生产该类3D打印机。2000年，Z Corporation

公司与日本RIKEN(理化学研究所)合作研制出了基于喷墨打印技术、能够做出彩色原型件的三维打印快速成形机。次年又推出能够制作真彩色原型件的三维打印快速成形设备Z406,这是世界上第一台真正意义上的彩色快速成形设备,采用的是HP公司的HP2000打印机的打印头,黏结剂材料为4种基本颜色,可组合成600万种颜色,每种颜色的打印头分别拥有400个喷嘴,共1600个喷嘴,因此可以快速制造出颜色逼真的彩色原型件。2012年,Z Corporation公司被当今世界上最大的三维打印设备厂商3D Systems公司并购,而且3D Systems公司还将3DP技术与传统的SLS技术结合,推出了Z系列3DP成形设备。数十年来,3D Systems公司致力于粉末黏结成形三维打印快速成形设备的研究,已成功开发出高速成形、彩色成形和大尺寸零件成形多个系列的3DP打印机,成形材料遍及石膏、淀粉、人造高弹橡胶、熔模铸蜡和可直接铸造低熔点金属制品的铸造砂等。

以色列Objet公司2000年正式推出了商业化的3DP打印机Quadra,喷头有1536个喷嘴,每次喷射的宽度为60mm,成形的精度非常高,每层厚度小至20 μm。此后Objet公司又推出了成形精度更高的Eden系列,成形的层厚为16 μm,成形分辨率达600dpi,可以成形较为平坦和光顺的表面,不需要打磨后处理。

现如今发展较为成熟的3DP成形设备主要有3D Systems公司的ProJet系列产品、以色列Objet公司的Connex和Eden系列产品及德国Voxeljet公司的VX系列产品等。这些公司的3DP成形机均朝着更高效、更精细、更高分辨率的方向发展。

我国引入该技术相对较晚,但对3DP技术进行了大量研究并使其获得了迅速的发展。国内目前对3DP技术研究较多的高校有华中科技大学、上海交通大学、华南理工大学、南京师范大学、西安理工大学等,研究重点各有不同。其他一些高校和地方企业也对该技术产生了浓厚的兴趣并展开了一定的研究工作,如南京宝岩自动化有限公司、杭州先临三维科技股份有限公司均自主研发出了不同类型的3DP成形机。

7.3.1 国内外3DP成形机及其参数

1. 国外3DP成形机及其参数

1) 美国3D Systems公司生产的3DP成形机及其参数

3D Systems公司生产的ProJet x60系列3DP成形机是全彩色3D智能打印机,能够打印Adobe Photoshop上90%的颜色并使用了新的3D打印材料VisiJet PXL。表7.3给出了ProJet x60系列打印机采用的成形材料VisiJet PXL用浸渍剂处理后的特性。ProJet x60系列有多款型号:ProJet 160,小尺寸机身,只支持单色打印;ProJet 260C,体积小巧,支持全彩打印;ProJet 360,中等大小,只支持单色打印;ProJet 460Plus,中等规模,支持高品质的全彩色打印;ProJet 660Pro,大尺寸机身,支持优质品质的全彩色打印;等等。

表 7.3 成形材料 VisiJet PXL 用浸渍剂处理后的特性

项目	浸渍剂牌号		
	Color Bond™	Srtength Max™	Salt Water Cure™
弹性模量/MPa	9450	12560	12855
抗拉强度/MPa	14.2	26.4	2.38
断后伸长率/(%)	0.23	0.21	0.04
拉伸模量/MPa	7163	10680	6355
抗弯强度/MPa	31.1	44.1	13.1

随后,3D Systems 公司又推出了全新的 ProJet CJP x60 系列 3DP 打印机,该系列基于经济可靠的全彩色喷墨打印 (CJP) 技术,可生产极致真实的高分辨率 CMYK (印刷色彩模式)全彩模型,以无与伦比的色彩功能而闻名,并能够以较低运营成本更快地交付模型。图 7.4 所示为最新型号 ProJet CJP 860Pro 打印机及其打印的实体模型。这台全彩 CMYK 打印机有五个打印头,用于鲜艳逼真的彩色打印。它通过使用青色、品红色、黄色和黑色黏合剂在白色粉末上打印,可提供最佳精确范围和一致的颜色,包括渐变色彩;模型的任何位置上均可采用完全纹理贴图和 UV(紫外线)写真功能打印上色;打印速度遥遥领先,相比于其他技术可实现 5~10 倍的提速,可在数小时内构建大型模型或同时构建多个模型;使用堆叠和嵌套功能可增大吞吐量,选择草稿打印模式甚至可再提升 35% 的打印速度。

(a) ProJet CJP 860Pro打印机

(b) 打印的实体模型

图 7.4 3D Systems 公司生产的 3DP 成形机及其打印的实体模型

ProJet CJP x60 系列有多个型号的打印机，表 7.4 列举了 ProJet CJP x60 系列成形机的主要技术参数。

表 7.4 ProJet CJP x60 全彩系列成形机的主要技术参数

项目	打印机型号		
	ProJet CJP 260Plus	ProJet CJP 360	ProJet CJP 460Plus
最大建模容量/(mm×mm×mm)	236×185×127	203×254×203	203×254×203
打印分辨率/(像素×像素)	300×450	300×450	300×450
分层厚度/mm	0.1		
随机软件	3D Sprint® 软件		
色彩模式	专业级 4 通道 CMYK 模式		
成形材料	VisiJet PXL		
外形尺寸/(mm×mm×mm)	740×790×1400	1220×790×1400	1220×790×1400
质量/kg	165	179	179

项目	成形机型号	
	ProJet CJP 660Pro	ProJet CJP 860Pro
成形室尺寸/(mm×mm×mm)	254×381×203	508×381×229
打印分辨率/(像素×像素)	600×540	600×540
分层厚度/mm	0.1	
高度方向成形速度/(mm/h)	28	5～15
成形件最小特征尺寸/mm	0.1	0.1
喷嘴数	1520	1520
喷头数	5	5
成形材料	VisiJet PXL	
外形尺寸/(mm×mm×mm)	1880×740×1450	1190×1160×1620
质量/kg	340	363

2）德国 Voxeljet 公司生产的 3DP 成形机及其参数

德国 Voxeljet 公司是一家工业级 3D 打印机制造商，生产了 Voxeljet VX 系列 3DP 成形机，包括 Voxeljet VX200、Voxeljet VX500、Voxeljet VX1000、Voxeljet VX2000 和 Voxeljet VX4000 五种型号，图 7.5 所示为 Voxeljet VX4000 成形机及其成形室结构。

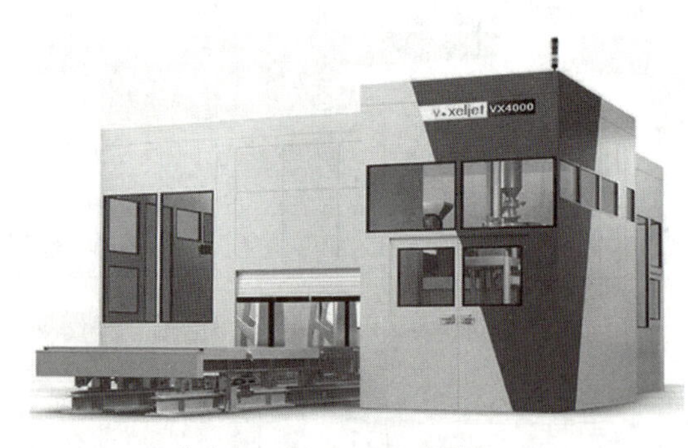

(a) Voxeljet VX400 成形机

(b) 成形室结构

图 7.5　Voxeljet 公司生产的 3DP 成形机

Voxeljet VX200 是 Voxeljet 产品里最小巧的打印机,成形尺寸为 300 mm×200 mm×150 mm。Voxeljet VX500 打印机应用于工业生产,成形尺寸为 500 mm×400 mm×300 mm,打印头分辨率可达 600 dpi,层厚为 150 μm。Voxeljet VX1000 是工业级通用型打印机,这款机器运行速度快,操作方便,能够经济地生产中型尺寸的样件,也适合小批量产品的生产。Voxeljet VX2000 是一台适用于工业领域的打印机,适合经济地生产大尺寸砂模,也适合中小批量产品的生产。该机器运行速度快,操作方便,成形尺寸为 2000 mm×1000 mm×1000 mm。Voxeljet VX4000 是世界上最大的工业级砂型 3D 打印机,它具有 4000 mm×2000 mm×1000 mm 的成形尺寸,可快速经济地生产单一的大件和大批量的小件,或者两者结合生产。凭借其特有的超大打印空间,Voxeljet VX4000 最大限度地提高了生产效率和灵活性。表 7.5 所示为 Voxeljet VX 系列中使用较多的 3DP 成形机的主要技术参数。

表 7.5　Voxeljet VX 系列 3DP 成形机的主要技术参数

项目	打印机型号			
	Voxeljet VX200	Voxeljet VX1000	Voxeljet VX2000	Voxeljet VX4000
成形室尺寸/(mm×mm×mm)	300×200×150	1000×600×500	2000×1000×1000	4000×2000×1000
打印分辨率/dpi	254	600	300	200
分层厚度/mm	0.3	0.15/0.3	0.3	0.3
外形尺寸/(mm×mm×mm)	1710×980×1550	4000×2800×2200	4900×25400×3170	19006×7805×4268
质量/kg	450	3000	5500	10000

2. 国内 3DP 成形机及其参数

图 7.6 所示为南京宝岩自动化有限公司生产的 CP400 彩色 3DP 成形机及其

打印的实体模型。CP400是基于3DP工艺的3D打印设备，运用彩色CAD模型数据处理技术、数字化微滴喷射成形技术和智能化运动控制技术，能够将粉末材料(如石膏粉末等)成形，通过喷头用黏结剂将零件的截面“印刷”在材料粉末上面，层层叠加，从下到上，直到把一个零件的所有层打印完毕为止。CP400打印机成形的尺寸为350 mm×280 mm×270 mm，打印层厚为0.1 mm，打印分辨率为300像素×360像素，打印头数量为4个，外形尺寸为1526 mm×1050 mm×1410 mm。

(a) CP400成形机

(b) 打印的实体模型

图7.6 南京宝岩自动化有限公司生产的3DP成形机及其打印的实体模型

7.3.2 3DP设备的系统组成

3DP技术与传统二维喷墨打印技术接近，从喷头喷出黏结剂(彩色黏结剂可以打印出彩色制件)，3DP打印设备利用喷头在x-y平面的运动，将液滴有选择性地喷涂在粉床表面，利用液体与固体粉末的综合作用，在选定的区域中将平台上的粉末黏结成形。该技术可使用多种粉末材料，包括金属粉末、陶瓷粉末、石膏粉末、塑料粉末等。3DP打印设备的组成如图7.7所示，主要由喷墨系统、运动系统、工作平台、供料系统、铺粉装置和余料回收装置等构成。

1. 喷墨系统

3DP设备的喷墨系统与二维设备的喷墨系统相似，只不过喷出的液滴不是普通的墨水，而是特殊的黏合剂。这种液滴喷射技术是用外力迫使液体以液滴的形式从小孔中射出的技术，常称为喷墨(inkjet)技术，分为连续喷射式和按需滴落式两类。连续喷射式以一定的频率不断射出液滴，而按需滴落式只在需要时才喷出液滴。前者以电荷控制型为代表，而后者又可分为电热式(气泡式)、压电式、电磁阀式等。

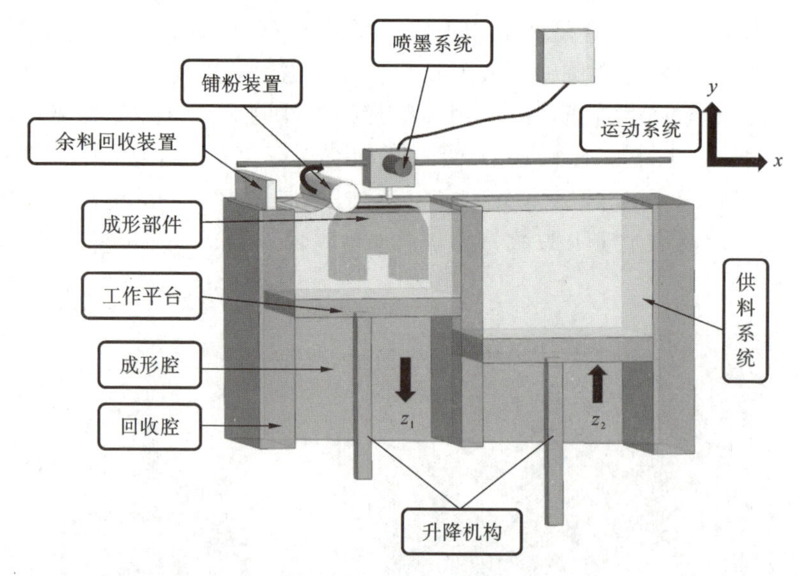

图 7.7　3DP 设备的组成

3DP 技术均采用按需滴落式液滴喷射,这是因为 3DP 技术要求在一个平面的部分区域有选择地进行喷涂,同时层与层间存在工作间隙,喷头的工作是按需间歇式的。喷头是整个 3DP 设备中最核心的器件,其性能决定了整个设备的理论最佳性能,溶液供应站保持向喷头提供液体,液体通过喷头形成形状、体积相同或近似的液滴进而喷出。目前常用的按需滴落式喷头有两种:一种是热气泡式;一种是压电式。

1) 热气泡式打印喷头

热气泡式打印喷头的核心部件是加热电阻,其工作原理如下:将芯片电路产生的脉冲信号(加热脉冲)作用于加热电阻,使加热电阻热量聚集,表面温度上升,将电阻附近的液体汽化,形成小气泡,气泡体积增加,喷头中的压力随之升高,逐渐将液体压出喷嘴形成液滴,如图 7.8 所示。

2) 压电式打印喷头

压电式打印喷头的核心部件是压电陶瓷片,它利用了压电晶体受到电信号刺激会发生形变的特性,将脉冲电信号作用于分布流道壁的压电陶瓷片,陶瓷片向流道内变形,将液体压出喷嘴形成液滴,如图 7.9 所示。

这两种喷头在 3DP 设备中均有使用,各有优劣。

热气泡式打印喷头的优点是:结构简单且制造成本较低,喷嘴的可设置排列密度高、数量多,因此可达到较高水平的喷嘴物理分辨率。它的缺点是:长期工作在较高温度下,液体对关键部位造成腐蚀,造成有效工作寿命比较短;液滴产生之间需要经过一个冷却间隔的等待,从而限制了液滴喷射频率;同时液滴的形状受溅射状喷射的影响,比较难以控制,误差通常在 10%左右。

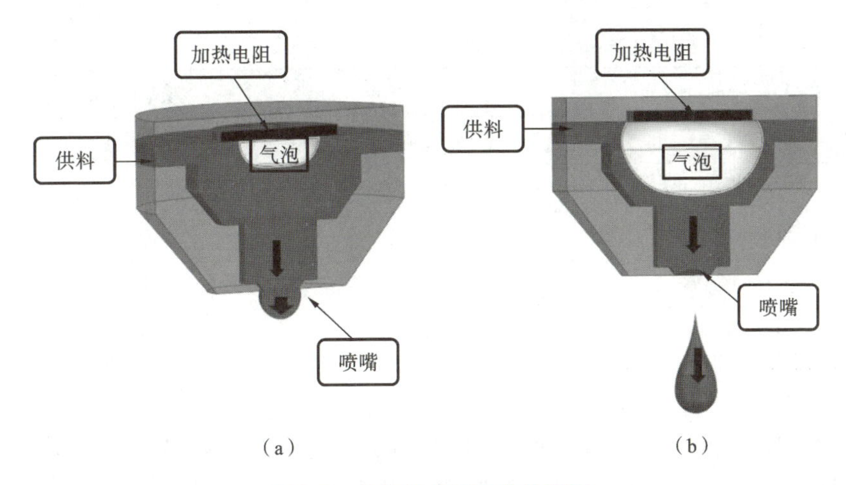

图 7.8 热气泡式打印喷头原理

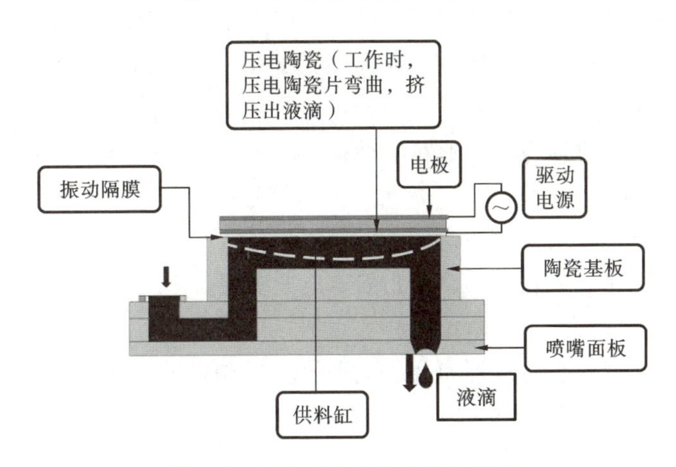

图 7.9 压电式打印喷头工作原理

压电式打印喷头的优点是：工作温度为常温，喷头寿命远远高于热气泡式打印喷头；液滴由挤压产生的机械作用力产生，易于精确控制，液滴形状比较规则；液滴的喷射频率较热气泡式打印喷头有明显的提高；同时喷射可使用的材料比较广泛。它的缺点是：单个喷嘴系统的结构较大，难以密集排列，因此喷嘴的物理分辨率不高；同时成本相对较高，性能接近的压电式打印喷头价格远高于热气泡式打印喷头。

目前设计和制造打印喷头的技术只掌握在少数几家生产喷绘机打印喷头和喷墨打印机的公司（如 Xaar、Spectra、Trident（泰鼎）、Cannon（佳能）、Epson 和 HP 等）手中，而 3DP 技术中所使用的打印喷头基本上都是已经商品化的打印喷头。全球主要的喷头制造商的喷头类型及其支持的喷射液体类型如表 7.6 所示。随着喷头技术的进一步发展，多个阵列喷嘴组成的微喷装置越来越多地得到开发和应用，3DP 设备生产商会根据自身的需求选择合适的喷头。

表 7.6 全球主要喷头制造商、喷头类型和喷射液体类型

制造商	喷头类型	喷射液体类型
HP(惠普)	热气泡式	弱溶剂
Epson(爱普生)	压电式	弱溶剂、UV
Xaar(赛尔)	压电式	溶剂、UV
Spectra(赛博)	压电式	溶剂、UV
SPT(精工)	压电式	溶剂、UV

2. 运动系统

3DP 工艺的运动系统比较简单，其中，由伺服电机驱动控制喷头做 x-y 轴的水平扫描运动，而同样由伺服电机驱动控制工作平台做 z 轴的上下运动。x、y 方向几乎不受载荷，运动速度较快，具有运动的惯性，因此应具有良好的随动性。z 轴带动平台升降应具备一定的承载能力和运动平稳性。

3. 供料系统

供料系统提供成形与支撑的粉末材料。

4. 铺粉装置

铺粉装置是把粉末材料均匀地平铺在工作平台上，并在铺平粉末的同时将粉末压紧。3DP 设备一般用铺粉辊作为粉末压紧装置。

5. 余料回收装置

余料回收装置安装在成形机内部，同时会连接吸尘过滤系统，回收多余的粉末材料，并过滤掉打印过程中已经成团成结的粉末。

任务 4 3DP 成形件后处理

任务单

1. 掌握 3DP 成形后处理的主要工序及流程。

2. 请同学们结合实训室的现有条件，利用 3DP 设备打印模型并自行进行后处理，撰写后处理实践报告。

由于 3DP 法采用粉末堆积、黏结剂黏结的成形方式，得到的成形件会有较大的孔隙率，因此打印完成后的成形件还需要通过合理的后处理工序来达到所需的

相对密度、强度和精度。目前,成形件的相对密度和强度常采用烧结、等静压、熔渗、低温预固化等方法来保证,精度常采用去粉、打磨抛光等方式来改善。

1. 烧结

陶瓷、金属和复合材料成形件一般都需要进行烧结处理,针对不同的材料可采用不同的烧结方式,如气氛烧结、热等静压烧结、微波烧结等。通常来讲,氮化物陶瓷类宜采用氮气气氛烧结,硬质合金类宜采用微波烧结。烧结参数是整个烧结工艺的重中之重,它会影响制件密度、内部组织结构、强度和收缩变形程度。

2. 等静压

为了提高成形件整体的致密性,成形件在烧结前应进行等静压处理。之前就有学者将等静压技术与激光选区烧结技术结合获得了致密性良好的金属制件。模仿这个过程,研究人员将等静压技术引入 3DP 工艺中以改善制件的各项性能。按照加压成形时的温度高低,等静压分为冷等静压、温等静压、热等静压三种方式,每种方式都可针对不同的材料来加以应用。

3. 熔渗

成形件烧结后可以进行熔渗处理,即将熔点较低的金属填充到坯体内部孔隙中,以提高制件的相对密度,熔渗的金属还可能与陶瓷等基体材料发生反应形成新相,以提高材料的性能。

4. 去粉

成形件如果强度较高,则可以直接从粉堆中取出,然后用刷子将周围的大部分粉末扫去,剩余较少粉末或内部孔道内无黏结剂黏结的粉末(干粉)可通过加压空气、机械振动、超声波振动等方法去除,也可以采用将成形件浸入特制溶剂中的特殊方法来去除。成形件如果强度很低,则可以用压缩空气将干粉小心吹散,然后对成形件喷固化剂进行保形;对于有些粘有黏结剂的成形件,可以随粉堆一起先采用低温加热,固化得到较高强度的成形件后再采用前述方法去除。

5. 打磨抛光

为了缩短整个工艺流程,打磨抛光这一项后处理工序是不希望用到的。但受目前技术的限制,为了让制件获得良好的表面质量又需要对制件进行打磨抛光。打磨抛光可采用磨床、抛光机或者手工打磨的方式,也可采用化学抛光、表面喷砂等方式来进行。

机器人 3D 打印混凝土建造技术在公园建造中的应用
——深圳宝安 3D 打印公园打印建设介绍

机器人 3D 打印混凝土建造技术基于数字建筑设计及机器人自控系统,将 3D

打印技术与特种混凝土材料技术相结合,是一种创新型房屋及环境智能建造技术。这一科研成果由清华大学建筑学院及深圳国际研究生院未来人居研究院徐卫国教授的跨学科团队自主研发,目前正在进行产业化应用。2021 年 9 月,团队首次在深圳宝安区实现了世界最大规模的 3D 打印城市公园的建设尝试。

1. 智能建造——数字时代城市建筑与环境建设的新举措

智能建造已成为国家建筑业发展战略。2020 年 7 月,住房和城乡建设部等十三部门联合印发《关于推动智能建造与建筑工业化协同发展的指导意见》,提出要以大力发展建筑工业化为载体,以数字化、智能化升级为动力。加大智能建造在工程建设各环节的应用,形成涵盖科研、设计、生产加工、施工装配、运营等产业链于一体的智能建造产业体系。

智能建造指在房屋建造或环境建设的全过程中,各专业充分利用数字技术实现建造目标。其特点在于"全过程"自始至终具有连续且共享的数字流,它从建筑方案设计开始,经过后续阶段各专业不断添加、修改、反馈形成优化的建筑信息。以此数字流为依据,依靠互联网及物联网、CNC 数控设备、3D 打印、机器臂等智能机械,实现高精度、高效率、环保性的物质建造与运营服务,形成新的"数字建筑及环境建设产业网链"。

智能建造能够缓解我国建设行业面临的劳动力骤减危机。国家统计局 2021 年 4 月 30 日发布的"2020 年农民工监测调查报告"显示,我国农民工总量减少,流动半径进一步缩小。据预测,从 2022 年起农民工数量将每年减少 1000 万人,十年将共减少 1 亿人。然而,我国仍有大量房屋及基础设施需要建设,要避免这一危机的发生,用机器人替代工人的智能建造势在必行。同时,智能建造可以把工人从繁重的体力劳动中解放出来,从而实现真正的社会公平。

2. 机器人打印建造——跨学科集成性智能建造技术

机器人 3D 打印混凝土建造技术是一种智能建造技术,建造工艺流程包括算法生成创意设计、数字形态建模、打印路径规划、打印程序编码、虚拟打印建造模拟、现场原位打印、现场预制打印及装配。它将房屋或景观建设全过程数字化集成,并分为虚拟建造及实物打印建造两大部分。建造过程中连续的数字信息流及物质性建造流相辅相成,形成了一体化智能建造流程。该技术涉及不同的行业,包括基于算法生成的建筑创意设计、路径规划及控制软件的开发、机器人及打印设备的集成制造、打印材料的混合生产、建筑施工的数字工地等。它的推广使用不仅将传统房屋建设产业升级,而且将带动新的数字建造产业链的形成,其各个环节都将产生新的生产行业。

3. 深圳宝安 3D 打印公园的设计生成及智能建造

公园位于宝安会展中心 17 号馆前,用地面积 5523.3 m^2,建设过程中使用了 4 套机器人打印设备,从设计到建成用时近 3 个月(见图 7.10)。

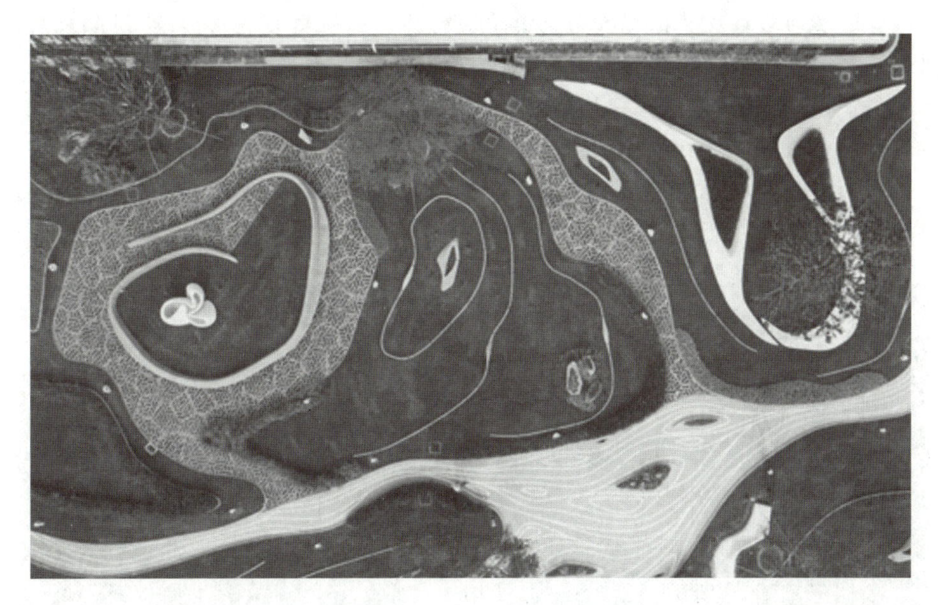

图 7.10 深圳宝安 3D 打印公园俯瞰图

1）设计概念

设计灵感来源于“溪谷清流”，将蜿蜒的道路曲线和自然起伏的地形融合，模拟清泉流淌于溪谷间的形态，造型生动灵活的园林小品与水平延展的地形完美结合，创造出独特的自然空间。园区内所有 3D 打印景观小品以“水”的灵动作为初始设计思想，突出机器人 3D 打印混凝土技术在建造特殊曲面造型时的优势。

2）设计生成

首先，借助 Grasshopper 插件 Quelea 的粒子群优化算法，通过人流模拟预测场地日后的人群活动状态。在模拟计算时，将场地中的三个出入口以及南北各一个景观观赏点作为影响人流运动的要素，从而得到蜿蜒复杂的人群运行轨迹。在此基础上，通过人流热度分析得到其他潜在的人群聚集区域及活动路径（见图 7.11）。

其次，在分析人流热度之后引入奇异吸引子算法，将人流热度图转换为奇异吸引子运动图形，量化人流热度图中每个吸引点的辐射半径和密度，使得吸引点周边的点不断在辐射范围内偏移，从而得到兼具混沌感与规律性的流线造型，将其作为公园总体规划的雏形，并进一步深化设计（见图 7.12）。

最后，以公园规划设计平面为基础建立公园的虚拟三维模型。根据公园景观及观赏要求，分别设置主题雕塑、花坛座椅、曲面挡土墙、花箱树池、曲线形护坡、曲面绿植花墙、主题构筑物等。这些环境饰品及园林小品的设计均由算法生成，既满足使用和观赏的要求，又具有优美的有机形态。

3）打印路径规划

公园实景 3D 打印路径在三维模型的基础上进行规划，即把三维模型转换为机械臂运动的路线及其操作代码。由于景观具有不规则的有机形态,因此采用区别于一般同层、同高、叠层打印的三维打印路径,可以更好地表现曲面造型。在原位打印中,河流状铺地的基础是三维路面,且打印物件自身也是曲面造型,这就需要设备贴合曲面进行打印。在造型复杂的雕塑打印中,打印路径不仅要包含每个路径点的空间坐标信息,同时也需要设计每个点的三维向量信息,大幅提升了路径规划的复杂度。

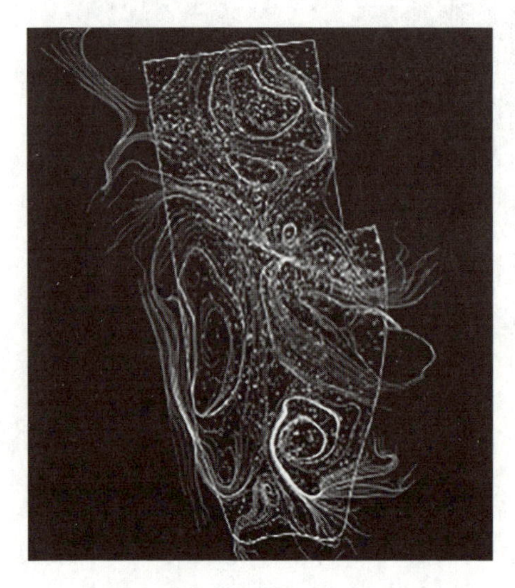

图 7.11　人群聚集区域及活动路径

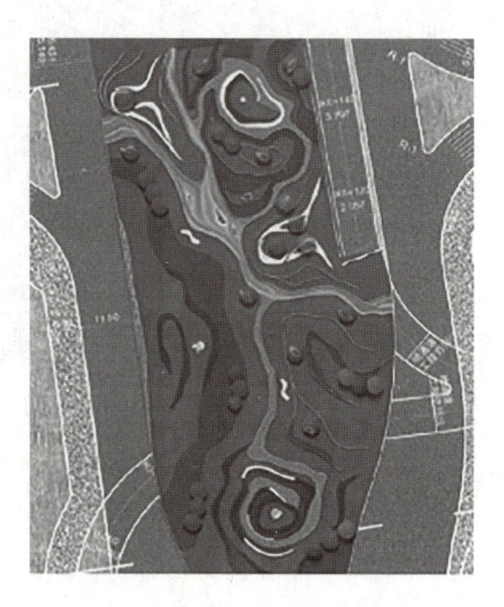

图 7.12　公园总体规划的雏形

4) 原位打印及预制打印吊装

在准备好打印软件之后,机器人打印设备开始进场安装及调试。在现场原位打印时,有四组设备协同工作,它们需要对周边坐标和彼此之间的相对位置进行校准,以确保和环境现状的准确匹配。由工艺流程串联的一整套打印系统包含打印材料运输、材料搅拌、材料泵送、机械臂运动系统、打印前端系统等,均按照自动化和智能化要求设计和调试,以最大限度减少人力。在硬件及软件调试后,四组打印设备协同运行,共同完成了河流铺地广场区域的曲线分隔条打印。除现场原位打印外,大部分小品在旁边的工棚内预制打印,之后吊装就位。工棚内安装三套固定机器人 3D 打印设备及一套移动机器人 3D 打印平台,可满足大尺度构件的打印要求,高质高效地完成了珊瑚铺地、雕塑、座椅、挡土墙等小品的打印任务。

产品打印完成后,经过 3 天左右的自然养护即可进行安装。团队针对每种产品进行了必要的安装构造及吊装设计,并与现场施工队配合,完成了打印产品的定位、吊装、构造连接、勾缝、表面处理等后续工艺。由于 3D 打印产品的精度较高,安装缝隙较小,减少了现场湿作业的工作量。之后,结合整个场地的设计概念进行绿化种植,自然起伏的地形表面覆盖柔软浓密的草坪,数棵高大的乔木点缀其中，环境饰品及园林小品展现出自然蓬勃的生态美感。

4. 城市公园打印建设模式及优势

1）城市公园打印建设新模式

通过深圳宝安 3D 打印公园项目的建设，可以总结出新的城市环境建设流程：① 从使用者行为模拟中获得其活动规律；② 基于使用者活动规律，用算法生成规划设计；③ 以公园设计概念为前提，对公园地形、道路、护坡、挡土墙、雕塑、座椅等实施三维建模、渲染表现，并确定公园建设方案；④ 对已确定的公园实景三维模型进行打印路径规划，编写打印代码，同时进行打印模拟并消除错误；⑤ 机器人 3D 打印混凝土智能设备进场及调试；⑥ 现场预制打印及原位打印景观实物；⑦ 预制景观实物安装及绿化配植。

2）城市公园打印建设的优势

城市公园打印建设的优势体现在：① 节省人力，由于智能机械臂替代了人工劳动，整个建设过程可节约人力 60%，将有效解决劳动力缺乏及成本较高的问题；② 提高效率，电脑的虚拟建造过程使得物质性建造的准确率大大提高，避免了各种不必要的浪费和返工，同时智能机器臂可以连续不断运转，缩短了建设周期；③ 降低造价，从直接投入来说，由于减少人力、缩短周期、避免浪费，其工程造价比传统工程节省 10%～20%，同时，我们研发的打印混凝土建筑体系不使用钢筋、模板，节省了材料的投入；④ 保证质量，智能系统及智能设备大大提高了建造精度，保证了建造质量；⑤ 生态环保，由于建造工艺的组织规划有效合理，建造过程没有污染。同时以机制沙粒及部分工矿废渣作为打印材料，保证了整个建设环节的节能环保；⑥ 创造新形象，由于其创意设计基于算法生成，同时使用可进行空间运动的智能机器臂建造，该技术不仅可以建设传统的建筑形体，还可以建造各种丰富的有机建筑形体，给生活环境带来崭新的面貌。

习 题

1. 简述 3DP 成形技术的原理及特点。
2. 3DP 成形是否需要支撑？为什么？
3. 常用的 3DP 成形材料有哪些？各材料性能如何？
4. 3DP 成形工艺对粉末材料有哪些要求？
5. 3DP 成形常用的后处理方法有哪些？
6. 3DP 成形需要进一步完善的地方有哪些？

项目 8 其他成形技术

视野拓展

DLP(数字化光照加工)技术和 SLA 技术的异同:DLP 技术和 SLA 技术都属于辐射固化成形技术,成形过程也较为类似,在产品性能、应用范围上基本没有差别,但两者所用的光源不同。DLP 技术使用高分辨率的数字光处理投影仪来照射液态光聚合物,逐层进行片状光固化,而 SLA 技术则用激光束由点到线,由线到面扫描固化。因此 DLP 技术的成形速度比同类的 SLA 技术速度更快。

DLP 技术优点:

(1) 成形精度高,质量好。

(2) 成形物体表面光滑,基本看不到台阶效应。

(3) 成形速度快,比同类型的 SLA 技术更快。

DLP 技术缺点:

(1) 精度较高的商业级 DLP 3D 打印设备价格昂贵,工业级的价格更高。

(2) DLP 技术所用树脂材料较贵,且易造成材料浪费。

(3) 液态光敏材料需避光使用和保存。

案例导入

电器接插件是电子产品中各个组成部分之间的电气活动连接元件,广泛用于各类电子器件和设备中。电器接插件的优点是插取自如、更换方便,只经过简单的拔插过程即可取代搭接、焊接、螺丝连接和铆钉连接等固定连接方式,并可采用集中连接,可一次连接多组元件。随着印刷线路板和电子元器件的不断更新换代，电器接插件的应用越来越广泛。

如图8.1所示，接线端子排柱壳体结构虽不复杂，但细小的部分较多。制作测试模型可在大规模生产前评估产品的设计，验证产品的形状和功能，为改善设计提供参考。

1. 模型设计

通过三维软件完成电器接插件模型设计，如图8.2所示。

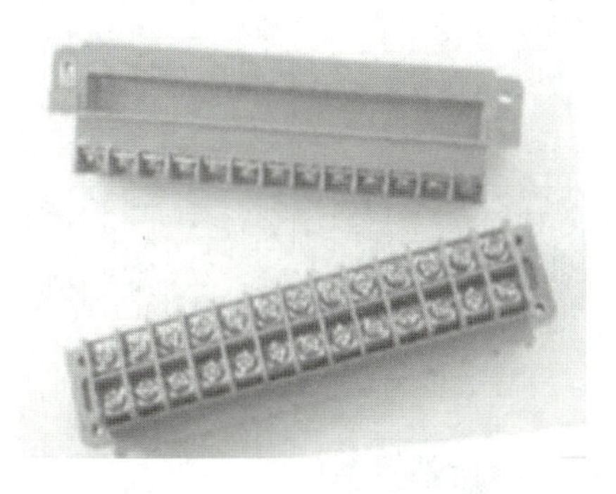

图8.1　接线端子排柱壳体

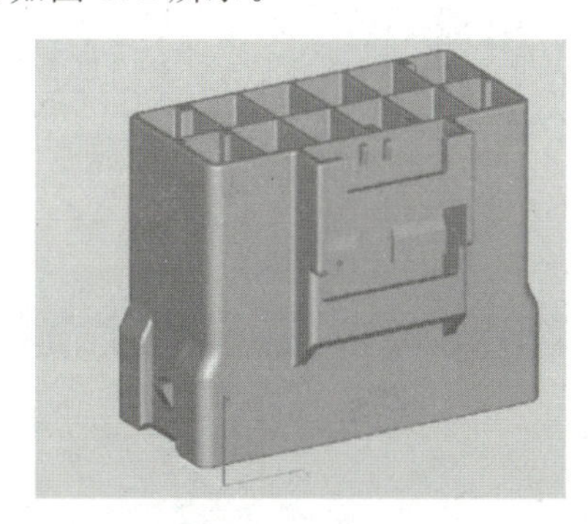

图8.2　电器接插件模型

2. 打印工艺选择

使用传统制造工艺开模，时间长、成本高，只用作模型测试显然不经济。使用3D打印技术，可以在前期摒弃生产线降低成本，也能做到较高的精度和复杂程度，不需要开模直接生成零件，有效地缩短了产品研发周期，是解决模具设计与制造薄弱环节的有效途径。本例需制造的一系列电器接插件对硬度和实际使用等功能性没有较高的要求，更侧重高效快捷、低成本和较高的精度，因此选择使用DLP技术成形，以期快速得到高度还原设计意图的零件模型。

3. 模型支撑添加

通过DLP切片软件对模型添加支撑，应多角度查看支撑，可根据经验把部分多余支撑删除，以节省树脂材料的损耗。切换成线框模式显示零件可以清晰地看到零件内部的支撑，以便进行支撑检查，如图8.3所示。

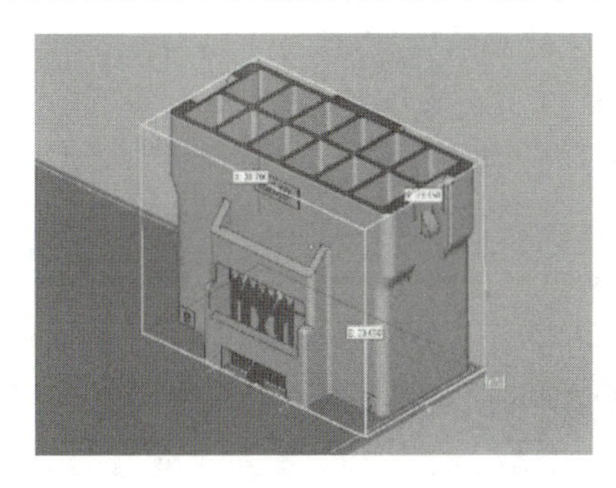

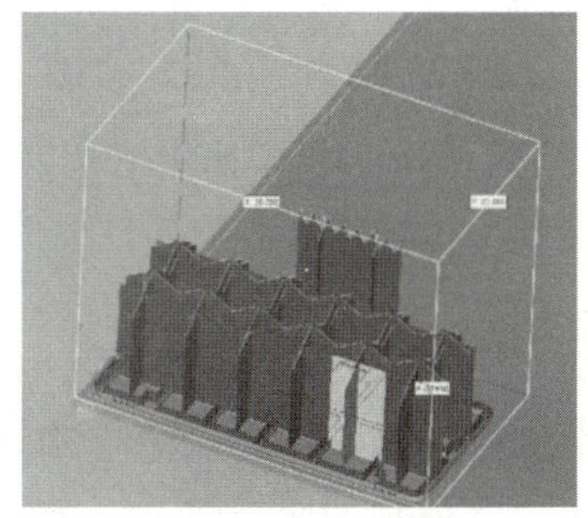

图8.3　支撑设计

4. 模型打印

载入数据,启动打印。成形全程不需要人工值守,成形设备将切片数据投影至液态光敏树脂聚合物,逐层进行光固化,每层固化时通过类似幻灯片似的片状固化层层叠加,快速高精度地完成模型成形,如图 8.4 所示。模型打印完成后,取出模型,如图 8.5 所示。

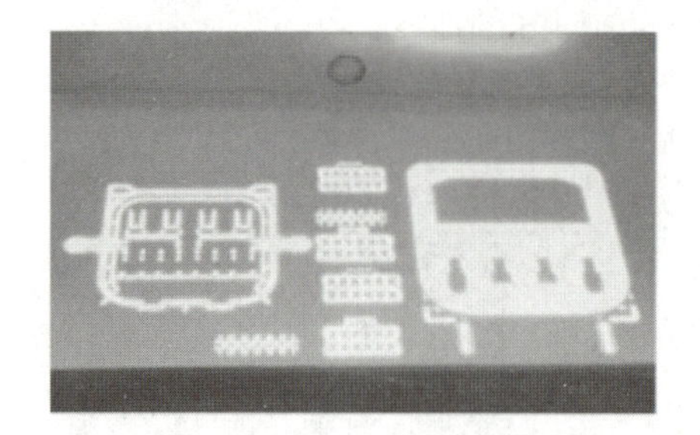

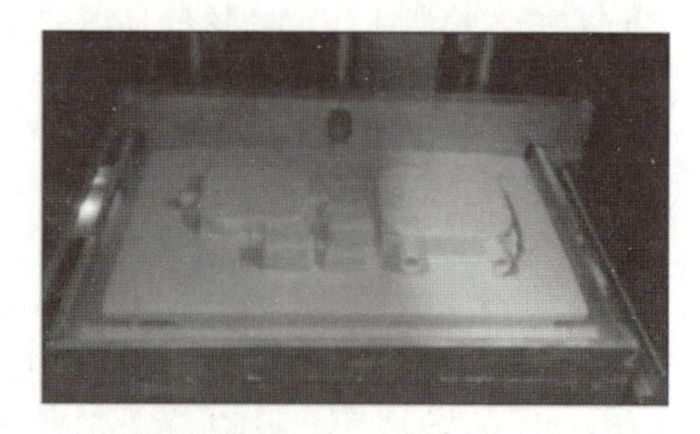

图 8.4 模型打印

图 8.5 取出模型

5. 模型后处理

(1) 清洁 先用酒精清洗完毕,再用高压气枪冲洗零件模型不易清洗的部分。使用的酒精可以循环使用,但最好不超过 3 次,清洗过程中要注意做好防护措施,比如佩戴口罩和橡胶手套,避免受到不必要的伤害,如图 8.6 所示。

(2) 去除支撑 模型零件清洗完毕,用手或者钳子去除模型上的支撑结构。本例模型零件的支撑结构较复杂,剥除时需小心操作,如图 8.7 所示。

(3) 二次固化 为保证树脂固化完全,应使用紫外光对零件模型进行二次固化。把刚处理好的电器接插件模型放入紫外灯箱,固化 30～40 分钟即可,如图 8.8 所示。

(4) 打磨 固化完毕再用雕刀、砂纸和钳子等工具对零件模型进行打磨:先使用钳子和雕刀将零件表面的毛刺飞边等进行修整处理,再使用砂纸打磨(见图 8.9)。对零件模型进行细致处理后,使用 DLP 技术制造的电器接插件模型加工完成。

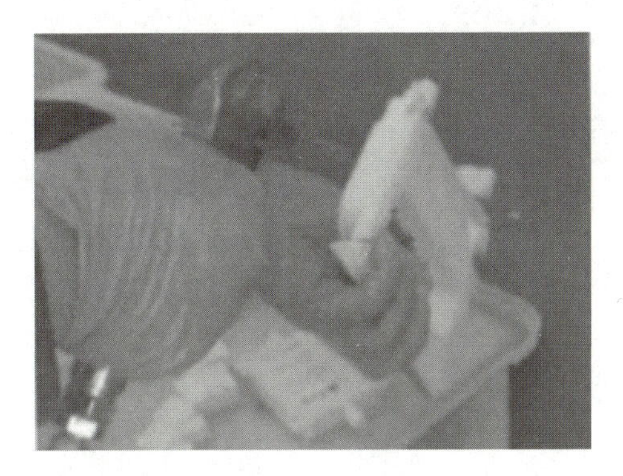

图 8.6　模型清洁

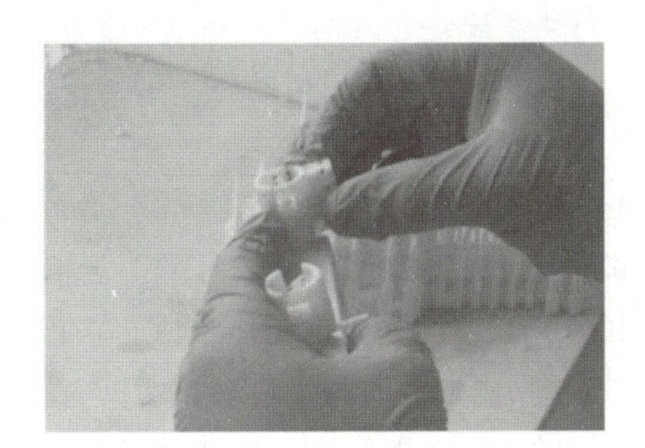
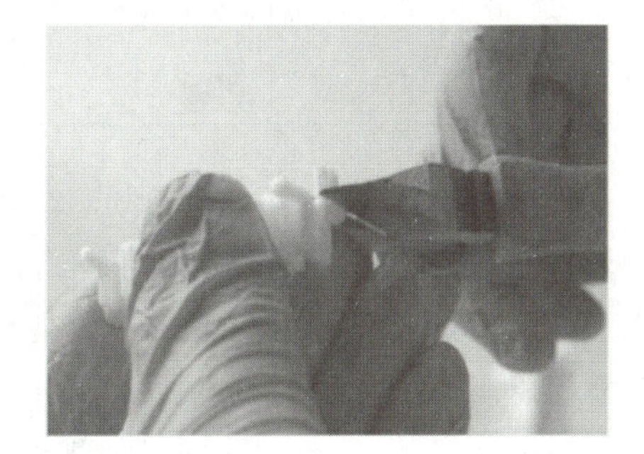

图 8.7　去除支撑

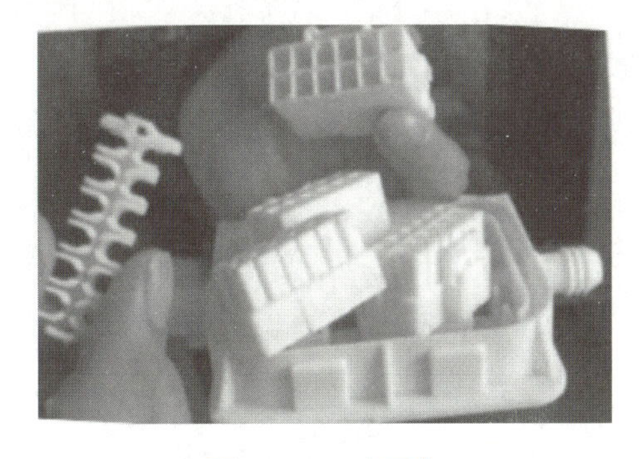

图 8.8　二次固化

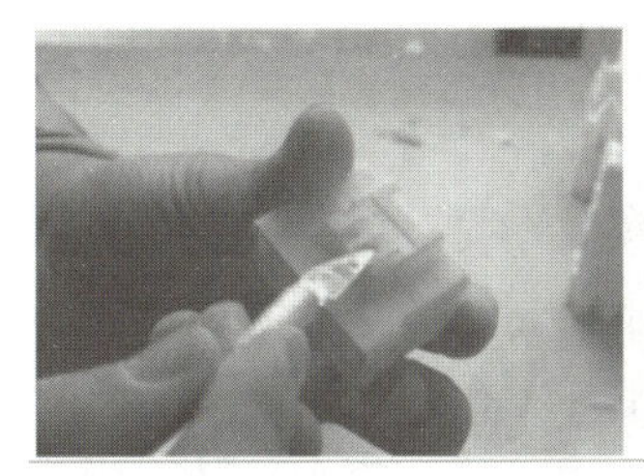
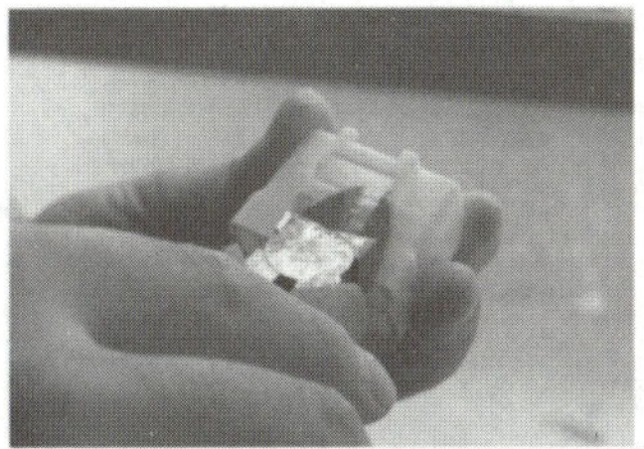
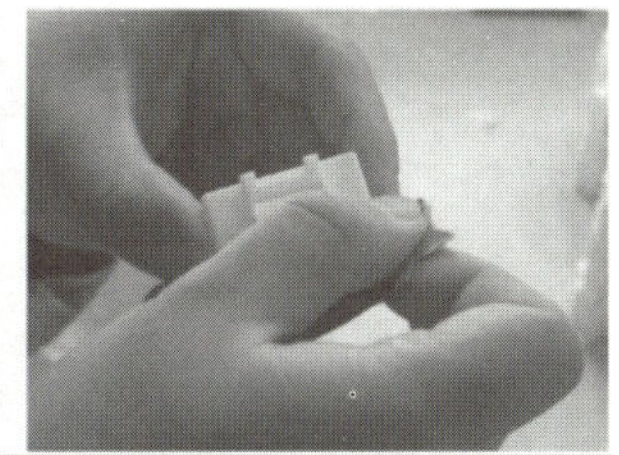

图 8.9　零件打磨

任务1　分层实体制造

LOM成形技术

任务单

1. 掌握LOM成形技术的主要结构、成形原理及工艺特点。

2. 请同学们利用所学的知识，利用相关软件设计并动态模拟演示LOM成形的过程。

分层实体制造(laminated object manufacturing，LOM)于1984年被Michael Feygin首次提出，他于1985年组建了Helisys公司，于1992年推出了第一台商业成形机LOM-1015。LOM系统一般是利用CO_2激光器作为加工能量源。它首先对薄层材料(薄材)进行选择加工，然后将其层叠成形。薄材主要有涂覆纸、低熔点金属箔片、陶瓷片等。这些材料都具有一定的厚度(如纸片)，这个厚度和数据信息分层切片处理中的分层厚度一致。

8.1.1　LOM成形原理及特点

1. LOM成形原理

LOM成形原理如图8.10所示。薄层材料(纸、塑料薄膜或复合材料等)单面

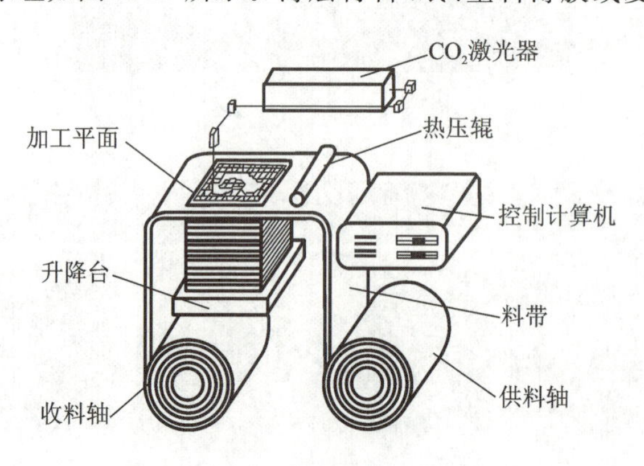

图8.10　LOM成形原理

涂覆一层热熔胶，通过热压装置使材料表面达到一定温度，薄层之间黏结在一起。随后位于其上方的激光器按照CAD模型切片分层所获得的数据，将薄层材料切割出零件在该层的内外轮廓，当每层完成后，z轴平台下移一个层高度，使新的一层加工材料黏附在上面，用热压辊在最上面的加工材料上滚压，从而使成形模型和新材料黏合在一起。然后继续新一层面片模型的加工，直到模型加工完成，最后去除模型废料即可得到实体模型。以涂敷有热熔胶的纤维纸作为成形材料，通过计算机控制激光来切割纸的成形轮廓，并压实黏结到前一层材料上，逐层堆积，所得制件的性能相当于高级木材。

2. LOM成形特点

LOM成形具有如下特点：

(1) 材料适应性强，可切割纸、塑料、金属箔材及复合材料等。

(2) 成形速率高，不需要用激光扫描整个模型截面，只要切出内外轮廓即可。

(3) 价格低廉，使用的小功率CO_2激光器价格低廉且寿命长，成形材料一般用涂有热熔胶及添加剂的材料，制件价格低。

(4) 成形几何尺寸稳定性好，成形过程无材料相变，内应力小，不存在收缩或翘曲变形，无支撑结构。

8.1.2　LOM成形材料

LOM成形材料为涂有热熔胶的薄片材料，层与层之间的黏结是靠热熔胶保证的。

1. 薄片材料

根据对成形件性能要求的不同，薄片材料可分为纸质片材、陶瓷片材、金属片材、塑料薄膜和复合材料片材。目前LOM基体材料主要是纸质片材。对基体薄片材料的要求：抗湿性好、浸润性好、抗拉强度高、收缩率小和剥离性能好等。

(1) 纸质片材。

LOM技术采用的纸质片材一般由纸质基底涂覆黏结剂、改性添加剂制成，成本较低，基底在成形过程中不发生状态改变，所以翘曲变形小，最适合大、中型零件的制作。

(2) 陶瓷片材。

用于叠加的陶瓷材料一般为流延薄材，也可以是轧膜薄片，不过用于陶瓷领域的LOM设备非常少。

2. 热熔胶

用于 LOM 纸基的热熔胶按基体树脂划分,主要有乙烯-醋酸乙烯酯共聚物型热熔胶、聚酯类热熔胶、尼龙类热熔胶或它们的混合物。

8.1.3 LOM 成形机及其参数

除 Cubic Technologies 公司(开发了 LPH、LPS 和 LPF 三个系列)以外,还有日本的 Kira 公司、瑞典的 Spark 公司和新加坡的 Kinergy 公司,以及清华大学、华中科技大学、南京紫金立德电子有限公司(与以色列 Solidimension 公司合作)等先后开展了 LOM 工艺和设备的研究。

图 8.11 所示为 Cubic Technologies 公司生产的型号为 SD300 的 LOM 成形机及其打印的实体模型。该成形机最大的成形尺寸为:160 mm×210 mm×135 mm,成形材料为工程塑料,塑胶材质厚度:0.168 mm;精度:±0.1 mm;成形机尺寸:770 mm×465 mm×420 mm,质量为 36 kg。

(a) SD300成形机

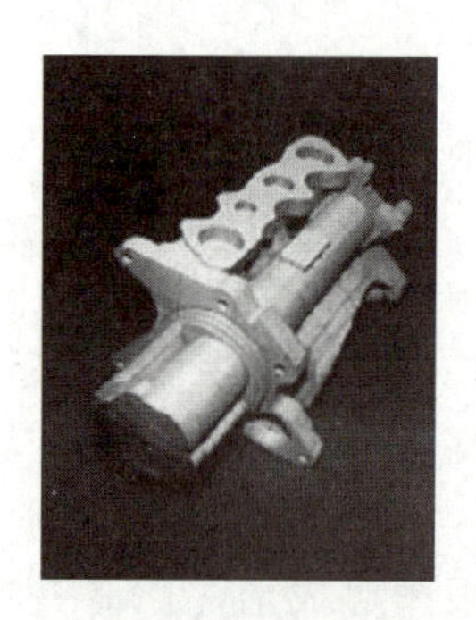

(b) 打印的实体模型

图 8.11 Cubic Technologies 公司生产的 LOM 成形机及其产品

8.1.4 LOM 成形件后处理

从 LOM 打印机上取下的成形件埋在材料方块中,需要进行剥离,以便去除离散的废料。

为了使成形件表面状况或机械强度等方面完全满足最终需要，保证其在尺寸稳定性、精度等方面的要求，需要对清理后的成形件进行修补、打磨、抛光和表面涂覆等后处理工序。

1. 废料去除

废料去除是指将成形过程中产生的废料、支撑结构与工件分离。LOM 成形不需要专门的支撑结构，但是网格状废料需要在成形后剥离，且通常采用手工剥离的方法。废料去除过程是整个成形过程中的重要一环，为了保证成形件的完整和美观，工作人员应熟悉成形件的结构，并有一定的操作技巧。

2. 表面涂覆

LOM 成形件经过废料去除后，为了提高成形件的性能和便于表面打磨，经常需要对成形件进行表面涂覆处理。表面涂覆可以提高成形件的强度和耐热性，改善其抗湿性，延长成形件的寿命，使其易进行装配和功能检测等。

任务2 形状沉积制造

1. 了解 SDM 成形材料的发展。
2. 掌握 SDM 成形材料的组成成分及其功能。
3. 除书中讲述的 SDM 成形材料以外，请同学们查找文献找出其他的 SDM 成形材料，并分析其性能。

20 世纪 90 年代，Carnegie Mellon 大学和 Stanford 大学联合提出了形状沉积制造(shape deposition manufacturing，SDM)的概念。该方法的基本思想是把材料添加过程与机械切削过程进行结合，以充分发挥两种制造方法的优点。其添加材料的过程根据零件材料的不同而不同，其每层材料的沉积厚度根据零件的三维几何分层来确定，其优点是可采用较大厚度的材料层来提高零件的制造速度，同时还可消除常规快速成形制造方法带来的倾斜表面零件中常见的阶梯效应，从而得到光滑的零件表面。

8.2.1 SDM成形原理及特点

1. SDM成形原理

SDM是一种添加/去除材料的过程,图8.12所示为SDM成形过程的示意图,其中的每一步表示材料沉积与材料去除操作的一个循环:① 表示零件在第一层两侧没有底切表面,先沉积材料并用加工的方法成形表面;② 表示在成形的零件表面上沉积支撑材料;③ 表示零件在第二层两侧有底切表面,必须先沉积支撑材料并成形后再沉积零件材料;④ 表示在成形的支撑材料上面沉积零件材料;⑤ 表示零件在左侧有底切表面,必须先沉积支撑材料并成形后再沉积零件材料;⑥ 表示沉积支撑材料;⑦ 表示沉积右侧底切表面(对单纯的零件沉积制造,这一步实际上可以不要);⑧ 表示去除支撑材料后得到的最终零件。

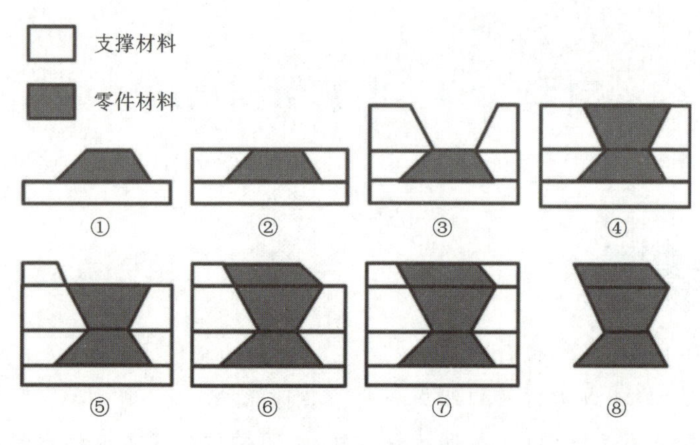

图8.12 SDM成形原理

2. SDM成形特点

SDM成形具有以下特点:

(1) SDM成形是一个生产工艺过程,而不是单一的快速原型制造方法。

(2) SDM成形可以在制造过程中对零件的表面质量进行动态控制。

8.2.2 SDM成形材料

SDM成形材料分为两部分:沉积材料和支撑材料。

沉积材料:不锈钢或铜等金属材料;高性能的薄层材料(塑料、陶瓷);热固性材料(环氧树脂、固化剂混合材料);水溶性光固化树脂和蜡等。

支撑材料:铜(既可作为沉积材料,又可作为支撑材料);水溶性材料,蜡(既可作为沉积材料,又可作为支撑材料)。

任务3 数字化光照加工

DLP 成形技术

1. 了解国内外 DLP 成形设备的主要参数。
2. 掌握 DLP 成形设备的系统组成。

数字化光照加工(digital light processing,DLP)于1993年由美国德州仪器(Texas Instruments,TI)公司发明。该技术包括 DMD(digital micro-mirror device,数字微镜器件)芯片在内的相关驱动引擎技术。DLP 技术的核心在于 DMD 芯片本身和配套光学引擎的设计。DLP 技术最初应用在投影显示方面,相比于采用 CRT(阴极射线管)和 LCD(液晶显示)技术的投影机,采用 DLP 技术的投影机具有图像更加清晰、色彩丰富、亮度高、对比度高等优势。DLP 技术使用高分辨率的数字光处理投影仪来逐层固化液态树脂,由于每层的固化类似幻灯片的片状固化,因此速度比较快。该技术成形精度高,其成形出的制件在材料属性、细节和表面粗糙度方面可与注塑成形的耐用塑料部件媲美。

8.3.1 DLP 成形机及其参数

图 8.13 为 envision TEC 公司生产的 P4K 系列 DLP 成形机及其产品。这一系列是 envision TEC 公司唯一使用 4K 投影仪的基于 DLP 成形的 3D 打印机。P4K 系列 DLP 成形机利用人工智能(AI)像素调优技术提供极高质量的表面、极高的精度和最高的成品功能;采用优于 P4 系列的超高压光源,使用寿命可达 20000 h;材料转换可以快速、轻松地完成;配套的相关软件支持自动生成完美的模型;在生产环境中可 24/7(全天候/全周)运行。表 8.1 给出了 envision TEC 公司的 P4K 系列 DLP 成形机的各个型号和参数。

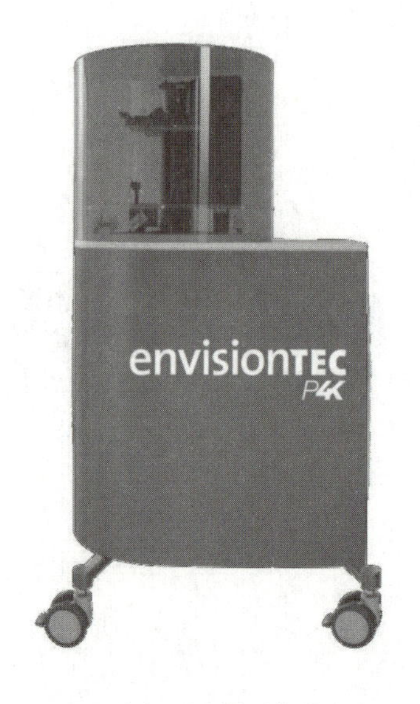

(a) P4K 系列成形机

(b) 打印的产品

图 8.13 envision TEC 公司生产的 P4K 系列 DLP 成形机及其产品

表 8.1 P4K 系列 DLP 成形机的各个型号和参数

设备参数	P4K 35	P4K 62	P4K 75	P4K 90
成形尺寸/mm (mm×mm×mm)	90×56×180	160×100×180	192×120×180	233×141.5×180
x、y 轴像素尺寸/μm	35	62	75	90
z 轴层厚/μm	25～150			
投影仪分辨率	2560 ×1600 (4K)			
数据格式	STL			
设备尺寸/ (mm×mm×mm)	730×480×1350			730×480×160
电源要求	100～120 V, 5.4 A 220～240 V, 2.4 A			

国内一直在研究开发的 DLP 3D 打印机,如浙江迅实科技研制出引领行业的高精度 MoonRay 系列 DLP 3D 打印机。另外,SprintRay Pro(见图 8.14)作为其 2019 年的新产品,打印精度提高到了 0.095 mm,打印模型表面光滑,几乎不需要后期处理。该设备能有效控制打印成本,一键修补模型,自动添加支撑和标签,减少打印模型的水纹,打印数据可在云端实时查看。凭着超高的性能,SprintRay Pro 被广泛应用于齿科 3D 打印,颇受新型齿科种植从业者的青睐。

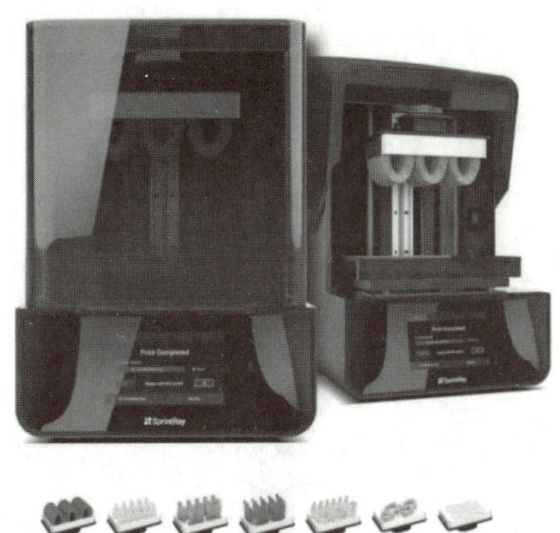

图 8.14　桌面级齿科 DLP 3D 打印机 SprintRay Pro

8.3.2　DLP 设备的系统组成

DLP 技术的原理是先把影像信号经过数字化处理，然后再把光投影出来。它是基于美国德州仪器(TI)公司开发的数字微镜器件(DMD)来完成可视数字信息显示的技术。用于光固化成形的 DLP 技术需要具备两个条件：① 能发出高强度的紫外光；② 能投影出用紫外光形成的图片。所以结构上，需要将传统投影机使用的 LED 灯改为高功率 UVLED 灯，用于 3D 打印的 DLP 技术不涉及颜色，因此将滤光镜去除，其核心元件 DMD 无须改动。使用 DLP 技术的 3D 打印设备实际上是一种光固化成形设备，同样是利用切片软件将物体的三维模型切成薄片，将三维物体转化到二维层面上，然后利用数字光源照射使光敏树脂一层一层地固化，最后层层叠加得到实体模型。其系统组成与光固化设备类似，最大的不同是 DLP 3D 打印机可投射并聚合一整层，当光线照射到树脂上时，它不会像光固化成形设备那样局限于单个光斑，而是整层一次形成。如图 8.15 所示为 DLP 3D 打印机的系统组成。

1. 光源投影系统

DLP 3D 打印成形过程中，投影的图案对于实现每层的期望形状来说至关重要，因此光源投影系统是最核心的，目前各种商业化的 DLP 3D 打印机均采取一体化的光源，少数使用外置 DLP 投影仪。光源投影系统由 UVLED 光源、DMD 芯片和投影成像系统组成。光源发出的光进入棱镜经过全反射照射在 DMD 芯片

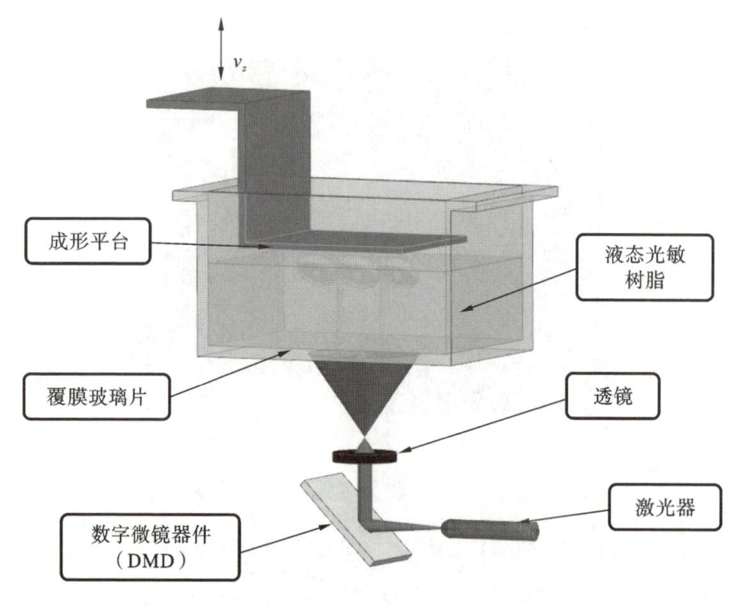

图 8.15　DLP 3D 打印机的系统组成

上，经过 DMD 反射后射入投影系统，最终实现投影显示，因此 DMD 是实现数字化光照加工过程最关键的处理元件。

DMD 是一种兼具光学特性和电学特性的独特器件。它是一种动态掩膜，由一系列微米级尺寸旋转反射镜组成，允许液态树脂在层内的不同位置处被差异照射和聚合。DMD 芯片由光电单元阵列组成，每个单元由一块方形微镜面和下方的控制电路组成，利用电信号控制微镜面实现一定角度的偏转，从而实现对光的调制。也可以说 DMD 芯片的核心是一组可控的反射镜阵列器件，其单个反射镜尺寸为微米量级。在投影显示应用中，每个光电单元最终将对应图像中的一个像素点进行显示。DMD 芯片通过控制微镜片的偏转实现对光的调制。每个光电单元的微镜片具有“开”和“关”两种稳定状态，对于大多数 DMD 芯片的微镜片，对应的偏转角度分别为＋12°和－12°。以投影系统来说，当光电单元处于“开”的状态时，微镜片偏转＋12°，此时来自光源的光线将通过镜片反射进入后续的成像系统，达到显示图像的目的；当光电单元处于“关”的状态时，微镜片偏转-12°，此时来自光源的光线将被反射到其他角度，无法进入后续光学系统完成成像。

2. 液槽成形系统

传统的 SLA 成形系统多用不锈钢容器作为盛放液态树脂的容器，容器空间取决于成形系统的最大尺寸，包括树脂内槽、树脂外槽、排液口、液轮、直流低速电动机、溢流槽等。同时工作中要求树脂液面保持在固定高度。而大部分 DLP 3D 打印机都是从下往上投影(见图 8.15)，可明确 DLP 的液体槽底面必须是可透光的玻璃材料。同时，为了防止 DLP 每一层打印完成后固化层与液槽底面粘连，需要设计防粘膜，防粘膜材料要对紫外线具有良好的穿透性，但不要与树脂材料发生反应。

3. 运动系统

DLP 技术的运动系统其实就是托板升降系统，其功能是支撑固化模型，带动已固化部分完成每一分层厚度的步进和快速升降。整个系统主要是由电机驱动控制工作平台做 z 轴的上下运动，因为有载荷，所以在保证运动精度的同时，升降平台应具备一定的承载能力和运动平稳性。

3D 打印

3D 打印，也称增材制造，是以数字模型为基础，运用粉末状金属或塑料等可黏合材料，通过逐层打印的方式来构造物体的技术。近年来，多个国家纷纷加大力度支持 3D 打印技术，全球 3D 打印产业高速发展。从儿童玩具、工艺品，到飞机、火箭中使用的高度复杂零部件，3D 打印已广泛应用于诸多领域。

3D 打印的重要性和前景的广阔性不言而喻，其对传统的工艺流程、生产线、工厂模式、产业链组合产生深刻影响，是制造业中有代表性的颠覆性技术。这一切都要感谢“3D 打印技术之父”——美国著名的发明家查克·赫尔。他是一个像杰佩托（缔造匹诺曹的老木工）一样的人物，一开始他不知道他的创作是多么神奇。

1983 年，赫尔在紫外线设备生产商 UVP 公司担任副总裁，这个公司的主营业务是在桌面和家具上涂上薄薄的塑料贴面。与行业内的其他人一样，他感到沮丧的是，生产新产品所需的小型塑料部件可能需要两个月。赫尔每天在公司里拨弄着各种各样的紫外线灯，有一天，他看到那些原本是液态的树脂一碰到紫外线就凝固的过程后突然意识到，如果能够让紫外线一层一层地扫在光敏聚合物的表面上，使其一层一层地变成固体，将这成百上千的薄层叠加在一起，他就能够制造任何三维物体了。于是他用电脑开发出一个系统，将光线照进光致聚合物的大桶中，并跟踪物体的水平形状，打印后续层直到完成。经过几个月的努力，他成功制作了一个洗眼杯，这也标志着 3D 打印技术正式诞生，他把这项技术称为立体平版印刷。然而这一技术在当时并没有得到重视，他将技术展示给其所在公司的总裁时，却被以资金与时间不足为理由回绝。即使这项技术在当时未实现它应有的商业价值，但赫尔仍然清晰地知道这项技术最终会应用在哪里。

1984 年赫尔向美国专利商标局提交了立体光固化成形设备（SLA）的专利申请并获得专利授权。他在专利里面发明了术语“stereolithography”，简称 SLA，也就是后来的立体光固化技术——即利用紫外线催化光敏树脂,层层堆叠然后成形。同年赫尔在加州成立了 3D Systems 公司,以便将这种新的生产方法商业化,对 3D 打印相关的技术及产品进行经营,该公司开发的第一台商业 3D 打印机“SLA-1”,将当时需要耗时 6 周至 8 周才能创建完成的一件一次性模具的制作时间缩短至数小时以内,带来了制造技术的突破,但该产品并没有获得与其价值相匹配的专利收益。赫尔没有灰心,而是继续在知识产权领域开展超前布局,由于他具备很强的知识产权保护意识,目前在美国和欧洲已获得超过 90 件 3D 打印相关专利授权。

当赫尔最初提出他的发明时,他预言将这项技术带入家庭,还需要 25～30 年的时间。这种预测被证明是正确的,因为 3D 打印机的广泛商业化现实前景只在近年才出现,但它的可能性是无穷无尽的。1993 年,美国麻省理工学院(MIT)获得了 3D 打印技术专利,随后有公司从 MIT 获得授权并进行商业化运营,开发出新型的 3D 打印机,并在此后十数年通过该机器打印出了各种不同结构的作品,包括汽车、服装、食品、飞机、人体组织、建筑等。

经过几十年的发展,3D Systems 拥有近千项专利。在赫尔注册的所有专利中,涵盖了当今 3D 打印技术诸多基本的技术方法,例如利用三角模型(STL 文件格式)进行切片数据准备,以及交替曝光策略等。如今,3D Systems 公司发明的 3D 打印机已经进入无数的工业和商业用途,各行各业都在享受着 3D 打印技术为世界带来的改变。2014 年 5 月,赫尔进入美国发明家名人堂,并获得欧洲发明家奖提名。

习　题

1. 简述分层实体制造(LOM)成形技术的原理及特点。
2. 简述形状沉积制造(SDM)成形技术的原理及特点。
3. 简述数字化光照加工(DLP)成形技术的原理及特点。
4. LOM 技术对材料选取有什么要求？可以实现彩色打印吗？
5. 采用 LOM 技术成形的制件的力学性能是否比采用 3DP 技术成形的要好？为什么？
6. SDM 技术采用支撑沉积的方法,请问如何去除支撑？去除支撑对模型表面精度的影响大吗？

项目 9

3D打印技术的应用

3D 打印技术的应用

视野拓展

2008 年，一名英国“创客”——Adrian Bowyer 发布了第一款开源的 3D 打印机 RepRap。2012 年 4 月，英国著名经济学杂志《经济学人》以“第三次工业革命”为主题发表了封面文章，声称 3D 打印技术即将引发新一轮的“工业革命”浪潮。2013 年 11 月，美国总统奥巴马在国情咨文讲话中也强调了 3D 打印技术的突破性。不仅如此，随着 3D 打印技术的不断进步，包括航空航天、机械制造（汽车、家电）、工业设计、建筑、教育、医疗、食品、轻工、文化艺术等领域将运用这一技术。

案例导入

全球石油和天然气行业的 3D 打印应用案例

石油和天然气行业是世界上最大的行业之一，它是能源行业的一个重要组成部分，2021 年全球石油产量约为 42 亿吨。虽然由于气候变化以及供应国局势变化的问题，许多人一直在寻找石油的替代解决方案，但它仍然是全球头号能源，尤其是在供暖方面。因此，许多厂家正在寻找提高管道和其他部件运输效率的方法以减少浪费和因泄漏造成的事故。在众多能源增效的解决方案中，3D 打印技术是最具代表性的选项之一，越来越多的石油和天然气公司正在转向 3D 打印，以创建几何形状复杂、具有成本效益的部件。下面列举目前市场上有代表性的厂商在能源行业应用 3D 打印的典型案例，具体如下：

(1) 3D Metalforge 和壳牌合作制造热交换器部件。

壳牌(Shell)是世界上最大的能源公司之一,该公司近年来也转向了 3D 打印。2021 年底,3D Metalforge 宣布与壳牌旗下位于新加坡的专门化学制造基地壳牌裕廊岛合作,提供 3D 打印的热交换器部件(见图 9.1)。热交换器部件是插入冷凝器和热交换器进口端的薄壁管,用于传递热量和防止管子故障,因此它们是石油和天然气行业的关键部件。由于 3D 打印技术的应用,大大减少制造热交换器管部件的交货时间,在短短两周的时间内就完成了制作,并能够延长现有设备的使用寿命。

图 9.1 热交换器部件

(照片来源:3D Metalforge)

(2) 来自 AML3D 的 3D 打印压力容器。

AML3D 是一家澳大利亚的金属 3D 打印机制造商,擅长依靠定向能沉积(DED)工艺制造机器。2022 年夏天,AML3D 宣布了一个与美国石油公司埃克森美孚合作的新项目。该项目涉及使用 3D 打印技术设计一个金属压力容器,长 8 m,直径 1.5 m,总重量为 907 kg。它被认为是市场上最大的商业化 3D 打印容器。由于 AML3D 的技术目前与铝、钛、钢和镍合金兼容,AML3D 只需 12 周就可以制造出这个零件。

(3) AML3D 创造了世界上最大的石油和天然气管道部件。

在 AML3D 的另一个典型案例中,该公司利用源自 DED 的快速制造(WAM)工艺生产他们认为最大的、经过验证的金属石油和天然气高压管道部件,并希望减少环境、人力和安全风险。这是世界上第一次对这种类型的管道阀芯部件(见图 9.2)进行金属 3D 打印和独立压力测试。

(4) 通用电气生产燃气轮机。

通用电气在 2018 年也转向了石油和天然气行业的 3D 打印。这家美国公司

图9.2 管道阀芯部件

（照片来源：AML3D）

生产了最大的、最高效的燃气轮机，命名为哈里特(见图9.3)，它将工作效率提高了64%，通过使用3D打印技术，改善了空气和燃料在涡轮机中的预混合。通用电气能够生产复杂几何形状的产品，如燃气轮机叶片内的冷却路径，发动机燃烧系统的设计也通过使用金属3D打印的部件进行了优化，实现了最大的效率。

图9.3 哈里特燃气轮机

（照片来源：通用电气）

(5) 吉凯恩液压块。

3D打印由于能制作更轻更复杂的制件，在液压应用中能够很好地替代传统制造方法。吉凯恩(GKN)公司通过3D打印技术使液压块子组件(见图9.4)的重量减轻了80%，在几何设计方面实现了自由，没有孔洞重叠的风险。选择3D打印技术是因为它可以在任何时候对设计进行调整，而在传统方法中，如果需要改变孔的位置以优化油流，则需要新的工具。

图9.4 液压块子组件

(照片来源:吉凯恩)

(6) Markforged创造的胶带垫。

加拿大一家综合石油和天然气公司向Markforged求助,要求创建一个能够处理玻璃钢带垫的自动处理机器。这些垫子的重量在52 kg到104 kg之间,这个重量对一个人来说太重了。同时,自动处理机有望使工厂的产量增加15%,但生产这种垫子处理机的成本太高,因此该公司转向Markforged Mark Two和连续纤维3D打印技术,以更低的成本为机器制造胶带垫(见图9.5)。最后,3D打印技术为该公司节省了27000美元,并在石油和天然气方面体现了优势。

图9.5 胶带垫

(照片来源:Markforged)

(7) MX3D的3D打印管道钳。

3D打印公司MX3D在2021年底为石油和天然气行业开发了一个3D打印的管道钳(见图9.6)。该零件是由MX3D、TeamIndustries和TiaT合作制造和测试的，采用了一种混合方法，结合了MX3D的机器人线弧增材制造(WAAM)工艺。3D打印的管道钳已经过测试和认证，具有很高的安全性，展示了WAAM在石油和天然气领域的应用。

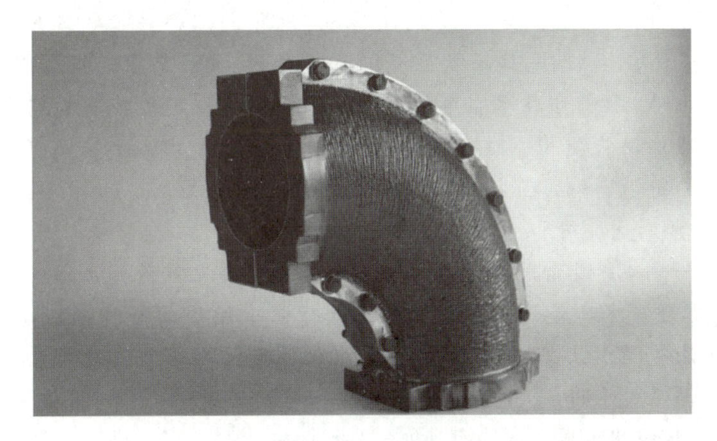

图9.6 管道钳
(照片来源:MX3D)

(8) PGV石油工具公司生产的金属组件。

位于得克萨斯州卡内斯市的PGV Oil Tools是一家1983年就成立的制造公司，为许多不同的行业制造设备，包括石油和天然气、航空航天和机器人及自动化行业。40年来一直专门设计和制造井下石油工具，在仍然依靠数控加工等传统制造方法的同时，该公司还应用金属3D打印技术。为了生产井下石油工具，PGV公司选择了桌面金属车间系统，与传统方法相比，该系统生产工具的成本和时间更经济。图9.7所示为PGV 3D打印的石油和天然气金属组件。

图9.7 由PGV 3D打印的石油和天然气金属组件
(照片来源:桌面金属)

(9) Spare 3D 和 Ocyan 公司在备件制造上的应用。

Spare 3D 和 Ocyan 两家公司合作加速了石油和天然气行业的 3D 打印技术的发展。Ocyan 是一家为海上石油和天然气行业提供解决方案的巴西公司;Spare 3D 是一家位于巴黎的法国公司,专门从事 3D 打印的零部件数字库存分析。他们一直使用 DigiPART 软件,这个软件可以通过减少延时、交货时间、最低订货量或库存水平来推动 3D 打印技术在备件制造上的应用。他们已经能够将这个软件整合到他们的备件供应链中。这两家公司的工作涉及对 Ocyan 公司库存的 17000 个零件进行分析,以评估其利用 3D 打印进行生产的潜力。

(10) 瓦卢瑞克公司和道达尔公司设计的水套。

2021 年 5 月,法国瓦卢瑞克公司和道达尔公司首次宣布在北海成功安装了一个 3D 打印水套。水套是石油和天然气钻探行业中使用的一种部件,用于在施工过程中阻挡油气涌出油井,是确保现场工作人员安全的一个关键因素。这两个法国公司依靠 WAAM 的 3D 打印技术设计了一个高度为 1.2 m、质量为 220 kg 的水套,相较于传统水套质量减少了 50%。

任务 1　3D 打印技术在工业制造领域中的应用

任务单

1. 理解 3D 打印技术在工业制造领域中的各种应用。
2. 请同学们思考未来 3D 打印技术在工业制造领域更广阔的应用。

9.1.1　模具领域

模具,是一种以特定的结构形式通过一定方式使材料成形的工业产品,同时也是一种能成批生产出满足一定形状和尺寸要求的工业产品零部件的生产工具。目前,产品的制造主要依赖于模具的制造技术,在现代化工业生产中,60%～90% 的工业产品需模具加工。模具制造提高了生产速率,为产品的快速更新创造了条件,但模具制造也有一定的局限性。模具开发的技术难度大,零件的外观不同,模具制造的难度也不同,结构越复杂的零件,模具的制造越难实现。3D 打印技术的出现,使传统的模具制造技术有了重大的改革和突破。3D 打印技术成形的实体在多数情况下，由于材料的限制，不能成为最终的产品。为了获得最终产品，把3D打印技术应用在模具制造技术里，从而形成了一种新的技术，称为快速模具(RT)技术。图9.8(a)～(c)所示为3D打印的模具，图9.8(d)所示为用3D打印制作的模具及铸件。

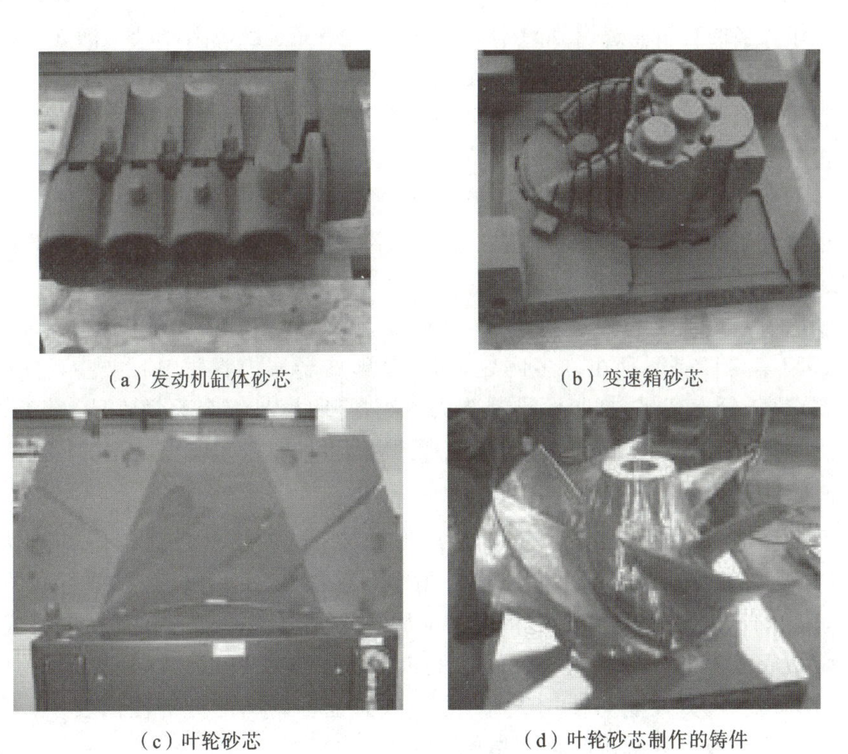

(a)发动机缸体砂芯　(b)变速箱砂芯　(c)叶轮砂芯　(d)叶轮砂芯制作的铸件

图9.8　3D打印的模具及铸件

利用3D打印技术直接制造模具的流程(以SLM工艺为例)，可分为成形前准备、SLM成形和成形后处理三个阶段。成形前准备包括模具模型的3D建模、STL格式转化、添加支撑结构、确定工艺参数、进行分层切片等数据处理；SLM成形阶段属于自动化加工阶段，人工干预较少，只需对SLM设备的工作状态进行监控，保证设备的正常运行即可；成形后处理包括取件、清粉、喷砂、表面打磨、抛光以及其他加工等。

3D打印技术在模具行业中的主要应用如下：

1. 直接制作模具手板

手板是在批量生产前，根据产品外观图纸或结构图纸先做出的一个或几个功能样板，用来检查产品外观和结构的合理性，找出产品设计的弊端。手板可以用来替代真正模具做功能实验，也可以用作技术交流和生产前准备工作的样板。目前可以运用3D打印技术制作包括树脂、塑料、纸、石蜡、陶瓷等材料的原型手板。

不同 3D 打印工艺制造出来的手板在精度、强度和表面质量方面有所区别，其中采用 SLA 方法并用光敏树脂来打印手板是目前最流行的一种模式，其打印的手板表面质量较好。

2. 直接制造模具

应用较多的直接制造模具的 3D 打印技术有激光选区烧结(SLS)、激光选区熔化(SLM)、直接金属激光烧结(DMLS)等。快速模具分为软质模具和硬质模具。

软质模具强度较低，易破损，只能加工出几件少量的产品便不能重复使用。根据模具材料不同，软质模具有砂模、塑料模、树脂模、蜡模等。目前能够成功利用 3D 打印技术直接打印铸造用蜡模，打印砂模中的砂芯或型壳等非金属软质模具。也可以采用 3D 打印技术制造具有内置结构复杂的随形冷却水道的树脂注塑模，用来浇注小批量注塑件。

硬质模具一般是指强度高、力学性能好、可以反复使用的金属模具。用金属直接打印模具目前还存在许多问题，如能打印的金属模具材料种类少，金属粉末品质要求高，价格高昂；打印模具制造成本高；打印模具综合力学性能、精度、表面粗糙度都还需要进一步提高；打印机成形尺寸小，只能打印较小体积的模具。

3. 间接制造模具

间接制造模具是利用 3D 打印技术结合传统模具技术来翻制模具产品。用 3D 打印非金属型(如纸、ABS、蜡、尼龙、树脂、陶瓷等)模具原型，根据不同的应用要求，使用不同复杂程度和成形精度的金属喷涂成形、精密铸造成形、电铸成形和粉末烧结成形等工艺翻制模具。间接制造模具一方面可以较好地控制模具的精度、表面质量、机械性能与使用寿命，另一方面也可以满足经济性的要求。因此，目前在工业领域多数采用间接制造模具工艺。

9.1.2 汽车领域

目前，汽车制造中的汽车样品快速开发、汽车复杂模具制造、汽车零件轻量化制造等均广泛采用 3D 打印技术。其中，在高性能复合材料产品的设计与制造方面，多材料 3D 打印技术可以将多个零部件、多种材料等集成为整体工件，大幅度简化了装配工作，并明显提升了产品性能。越来越多的汽车制造商采用弧焊增材制造、等离子 3D 打印、激光熔覆等与多材料 3D 打印技术相关的技术，改进或提高了工业零件模具设计方案评审、制造工艺装配与检验、功能样件制造与性能测试等方面的性能和效率。

1. 在整机生产领域的应用

2010 年世界首款 3D 打印汽车在美国问世，它是一款以电池作为动力、以汽油作为燃料的三轮混合动力汽车。整车的零件打印耗时 2500 h，工人仅需把所有零件组装起来，生产周期远短于传统汽车生产，生产中不需要模具、机械设备或流水线。在车型更新换代时，设计师仅需调整相关 3D 模型，改变相应参数，就可以得到新款车型，这是传统汽车生产不可能做到的，3D 打印应用在汽车外观造型上可以让用户摆脱私人定制的奢侈属性，也可让设计师的想象力不再受传统机械制造工艺的制约，任何天马行空的概念都能实现。如图 9.9 所示为 3D 打印的汽车。

（a）首款 3D 打印汽车

（b）3D 打印的超级跑车

图 9.9　3D 打印的汽车

由沙特基础工业公司(SABIC)研发的世界首款使用 3D 打印技术制造的概念车，车身采用创新材料和加工技术。车身的组装由汽车设计公司 LOCAL MOTORS 完成，该 3D 打印汽车使用了 SABIC 的 LNP™、STAT-KON™ 碳纤维增强复合材料。这些材料拥有出色的强度质量比和高刚度，可最大限度地降低 3D 打印过程中的扭曲变形，增强了车身设计美感，强化了车辆运行性能。

2. 在零部件生产领域的应用

汽车零部件样件开发量很大，传统样件开发周期无法满足现代汽车快速发展的需求，3D 打印不仅可以使汽车零部件样件开发的周期缩短 40%，也可使其成本降低 20%。特别是随着技术的发展，零部件形状结构越来越复杂，导致模具开发生产难度加大，而 3D 打印技术可以很好地克服这个问题，并在材料方面不局限于树脂或工程塑料，金属材料也可以快速成形。目前，国内已有很多企业通过 3D 打印技术生产汽缸、变速器齿轮等常用零部件，如图 9.10 所示。

各种塑料在汽车行业的应用非常广泛。目前世界各国知名品牌的主流汽车塑料用量基本已经达到 120 千克/辆，个别车型还要高，如德国奔驰轿车的塑料使用量已经达到 150 千克/辆，国内一些轿车的塑料用量也已经达到 90 千克/辆。可以预见，随着汽车轻量化进程的加速，塑料在汽车中的应用将更加广泛。目前，发达国家已将汽车使用塑料零件数量的多少，作为衡量汽车设计和制造水平的一个重要标志。从现代汽车使用的材料看，无论是外装饰件、内装饰件，还是功能与结构件，到处都可以看到塑料制件的身影。图 9.11 所示为 3D 打印的汽车塑料零件。

(a) 3D打印的汽车汽缸

(b) 3D打印的齿轮

图 9.10　3D 打印的汽车金属零件

图 9.11　3D 打印的汽车塑料零件

在汽车零部件个性化定制方面,3D 打印同样具有非常酷炫的应用,如宝马 mini 推出的内饰件(见图 9.12)及外观零部件定制可以让用户拥有独一无二的汽车。

3. 在维修领域的应用

3D 打印对汽车维修技术的发展、备件库存的设置带来了很大影响。对于紧

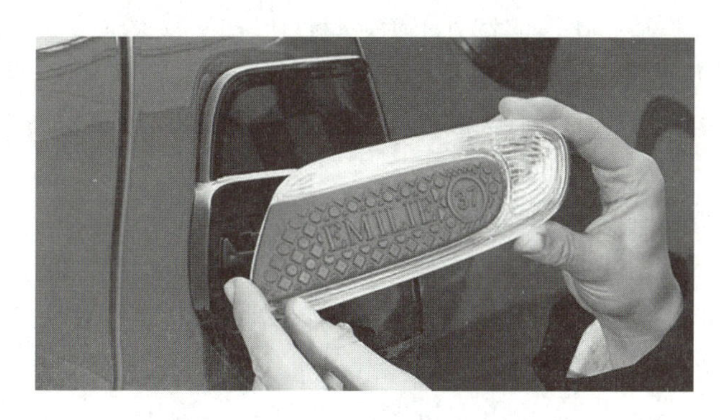

图9.12　3D打印的汽车内饰件

缺无库存的零部件，在更换维修时，开发相关模具浪费大、成本高、时间长。技术人员可通过3D打印直接修复“伤口”或打印出紧缺零部件，延长关键结构的寿命。当大型不易移动的野外作业机械发生故障时，可以携带3D打印设备到现场维修。此外，汽车维修中使用的特殊工具或品牌专用工具的需求量少，购买困难，3D打印可以直接解决这个问题。图9.13所示为3D打印的扳手。

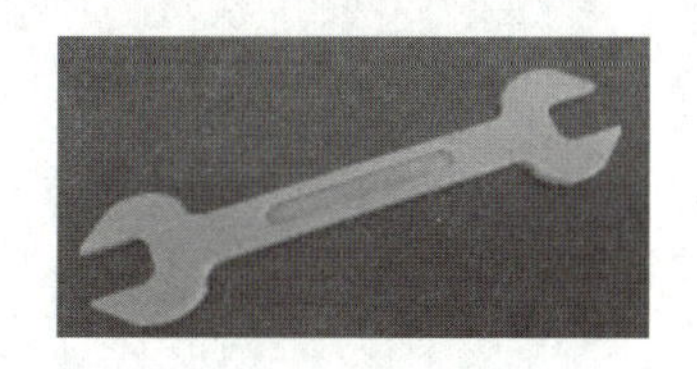

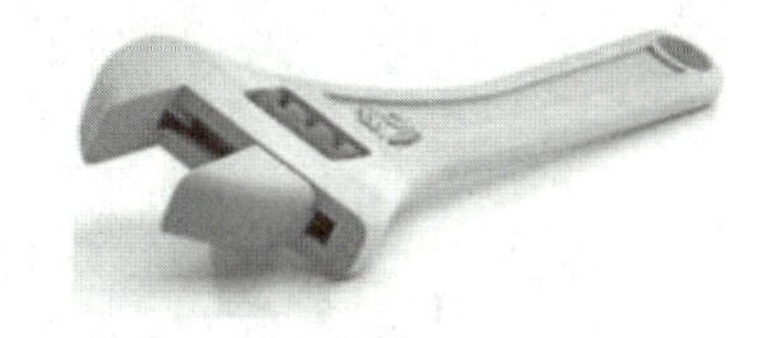

图9.13　3D打印的扳手

总体来说，多材料3D打印在工业制造领域中的应用越来越广阔，市场份额巨大，发展前景被普遍看好。

9.1.3　船舶领域

3D打印技术在船舶领域也有着较好的发展前景，可应用的范围也较大。

1. 3D打印船舶备件

对于船舶来说，尤其是远洋油轮、远海航行和作战的军船，设备故障的修理是很常见的事情，为了应付一些突发情况所需的零部件，要么随船带足各种可能需要的零件，要么想办法靠岸修理，这两种选择无论哪种都会带来较高的修理成本和风险。将3D打印技术应用到船舶备件的供应链中，不失为一种很好的解决方案。

早在2014年美国海军就提出了“打印舰艇”的概念——将3D打印技术应用

到零部件的供应链中。美国海军人士称,掌握 3D 打印技术将是海军的优势之一,在航行的状态下使用 3D 打印技术,将是一件里程碑式的事件,必将大量减少备品、备件的携带量,增加武器、燃料及补给的携带量,从而显著提高海军的远洋作战能力。

2. 3D 打印船模

美国卡德洛克海军水面作战中心采用 3D 打印技术成功打印出美军医疗船模型,用于测试船上风力、气流的情况。该中心科学家称 3D 打印可以提供更快、更精准及更低成本的舰船模型。如果将该技术推广应用,在相同和相似领域必将产生深远的影响。图 9.14(a)所示为 3D 打印的船模。

3. 3D 打印螺旋桨

2016 年初,国外两位研究者尝试采用 3D 打印技术制造螺旋桨,他们同时选用了 4 种材料进行实验对比,取得了丰富的试验数据。图 9.14(b)所示为 3D 打印的船用螺旋桨。

(a) 3D打印的船模

(b) 3D打印的船用螺旋桨

图 9.14 3D 打印的船模与船用螺旋桨

4. 3D 打印无人机

英国早在 2011 年就应用 3D 打印技术打印了世界上第一台无人机 SULSA。该无人机经过多次改进后,于 2015 年进行海上试飞试验。尽管它只能飞行 40 min,但其低廉的成本和执行任务时的表现,足以让人们产生浓厚的兴趣和继续研究的决心。2016 年,SULSA 正式服役,为英国皇家海军破冰船的南极之旅侦查路线。

2014 年 8 月,美国弗吉尼亚大学团队对其 3D 打印无人机进行了若干次试飞,取得了令人满意的效果。该无人机性能优异,巡航速度高达 83km/h。该无人机的所有零件均采用 3D 打印技术制作完成,从模型设计到制造完成仅仅耗时 4 个月,成本仅 2000 美元。美国 Stratasys 公司的 Fortus900mc FDM 3D 打印机可以通过设定程序一次性打印出整个无人机机体,用时不到 24h,较之前的 120h 提高了 4 倍左右的效率。

5. 其他方面

3D打印技术除以上应用外，还在发动机铸造模具、涡轮增压部件及小艇模型等方向得到应用。3D打印技术正在船舶领域的各个方面大显身手。

9.1.4 航空航天领域

航空航天是3D打印技术应用最广泛的一个行业。经过多年的发展，3D打印技术不仅可以打印模型、航空航天的零件及设备，还能打印无人机、卫星、火箭。这意味着3D打印技术将加速人类探索太空的步伐，也让绝大多数的太空旅行梦可以成为现实。

在航空工业制造领域，原材料相关问题一直是制约发展的原因，昂贵的金属、轻型复合材料在制造过程中使用得越多，浪费就越大。同时，航空材料对轻量化的要求非常高，3D打印技术在航空航天的生产制造中表现出无可比拟的优势，能使航空航天企业提高竞争力。

3D打印技术在航空航天领域的应用主要集中在三个方面：航空关键零部件的直接制造、航空内饰的个性化和舒适性定制，助力太空之旅。早在20世纪90年代后期，美国就已经采用SLM技术制造了J-2X火箭发动机的排气孔盖。波音公司已经利用3D打印技术制造了大约300种不同的飞机零部件。空中客车公司(Airbus)使用3D打印技术制造了A380飞机客舱行李架，在“台风”战斗机中使用3D打印技术生产了空调系统，并且还提出了“透明飞机”概念，并计划在2050年左右采用3D打印技术生产制造出整架飞机。

3D打印技术在航空航天领域的应用如下。

1. 航空关键零部件的直接制造

当前，航空领域面临着前所未有的压力，尤其是飞机制造面临着更高的性能要求。在以往飞机的零部件制造过程中，耗时较长且材料浪费较为严重的状况较为显著。与此同时，飞机某些零件的结构较为复杂，采用传统工艺往往很难达到所需的精度。因此，借助3D打印技术来制造飞机的零部件，成为了一种可供选择的方式。

从总体来看，运用3D打印技术，可以突破传统的生产工艺，实现飞机零部件制造工艺的提升。设计师们能够优化飞机组件的设计，结构复杂的零部件也能得以生产，另外，3D打印技术能缩短产品的交付周期，节约生产成本，简化库存管理和减少异地运输的需求。

图9.15所示为3D打印的航空关键零部件，其中图(a)所示为3D打印的燃料喷嘴；图(b)所示为3D打印的支架，已经实现了量产；图(c)所示为3D打印的飞机发动机叶片。

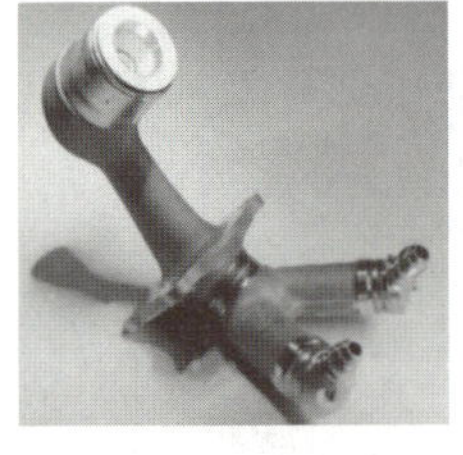

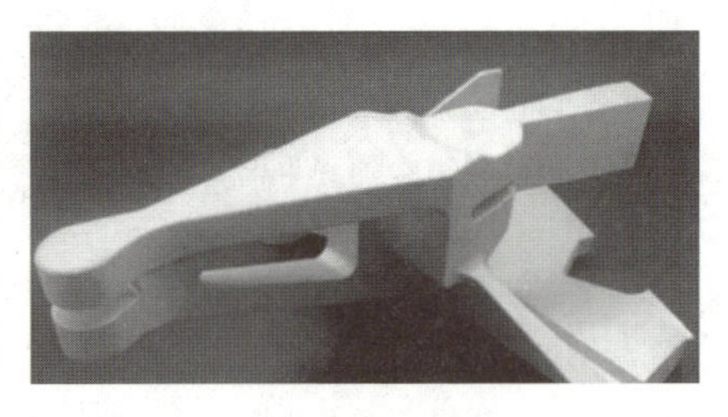

(a) 3D打印的燃料喷嘴　　(b) 3D打印的支架　　(c) 3D打印的飞机发动机叶片

图 9.15　3D 打印的航空关键零部件

2. 航空内饰的个性化和舒适性定制

在飞机精密零部件的设计及制造领域,3D 打印具备的优势几乎无可替代。具体来讲,利用 3D 打印技术来制造飞机零部件的主要优势之一是减轻重量,采用轻质材料制造出的飞机组件,内壁更薄、耗材也更少。尤其是在制造形状复杂的飞机零部件方面,采用 3D 打印技术既能节省时间,又能降低成本。与此同时,由于不受常规制造和模具制约的限制,工程师可以设计和进一步优化飞机零部件的性能,让飞机在飞行时更加安全。目前,3D 打印技术除了可以用来设计及制作各种飞机零部件以外,还可以用来定制个性化的飞机内饰。

2018 年,增材制造技术供应商 EOS 和中东地区最大的飞机维护、修理和大修(MRO)服务提供商阿提哈德航空公司合作,利用 3D 打印技术,实现飞机内饰的个性化定制。图 9.16 所示为采用 3D 打印技术打印的阿提哈德航空公司的飞机客舱。

图9.16　采用 3D 打印技术打印的阿提哈德航空公司的飞机客舱

从产品类型上看,飞机客舱的内饰产品可以划分为地板、侧壁、头顶行李架、座椅和其他组件。其中,座椅部分的价值较高,座椅在整个飞机客舱内饰产品市场中所占的份额也较大。为进一步改善座椅等产品的舒适性,许多飞机内饰制造商已经将 3D 打印技术应用于座椅的制作过程中。

客舱座椅后面的书报架由于经常与餐车发生碰撞很容易损坏，这样就容易伤到乘客。但由于新配件交货期非常长，很多公司现已采用 3D 打印技术来及时制造一个新的配件，可以有效地弥补供应链长的缺陷并继续给乘客提供舒适的飞行体验。图 9.17 所示为采用 3D 打印技术打印的阿提哈德航空公司的飞机座椅零件。

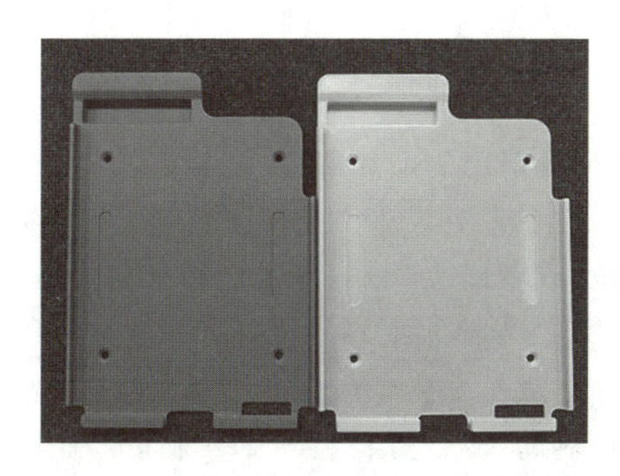

图 9.17　采用 3D 打印技术打印的阿提哈德航空公司的飞机座椅零件

除了座椅、头顶行李架以外，借助 3D 打印还可以制作飞机尾部设备舱通风设备、折流板、电机外罩、灯罩、孔罩、窗帘夹、指示牌等内饰用品。飞机内饰由数万个零件组成，借助 3D 打印可以按需打印轻量级、个性化内饰产品，这对于航空公司降低内饰制作成本、营造出温馨舒适的客舱环境大有裨益。

3. 助力太空之旅

当前，3D 打印除了可以用于生产结构复杂的飞机等产品的关键部件外，也在逐步将人类的生产制造活动延展到了外太空。通常来说，外太空的环境与地球的环境是不同的。在外太空由于失重等因素的影响，人类进入太空需要自行携带太空探险所需要的工具。

随着 3D 打印技术的不断发展、成熟，宇航员可以将 3D 打印机带入空间站，从而随时打印出需要的工具，以此来推动科学探险事业的顺利进行。例如，美国空间站上的宇航员就曾经借助 3D 打印机，对照地面工作人员传输的数字模型文件，打印出了一个套筒扳手。2016 年 4 月，全球第一台商业 3D 打印机 Additive Manufacturing Facility（AMF）被正式安装在国际空间站上，这台 3D 打印机的首个杰作是一把工具扳手，宇航员可以用它来完成轨道实验室中的维修工作。这个扳手有点与众不同，扳手尾部设计了一个回形扣，方便宇航员在零重力环境下放置扳手，如图 9.18 所示。

未来，当人类能够从其他星球表面开采原材料时，还能在太空建立零件工厂，进一步减轻航天器的发射重量，节约空间，降低发射成本。

3D 打印技术在太空的操作环境与地球大不相同，技术难度也不一样。在地

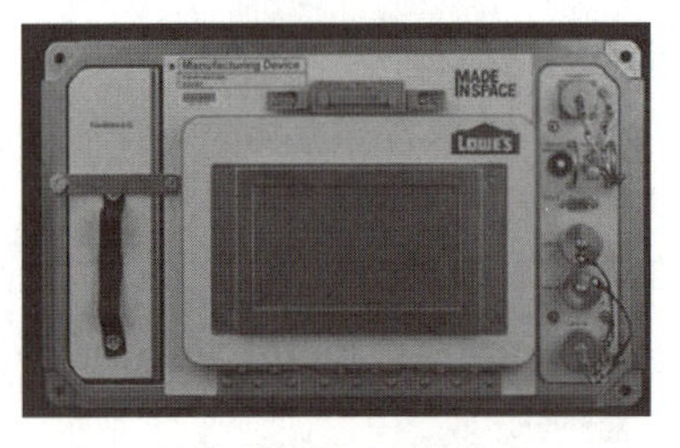

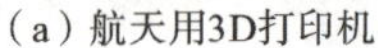

(a) 航天用3D打印机

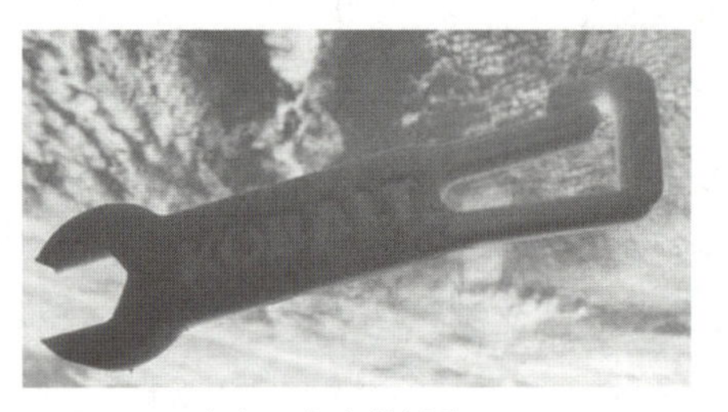

(b) 3D打印的扳手

图 9.18　航天用 3D 打印机及其打印的扳手

球上,依靠重力,3D 打印机挤出的加热塑料、金属或其他材料能自然地沉积,一层一层打印出三维物体。而在太空零重力条件下,需要使用以给定速率旋转的离心机来确保材料沉积到位,或者修改 3D 打印的流程来使设备平稳运行。不过,原本基于地球环境的 3D 打印技术其实更容易适应有着微重力环境的月球和火星。

2020 年,我国新一代载人飞船试验船按计划在轨正常飞行,此次在试验船上搭载了一台我国自主研制的“复合材料空间 3D 打印系统”。科研人员将这台“3D 打印机”安装在了试验船返回舱之中,飞行期间该系统自主完成了连续纤维增强复合材料的样件打印,并验证了微重力环境下复合材料 3D 打印的科学实验目标。这是我国首次太空 3D 打印实验,也是国际上第一次在太空中开展连续纤维增强复合材料的 3D 打印实验。这次打印的对象有两个,一个是蜂窝结构(代表航天器轻量化结构),如图 9.19(a)所示;另外一个是 CASC(中国航天科技集团有限公司)标志,如图 9.19(b)所示。

(a) 蜂窝结构

(b) CASC标志

图 9.19　太空中 3D 打印的零件

关于太空 3D 打印机,早在 2014 年,美国国家航空航天局(NASA)就已研制成功,并在国际空间站完成了世界首次太空 3D 打印,揭开了人类“太空制造”的序幕。除了中国和美国进行了太空 3D 打印试验外,俄罗斯也在进行太空 3D 打印技术试验。据俄罗斯卫星网 2019 年 9 月报道,俄罗斯运载机器人宇航员“费多尔”搭载联盟“MS-14 号”飞船把在国际空间站通过 3D 打印得到的骨组织和蛋白结晶样本带回了地球。

任务2　3D打印技术在文化艺术领域中的应用

任务单

1. 理解3D打印技术在文化艺术领域中的各种应用。
2. 请同学们思考未来3D打印技术在文化艺术领域更广阔的应用。

9.2.1　文物考古领域

随着计算机等技术的不断发展，3D打印技术不断成熟，并在文物修复、文物复制、文物数据采集存档与文物保护，以及三维数字化博物馆建立等方面得到了广泛的应用。

1. 文物修复

1）文物的残缺修复

很多文物在出土的时候就存在残缺，传统的修复工艺是用硅胶或者石膏直接对文物进行翻模，再对残缺部分进行修复。这样特别容易对文物造成二次破坏，而且很多质地疏松的材质根本无法进行翻模。

有了三维扫描技术后，可以直接用高精度扫描仪获取文物表面的三维数据，再经过专业软件对破损、残缺处进行拼接和模拟修补，将修复的破损部位单独保存。接下来就是3D打印机的主场了——通过3D打印技术打印制作破损部位，再将其直接安装在破损文物本体上，既节省时间、材料，又可精准修复，更重要的是避免对文物的二次破坏，如图9.20所示。

2）文物的拼接修复

很多文物在出土的时候是碎片状态，需要对它们进行修复，就得将这些碎片进行拼接，而拼接的难度又很高，必须不断地去尝试，这样就又对文物产生了严重的二次破坏，尤其是对质地疏松的文物。

现在我们通过三维扫描技术，将每一个碎片的三维数据扫描存档、编号，直接通过软件进行拼接尝试。或者为了有更直观的感受，可以使用3D打印机将这些碎片全部打印出来进行拼接模拟，如图9.21所示。

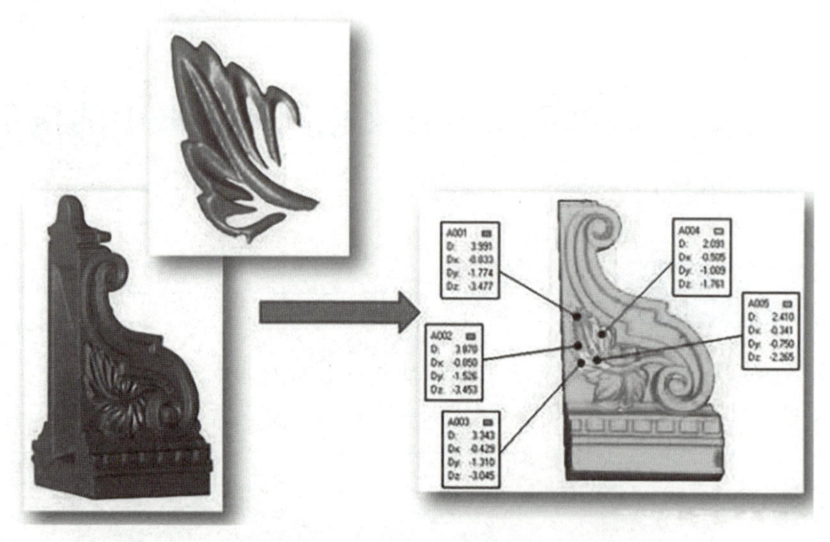

图 9.20　文物的残缺修复

图 9.21　文物的拼接修复

2. 文物复制

文物复制是文物保护行业最基本的工作。传统的工艺通常使用石膏或者硅胶翻模的方法进行文物复制,但是大部分文物不可以用翻模的方法复制,因为会对文物造成不可逆转的破坏。而有了三维扫描技术和 3D 打印技术,可以先通过三维扫描仪扫描文物的全尺寸三维数据,再进行 3D 打印,这样的话既可以复制出 1∶1 的文物模型,又能很好地保护文物不受任何伤害,如图 9.22 所示。

3. 文物数据采集存档与文物保护

1) 数据采集存档

对文物及古建筑遗迹进行数据采集存档的传统方式往往只是拍照和测距,只能记录文物的色彩和形状尺寸数据。而我们有了三维扫描仪后,可通过扫描仪采集高精度的现存古建筑、高价值的考古挖掘现场数据,数据存档后可随时调出查

图 9.22　缩小打印兵马俑复制品

看，极大地降低了文物因发生意外事故而出现损伤后的修复难度。例如，巴黎圣母院 2019 年意外失火，而不幸中的万幸是，在失火的前几年，巴黎圣母院就使用大空间三维扫描仪完成了三维数据的采集工作，所以后期修复难度降低了很多。如图 9.23 所示，其中图(a)所示为工作人员正在用 3D 扫描仪扫描巴黎圣母院，图(b)所示为用 3D 打印技术制作的巴黎圣母院模型。

(a) 3D扫描巴黎圣母院

(b) 3D打印的巴黎圣母院模型

图 9.23　巴黎圣母院的数据采集与打印

而对于一些高价值的古墓，当需要进行整体迁移，或者制作缩小的模型来展示时，三维扫描技术就是最强的辅助测量工具。如图 9.24 所示，其中图(a)所示为工作人员正在进行古墓的 3D 扫描，图(b)所示为 3D 打印的古墓模型。

(a) 3D扫描古墓

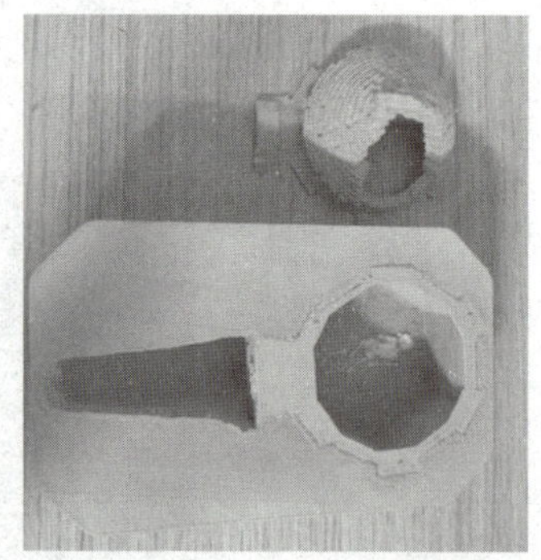

(b) 3D打印的古墓模型

图 9.24　古墓的数据采集与打印

2) 文物保护

户外的一些大型雕塑类文物(见图 9.25)很容易受到恶劣环境的侵蚀，如果不及时加以保护，文物的损伤会越来越大。我们通过三维扫描的方式，阶段性地多次采集这些文物的数据，分析这些扫描数据的变化就可以判断出文物在这个时间段内受环境侵蚀后的损伤量，从而有计划地为这些文物合理地分配资源，最大程度地保护它们。

图 9.25　文物的及时保护

4. 三维数字化博物馆的建立

使用全彩三维扫描仪，可以得到文物非常真实的彩色三维数据，然后使用大空间三维扫描仪扫描古建筑场景，将这些数据通过软件修整、设计后，再通过网页、小程序或者 VR(虚拟现实)设备等平台，建立数字化博物馆，为观众展示出逼真的三维场景，使观众身临其境。

虽然复原的文物、古建筑并不能完全替代被摧毁的文物、古建筑，但不可否认的是，3D 打印复原技术将成为考古、文物鉴赏等领域不可缺少的重要技术支撑。随着 3D 打印技术的成熟，结合计算机技术，可实现文物及考古现场的数字模型的建立和信息化存储，进而对数字模型进行管理和应用，我们预测，3D 打印技术在文物修复领域将具有更加深入的研究和广阔的应用前景。

9.2.2 艺术设计领域

随着 3D 打印技术的成熟，这个科技项目逐渐褪去神秘的面纱，展现在世人眼前，3D 打印技术可以将复杂多变的创意快速打印成模型，因而受到了众多艺术家的青睐。天马行空的创意思维与 3D 打印技术相结合，造就了许多令人惊叹的艺术作品。

使用 3D 打印机，艺术家可以创造他们想要的一切。这项技术几乎被引入艺术界的每一个分支，最终产品令人震惊。下面我们来看看各种艺术是如何跟 3D 打印“联系”起来的。

1. 视觉艺术中的应用

也许利用 3D 打印技术最明显的艺术形式是视觉艺术。在很多地方都可以找到 3D 打印的艺术装置、雕塑等。3D 打印让这些艺术家可以更自由地创建复杂的结构，而这些结构利用传统方法曾经不可能制作，或者非常耗时且困难。它还将创作的力量交付给艺术家，因为他们不需要专门的技能来制作 3D 打印作品，只需要掌握一定的 CAD 设计专有技术和拥有一台 3D 打印机。在图 9.26 中，图(a)所示为 3D 打印的金银丝花雕塑，图(b)所示为 3D 打印的糖状头骨雕塑。

2. 音乐中的应用

3D 打印艺术不仅限于博物馆装置，其他不同门类的艺术家已经在他们的领域找到了采用 3D 打印进行创作的方法。随着 3D 打印技术的兴起，音乐家很快就会看到他们的乐器和所需工具制作得比以前更精细、更快速。3D 打印乐器也从一种理念变为真正进入并影响乐器制造领域的重要元素。

考古学家和音乐历史学家还能使用 3D 打印技术重建历史上丢失的乐器，这能让我们对古代音乐和文化有新的认识，使我们能够欣赏到几千年前的音乐。图 9.27 所示为 3D 打印的吉他。

(a) 3D打印的金银丝花雕塑

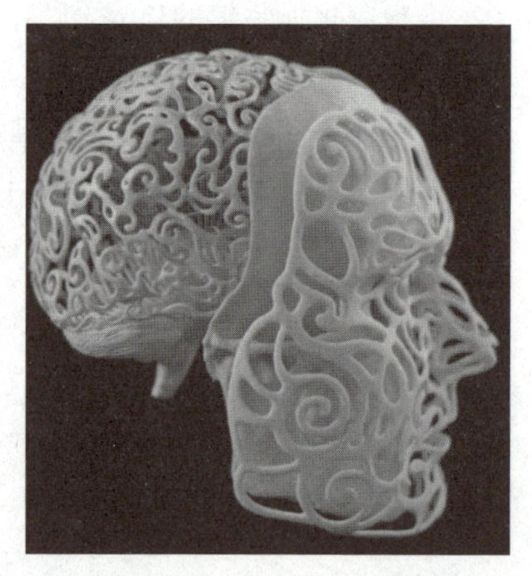

(b) 3D打印的糖状头骨雕塑

图 9.26　3D 打印的雕塑

美国艺术家 Gilles Azzaro 将声波通过 3D 打印技术打印了出来,如图 9.28 所示。他采用声波录音,并通过 3D 打印技术将其转换为有形结构。此外,他最著名的 3D 打印作品是他亲爱的朋友的新生儿的哭声和美国前总统奥巴马的国情咨文。

图 9.27　3D 打印的吉他

图 9.28　3D 打印的声波

3. 服装设计中的应用

3D 打印技术应用在服装设计领域,实现了科学与时尚的完美结合,复杂的线条、灵动的设计,给人带来了美的享受。图 9.29 所示为 3D 打印的服装。

近年来,应用多种材料进行个性化服饰 3D 打印得到了很大的发展。例如,adidas 推出了一款新型概念鞋,此概念鞋由海洋塑料制成的上层和鞋底夹层等组成。鞋底夹层以可回收性聚酯和刺网为材料,通过 3D 打印制成,该材料是海洋塑料碎片的一部分,极大地促进了材料的可持续发展与创新。再如,New Balance 公司为运动员 Jack Bola 设计了一款运动鞋。这款定制的运动鞋鞋底选择了尼龙材料,通过传感器、动作捕捉系统获取数据构建三维模型,采用 SLS 工艺加工而成,

图 9.29　3D 打印的服装

从而提高鞋的合体度，这为开拓个性化定制市场提供了新的方向。

3D 打印可以满足消费者对舒适性与功能性的不同需求，采用 3D 打印技术生产定制服装将会成为服装产业发展的新方向。这种定制化生产方式使用的材料较少，可节约成本，能够直接将三维设计文件转变为服装实物，省去了传统服装生产工艺中烦琐的工序，从而极大地提高了产品的生产效率，缩短了服装生产周期，增加了服装产品的技术含量，并且给面临资源短缺的服装产业带来了新的发展机会。

4. 舞蹈中的应用

舞蹈大部分的内容都是用身体完成的，如芭蕾舞蹈用脚趾尖端跳舞，而常规的足尖鞋无法根据每一位舞者的脚形制作，但舞者又必须每天穿着几个小时进行训练，长此以往，会造成脚趾淤血。因此，为了减轻舞者脚上的损伤，有人根据舞者的脚形，采用 3D 打印技术，将弹性体聚合物制成完美贴合舞者脚形的足尖鞋，如图 9.30 所示。

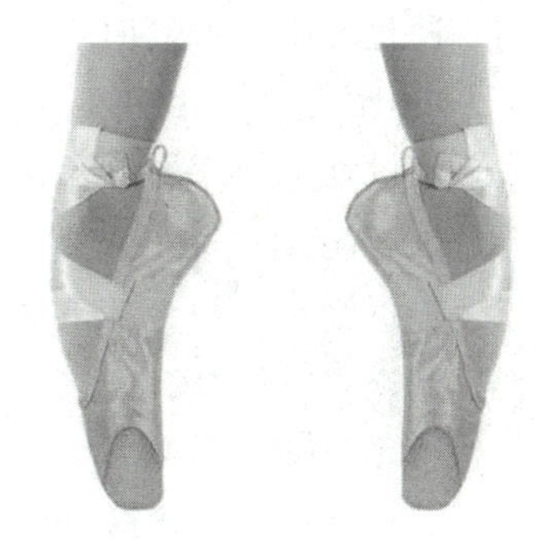

图 9.30　3D 打印的足尖鞋

5. 电影中的应用

凭借能实现精确的设计和完美的终端产品的特点，3D 打印在电影领域“大显身手”：打印损坏设备需要更换的部件比订购原装替换件更快；打印定格动画比传统的实现方法更具吸引力。

在国际范围内，3D 打印技术在电影美术和影视动画中的应用已经越来越普及和成熟。3D 打印技术将在提高影视制作效率和效果方面发挥显著的作用。国际上已将 3D 打印技术应用在定格动画(stop motion)的拍摄中，且运用已较为成熟。3D 打印在定格动画拍摄中主要用于角色的表情制作和场景道具打印。在图 9.31 中，图(a)所示为 3D 打印的动画角色，图(b)所示的树为 3D 打印的场景道具。

(a) 3D打印的动画角色

(b) 3D打印的场景道具(树)

图 9.31　3D 打印的动画角色和场景道具

9.2.3　首饰领域

传统的首饰制作步骤烦琐,人力花费与时间花费成本较高,且大批量生产才能降低成本。传统首饰制作中的大批量生产也只是针对首饰组件而言,虽然顾客可选择的选项增加,但仍旧有限,依旧是在有限的首饰组件的组合中挑选,不是纯粹的个性化定制。一般而言,首饰定制多用于经济水平高的人群,但无论是哪类消费人群,都有个性化的表达需求,3D 打印使首饰定制成为现实。3D 打印技术在现代首饰设计中的应用形式有概念设计、材料拼接以及私人定制。

1. 概念设计

现代首饰设计作为手工艺品设计的一个重要分支,在当下十分活跃,使用的材料类型众多,形式风格也多种多样。在 3D 打印技术的应用下,设计者可以利用计算机模型表现设计意图,在模型中体现首饰作品的成形特点,并对创意进行不断完善。从这一角度来看,3D 打印技术可以让设计者更容易将创意转化为设计作品,并在设计过程中,使创意更加具体。在此情况下,3D 打印技术可以为现代首饰概念设计提供支持,在一定程度上能够推动现代首饰设计的发展。比如,著名的 3D 打印网站 Shapeways 已经成为概念首饰作品的展示平台,设计者可以在平台上发布创意作品,如果概念首饰能够得到人们的认可和喜爱,则会投入实际生产,确保产品的畅销性。

2. 材料拼接

材料拼接是 3D 打印技术在现代首饰设计中的一种重要应用形式,现代首饰作品往往由多种材料组合而成,不仅可以利用 3D 打印技术完成每个部分的设计制作,还可以对各部分的材料进行拼接,得到完整的首饰作品。比如在一款胸针首饰的设计过程中,作品主要采用银、光敏树脂两种材料,这两种材料的材质特点完全不同。金属银作为首饰的常用材料,具有良好的延展性和较高的熔点,而光敏树脂则是一种熔点低、密度小、质地较为柔软的材料。要使这两种材料自然连接成为一个整体，并实现设计的形态，采用传统技术难度较大。而采用3D打印技术，则可以轻松解决两种材料的成形和拼接问题，成形后只需要进行简单的打磨即可。

3. 私人定制

3D打印技术的应用正在弱化设计者与消费者之间的角色定位，这种便捷的设计制造技术，让每一名消费者可以成为现代首饰作品的设计者。对于专业设计师而言，其作品需要充分满足消费者的个性化需求，为其提供私人定制服务，才能保证设计的独特性。正如荷兰设计师Janne Kyttanen所说，3D打印技术无限放大了现代首饰设计中的创造力比重，使其制造过程变得越来越高效化，必须让创造力成为作品设计的焦点。在此趋势下，私人定制将成为现阶段首饰作品设计的主要形式，应在设计过程中更多地发挥3D打印技术的优势，满足消费者的具体要求。

随着文化水平的普遍提高，消费者的个人品位逐渐提升，且行事作风愈来愈彰显个性，想要与众不同，独特中又带着些趣味，利用3D打印技术和互联网平台定制首饰所具有的优势会愈来愈受到社会的认可与追捧。图9.32所示为3D打印的首饰。

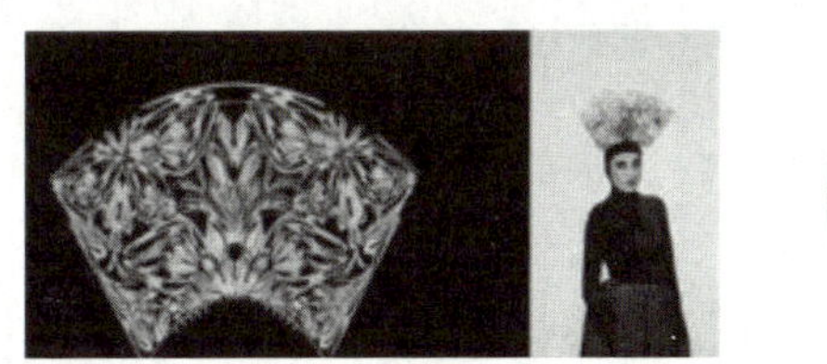

图9.32 3D打印的首饰

任务3 3D打印技术在生物医学领域中的应用

任务单

1. 理解3D打印技术在生物医学领域中的各种应用。
2. 请同学们思考未来3D打印技术在生物医学领域更广阔的应用。

9.3.1 医学模型

随着医学技术的发展，人们已经能够通过CT/MRI的扫描数据，重构出三维图像。这对了解患者的病情及规划手术有一定的指导作用。医用模型是利用 3D 打印技术将三维图像数据信息形成的实体结构广泛应用于外科手术和医学教学。用 3D 打印技术制作出患处的实体模型，不仅可以用于对年轻医生的医学培训，而且有利于精确诊断患者的病情，便于进行术前讨论和手术模拟，从而提高手术的准确性。SLS 技术在医用模型上的应用也早已实现。在图 9.33 中，图(a)图和图(b)分别为 3D 打印的下颚头部和牙齿模型。

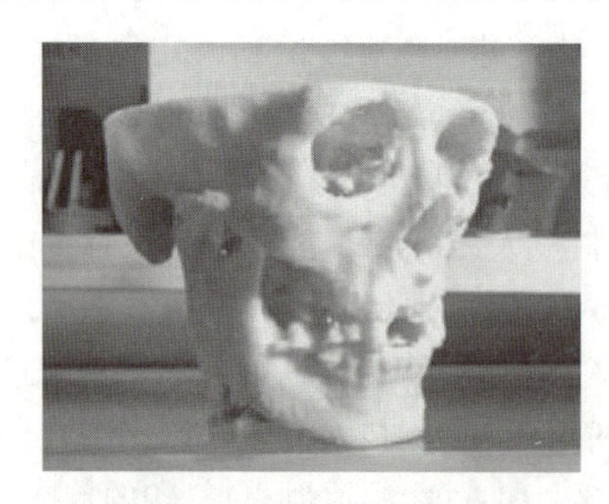

(a) 3D打印的下颚头部模型　　(b) 3D打印的牙齿模型

图 9.33　3D 打印的医学模型

近年来，应用多材料 3D 打印技术可快速构建出各病变组织的异质零件三维模型。依据这些异质零件三维模型可更加精确地诊断患者病情，模拟手术，制定相关的手术方案。相关学者利用多材料 3D 打印技术提高了肝肿瘤切除手术的安全性和效率，如图 9.34 所示。

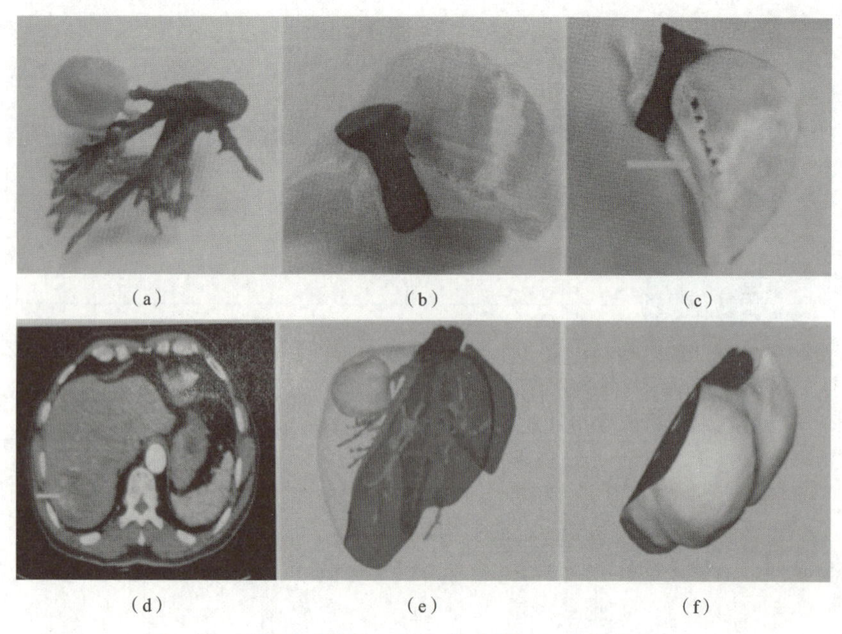

(a)　(b)　(c)

(d)　(e)　(f)

图 9.34　利用多材料 3D 打印技术进行肝肿瘤术前评估

9.3.2　假体和植入体

假体在医学上称为修复体，是一种替代人体某个肢体、器官或组织的医疗器械，用来辅助维持人体正常活动。对于口腔、面部(如眼、耳、鼻等)的缺损修复，由于受患者身体条件及修复技术等多种因素的限制，目前仍多采用假体修复。用传统制作方法制作的假体精度难以保证，制作周期长，易缺损且衔接精度不高。因此，传统制作方法在临床医学上的应用受到了很大的限制。3D打印技术克服了这一难题，如采用SLS成形方法制作的蜡模假体，精度高，可操作性强，解决了外形精度方面的问题，缩短了制作周期，满足了患者的个性化需求。如图9.35所示，图(a)所示为3D打印的耳朵假体，图(b)所示为3D打印的眼球假体。

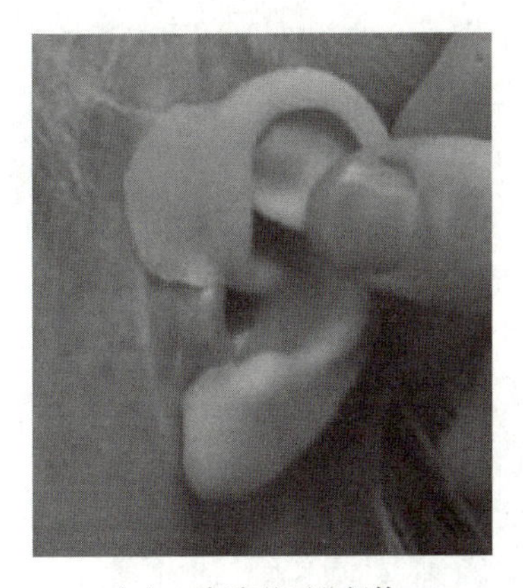

(a) 3D打印的耳朵假体

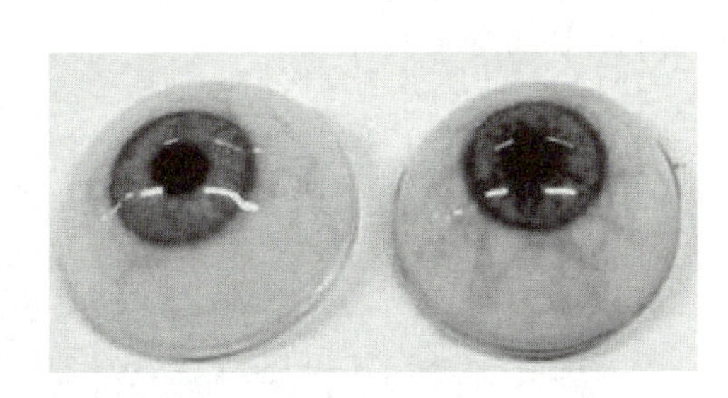

(b) 3D打印的眼球假体

图9.35　3D打印的医学假体

9.3.3　组织工程支架

"组织工程"(tissue engineering)一词是在1987年由美国国家科学基金会(NSF)在华盛顿举办的一次生物工程会议上提出的。组织工程支架作为细胞增殖的载体，被移植到人体内，为细胞的生长与增殖提供了一个临时的支撑，因此它必须具备三维多孔结构，以满足细胞的增殖要求、营养需求，以及方便代谢物传递的需求。传统方法加工的支架力学性能不足，内部孔隙相互贯通程度低，孔隙率和孔分布的可控性差，特别是用于临床医学上，支架的个性化程度不够，影响支架复合细胞植入体内的修复效果。而3D打印技术(如SLS技术)可直接选择具有生物性能的材料作为加工材料，无支撑，并且可以通过调整主要参数来控制孔隙率、孔径大小,从而得到较好的微观结构。图 9.36 为 3D 打印的用于骨肿治疗的生物陶瓷支架。

图 9.36　3D 打印的用于骨肿治疗的生物陶瓷支架

哈佛大学 Wyss 研究所的 Lewis 研究团队研发了一种新的 3D 打印技术,可以打印出布满血管、由多种细胞和细胞间质组成的组织。如图 9.37 所示,Lewis 研究团队的终极理想是打印出可以用于人体移植的器官,但是在当今的条件下,这显然还有很长的路要走。

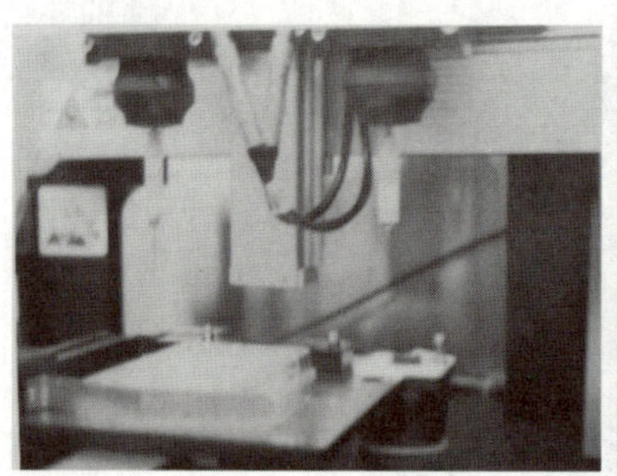

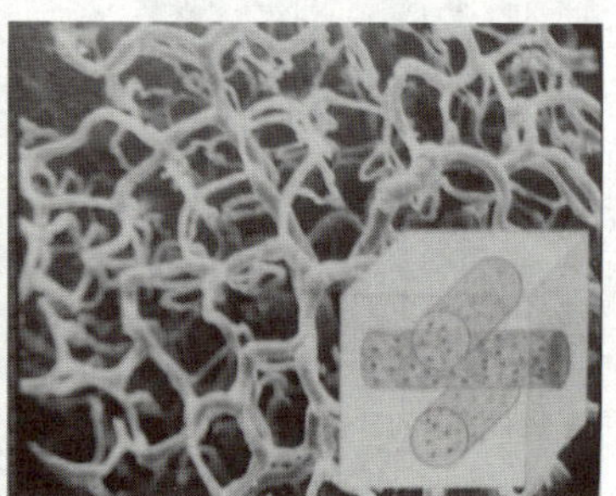

图 9.37　3D 生物打印机及其打印的人工组织

Jin Woo Jung 等利用多材料 3D 打印技术开发了一套生物 3D 打印系统,并进行了耳朵、肾脏、牙齿组织的建模成形分析研究。美国劳伦斯·利弗莫尔国家实验室(Lawrence Livermore National Laboratory,LLNL)的研究人员使用多材料 3D 打印技术打印出血管系统模型,可以帮助医疗人员在体外更加有效地复制人体生理机能,复杂的组织系统也被很好地再现出来。Zhang 等应用生物打印技术对几种具有代表性的组织器官,包括血管、心脏、肝脏及软骨等进行了打印研究。

9.3.4　医用支具

医用支具是一种置于身体外部的用具,旨在限制身体的某项运动,从而辅助手术治疗的效果，或直接用于非手术治疗的体外固定。目前，3D 打印技术也应用到了医用支架的设计和制作中，图 9.38 所示为 3D 打印的脊柱侧弯支具。采用传统方法制作的支具与采用 3D 打印技术制作的支具比较如下：

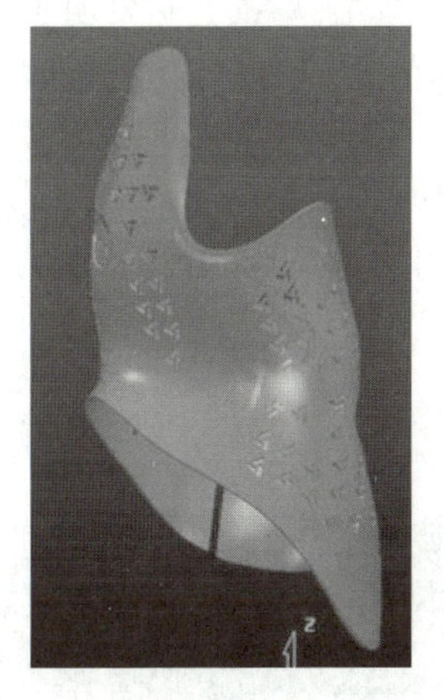

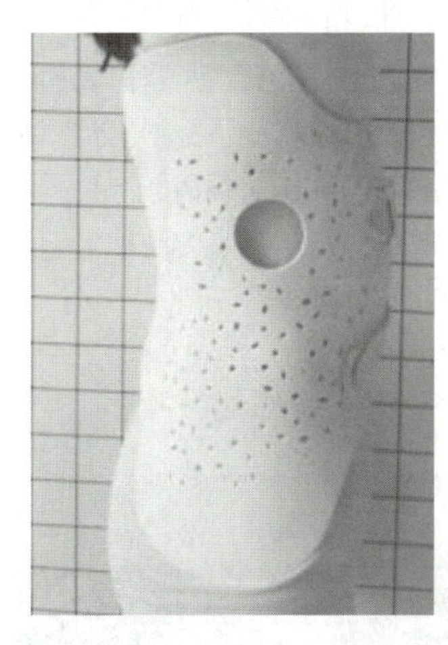

图 9.38　3D 打印的脊柱侧弯支具

第一，采用传统方法制作的支具透气性差，患者在夏季很不愿意使用它来配合治疗。而 3D 打印技术可以实现局部加强、大部分材料镂空，提高了支具的透气性。

第二，采用传统方法制作的支具不够时尚，对于青春期的女孩来说，心理压力大，很多女性患者不愿意将矫形器穿戴到学校或工作场所。而 3D 打印技术可以设计出样式时尚、色彩缤纷的矫形器。

第三，采用传统方法制作的支具，整体重量偏重。3D 打印技术可以减轻支具的总体重量，让穿戴更舒适。

任务 4　3D 打印技术在建筑领域中的应用

任务单

1. 理解 3D 打印技术在建筑领域中的各种应用。
2. 请同学们思考未来 3D 打印技术在建筑领域更广阔的应用。

3D 建筑打印是利用工业机器人通过逐层累积最终形成一个自由形式的建筑结构成品的新兴技术。建筑用 3D 打印机的构成和传统打印机的基本一样，都是由控制系统、机械系统、打印喷头、(建筑)打印材料组成的。根据计算机上设计的完整三维模型数据,通过一个数据处理程序将材料分层打印输出并逐层叠加,最终将计算机上的三维模型变为建筑实物。

2013 年 1 月,荷兰建筑师 Janjaap Ruijssenaars 与意大利发明家 Enrico Dini 合作,计划打印出一些包含沙子和无机黏结剂的 6 m× 9 m^2 的建筑框架,然后用纤维强化混凝土进行填充。这次需要用到的 3D 打印机“D-Shape”也十分庞大,是由意大利发明家 Enrico Dini 设计的。在他们的计划中,使用砂砾层、无机黏结剂,最终的成品建筑会采用单流设计,由上下两层构成,打印的小楼名为“Landscape House”,如图 9.39 所示。

图 9.39 3D 打印的“Landscape House”

2014 年 4 月,中国著名企业盈创(上海)建筑科技有限公司通过 3D 打印技术建造的 10 幢建筑在上海张江高新青浦园区内揭开神秘面纱。这些建筑的墙体是用建筑垃圾制成的特殊“油墨”,依据计算机设计的图纸和方案,经一台大型的 3D 打印机层层叠加喷绘而成的。据介绍,10 幢小屋的建筑过程仅花费 24 h;2015 年 1 月,盈创建筑科技有限公司在江苏省苏州工业园区,通过 3D 打印技术打印出了一栋五层楼房和一套 1100 m^2 的精致别墅;2016 年 7 月,盈创全球首个通过 3D 打印技术打印的办公室正式落户迪拜,占地 250 m^2,整个工程用时 19 d;2016 年 8 月,盈创公司为苏州太阳山国家森林公园 4A 级景区用 3D 打印技术打印出全球首批绿色环保厕所;2016 年 9 月,盈创公司在山东省滨州市使用 3D 打印技术一次性打印出两套中式风格别墅庭院,用时仅两个月。图 9.40 所示为盈创公司打印的建筑物。2019 年 10 月,装配式混凝土 3D 打印赵州桥在河北工业大学落成,如图 9.41 所示。

如今,3D 打印建筑逐渐从概念变成了现实,从实验室走向了工地。越来越多的国家开始尝试用 3D 打印技术建造房屋。3D 打印技术在建筑领域中有什么潜在优势呢?

(1) 施工速度快。3D 打印技术的施工速度是人工的数倍,而且可以做到 24h 昼夜不停。这意味着,房屋的交付周期将大大缩短,买房子或许能像买家用电器一样简单。

(2) 人工成本低。建筑业目前仍然是劳动密集型产业,人工成本是建筑业最

图 9.40　盈创公司打印的建筑物

图 9.41　3D打印的赵州桥

大的成本之一。对3D打印技术来说，打印过程基本由机器完成，极少需要人工干预。这样一来，“更少的人干活儿”，不仅可以节省大量的人工成本，还可以降低施工中的伤亡风险，进而也就节省了许多安全措施费用。

(3) 定制能力强。人类受自身生理条件限制，对于一项技能，从接触到学习再到熟练掌握总有一个过程。想做到“什么奇怪的房子都能造”，非要有数十年从业经验的老师傅才能实现。但对于3D打印来说，只要程序设计好，任何细节特点与复杂曲面都可以被快速打印出来。而且由于 3D 打印由程序和机器操控，误差往往可以控制在毫厘之间，这使得建筑设计师们获得了空前的设计自由度，工人经验的问题、材料加工的问题，将不再成为设计师表达想法的限制，建筑可以做到“一幢一面”，围绕客户个人的需求量身定制。

任务5　3D 打印技术在食品领域中的应用

任务单

1. 理解 3D 打印技术在食品领域中的各种应用。
2. 请同学们思考未来 3D 打印技术在食品领域更广阔的应用。

3D 食品打印机是将 3D 打印技术应用到食品制造上的设备，主要由控制计算机、自动化食材注射器、输送装置等几部分组成，它所制作出的食物形状、大小和用量都由计算机操控，其工作原理和操作方法与 3D 打印机相似，其使用的打印材料是食物材料和可食用的相关配料。将打印材料预先放入容器内，将食谱输入机器，按下开启键后注射器上的喷头就会将食材均匀地挤压出来，按照逐层打印、堆叠成形的方法制作出立体食品。

世界首款 3D 食品打印机是西班牙创业公司 Natural Machines 研制出的名为“Foodini”的食品打印机，是一款融“技术、食物、艺术和设计”于一身的家用食品机器，通过多个喷嘴的不同组合，可以制作出各种各样的食物，如汉堡、比萨、意面和糕点等多种食品。图 9.42 所示为“Foodini”打印机及其打印的食品。

(a)“Foodini”打印机

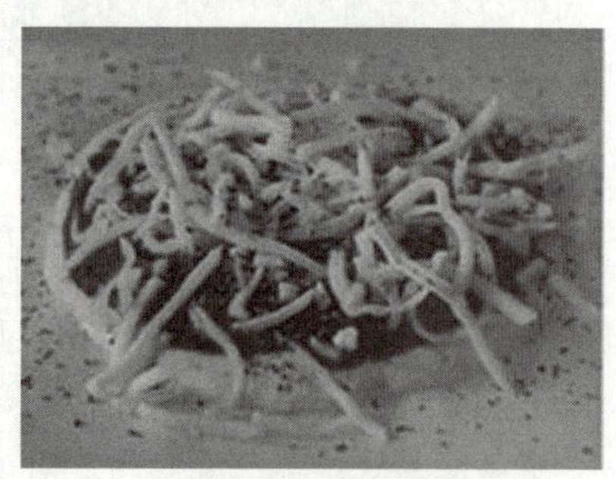

(b) 3D打印的食品

图 9.42　“Foodini”打印机及其打印的食品

任务6　3D打印技术在教育领域中的应用

任务单

1. 理解3D打印技术在教育领域中的各种应用。
2. 请同学们思考未来3D打印技术在教育领域更广阔的应用。

3D打印也为教育行业打开了一扇新窗口，一些教育机构和组织正在研究、探索如何将该技术应用到教学和学习中。学生不仅可以享受到这种最新潮技术带来的教学便利和各种创新，还能以此作为促进他们学习设计技能的推动力，更会对他们的技术素养和未来的职业发展产生深远的影响。

3D打印技术的发展，与教学使用相辅相成、相互促进。3D打印进入校园一方面能够让学生体会更为直观、更为理性的学习方法，在提高学习兴趣的同时提高教学效果；另一方面学生从规划到打印的参与过程中，动手能力也得到提高。随着门槛的降低及应用领域的扩大，3D打印机已经进入国内基础教育领域，在基础教学范畴，它可以使笼统的、物理的、构造的、数学的，乃至是文学、艺术的概念三维化，从而成为可以看得见、摸得着的具体实物，以一个数理模型的方式完成对文学和艺术产品的理解。以下就是3D打印机在国内教学上的应用方式：

(1) 数学系的学生可以将他们的“问题”打印出来，并在他们自己的学习空间中寻找答案，比如打印一个几何体，他们能更直观地了解几何体内部各元素之间的关系。

(2) 工程设计系的学生可以用3D打印机打印出自己设计的原型产品，从而进行测试、研究与探索。

(3) 建筑系的学生可以用3D打印机简便、快速地打印出自己设计的建筑实体模型。

(4) 历史系的学生可以用3D打印机来复制有考古意义的物品，方便进一步的观察。

(5) 平面设计系的学生可以用3D打印机来制作3D版本的艺术品以及一些基本的模型。

(6) 地理系的学生可以用3D打印机来绘制真实的地势图、人口分布图。

(7) 食品系的学生可以用3D打印机设计食物的产品造型。

(8) 车辆工程专业的学生可以用3D打印机打印各种各样的实体汽车部件，便于测试。

(9) 化学系的学生可以把分子模型打印出来观察。

(10) 生物系的学生可以打印出细胞、病毒、器官，以及其他重要的生物样本。

3D打印技术在教学领域的使用与推行主要由国家、校园和公司三方协作。在国家层面，美国等国家现已经将3D打印技术摆上战略高度进行规划，拟定国家层面的战略规划。校园层面，一些高等院校及中小学经过开设3D打印课程与训练、组成爱好社团、举办各种比赛等方法提高学生对3D打印的认知，培育其技能。有些学科教学还将3D打印使用于教学用具的制造上，让课堂学习更为直观化、生动化、兴趣化。公司层面上，3D Systems、Stratasys等公司一方面通过捐助3D打印机等方法进行推广，另一方面也研发并推出面向校园的3D打印设备、相关课程及教材等。

在国外，3D打印机在欧美大学里几乎就是设计物理模型必不可少的工具，主要的应用如下。

(1) 机械工程学院：3D打印机可以完整地将计算机中的数字影像转换为实物模型，这样学生可以很好地评估自己的设计成果。

(2) 建筑工程学院：快速、经济的模型建设使打印一栋建筑物模型成为可能。3D打印机可以将一栋建筑物模型分批打印，最后组装成形。这样就可以不只是将学生的设计模型做平面展示，而且可以用三维的模式呈现出来。

(3) 工业设计学院：3D打印机可以制造出任意复杂的模型，这些模型可以通过打磨和喷涂处理后作为工业模型使用。

(4) 美术专业学院：美术专业的学生可以用3D打印机将设计的美术模型打印出来并从人们的评论反馈中继续提高自己的设计水平。

(5) 生物医药学院：目前市面上很多3D打印机具有彩色打印功能，可以打印出全色彩的三维模型，这样研究者就可以根据彩色三维模型快速且坚定地确定研究课题的方向。

未来，3D打印技术将继续在教育行业大展身手，学生的创新思维强、接受新事物的能力快，学校开设集设计和3D打印于一体的“边学边做的课程”，教师将课堂中的许多抽象概念让学生用3D打印机打印出组件，组成小电路和小装置，从而将抽象的概念转化为具体的实物，激发新一代学生投身于科教、工程和设计领域的热情，造就一批学生工程师。

任务7　3D主流打印成形技术的应用

任务单

1. 理解3D主流打印成形技术的各种重要应用。
2. 请同学们思考未来3D主流打印成形技术与所使用的材料对应用的影响。

9.7.1　SLA的应用

在当前应用较多的几种3D打印技术中，SLA技术由于具有成形过程自动化程度高、制作原型表面质量好、尺寸精度高及能够实现比较精细的尺寸成形等特点，广泛应用于航空航天、汽车、电器、消费品及医疗等行业，包括在概念设计的交流、单件小批量精密铸造、产品模型、快速工模具及直接面向产品的模具等方面的应用。

在航空航天领域，SLA成形制件能用于可装配可制造性检验，及可制造性讨论评估，以确定最合理的制作工艺，从而有效地缩短产品生产周期、提高成形件精度、提高制件成功率。

在汽车制造领域，针对其产品多、生产周期短等特点，SLA成形技术可用于模型展示、模具制造、功能性和装配性检验、管路流动性分析等方面。

在铸造行业，SLA成形技术可以快速、低成本地制作压蜡模具，制作树脂熔模。在砂型铸造中用树脂模具代替木模，可有效提升复杂、薄壁、曲面等结构铸件的质量和成形效率。SLA成形技术在铸造业的应用为快速铸造、小批量铸造、复杂件铸造等问题提供了有效的解决方法。

在医疗领域，SLA成形技术可用于假体的制作、复杂外科手术的术前模拟、牙齿种植导板制作、肿瘤内放疗的精确定位，以及口腔颌面修复等，有力促进了医疗手段的进步。图9.43所示为SLA成形的制件。

9.7.2　FDM的应用

FDM技术的迅速发展表现为技术本身在不断发展，其应用范围在不断扩张。

(a) 汽缸盖模型

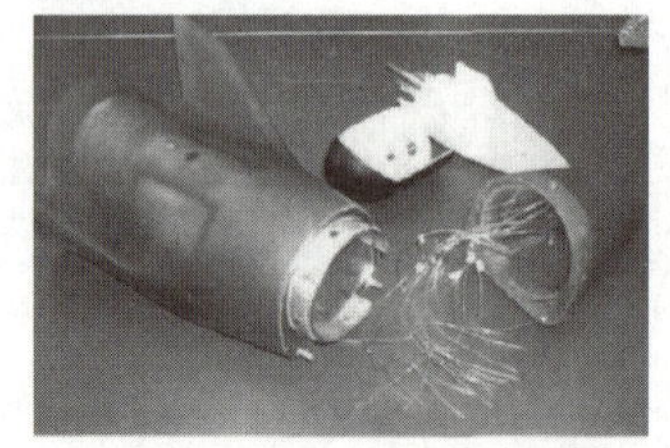

(b) 装有传感器的弹体外壳

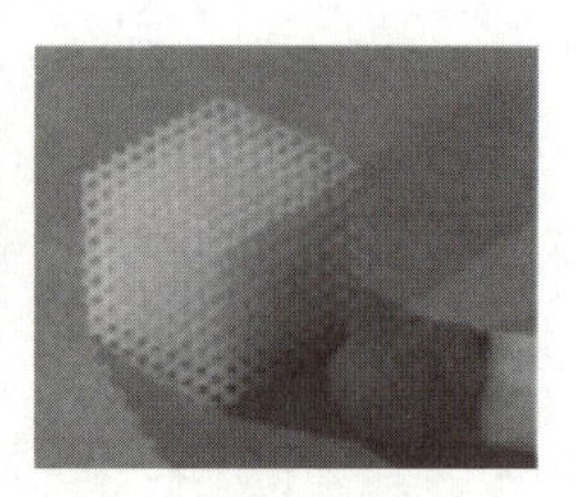

(c) 组织工程支架

图 9.43　SLA 成形的制件

目前,FDM 技术已被广泛应用于汽车、机械、航空航天、家电、通信、电子、建筑、医学、玩具等产品的设计开发过程,如产品外观评估、方案选择、装配检查、功能测试、用户看样订货、塑料件开模前的校验设计,以及少量产品制造等。

1. 汽车领域

在汽车生产过程中,热塑性高分子材料被广泛用来制造装饰部件和部分结构部件。与传统加工方法相比,FDM 技术大大缩短了这些部件的制造时间,在制造结构复杂部件方面更是将优势展现得淋漓尽致。在图 9.44 中,图(a)所示为 FDM 打印的汽车空调外壳。FDM 技术能够让产品一次成形,可以省去大部分传统连接部件。图(b)所示为 FDM 打印的组合仪表盘结构元件,所用材料为热塑性工程塑料,密度较低,能够明显减轻车辆的整体重量。

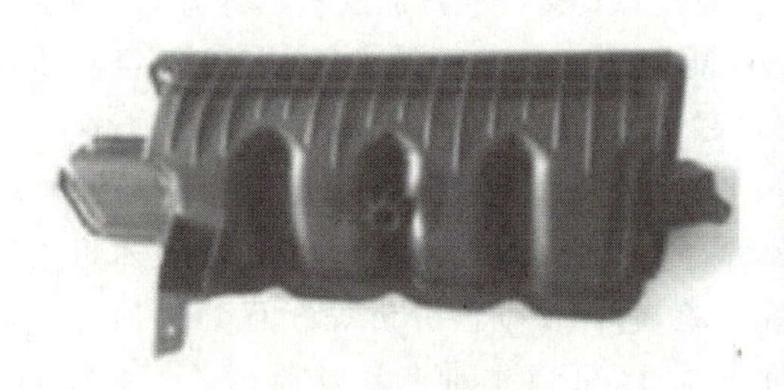

(a) FDM打印的汽车空调外壳

(b) FDM打印的组合仪表盘结构元件

图 9.44　FDM 成形的汽车零件

2. 航空航天领域

采用 FDM 技术制造的零件因为使用的热塑性工程塑料密度较低,与使用传统材料的加工方法相比,所制得的零件质量更小,满足飞行器改进与研发的需求。在飞机制造方面,波音公司和空中客车公司已经开始应用 FDM 技术制造飞机零部件。例如,波音公司应用 FDM 技术制造了包括冷空气导管在内的 300 种不同的飞机零部件;空中客车公司应用 FDM 技术制造了 A380 客舱使用的行李架。

3. 医疗领域

患者一般在身体结构、组织器官等方面存在一定差异,医生需要采用不同的治疗方法、使用不同的药物和设备才能达到最佳的治疗效果，而这往往导致治疗过程中不能使用传统的批量化产品。FDM技术的个性化制造特点则符合医疗卫生领域的要求。目前FDM技术在医疗卫生领域的应用以人体模型制造和人造骨移植为主。图9.45所示为FDM成形的支架(植入前宏观图)。

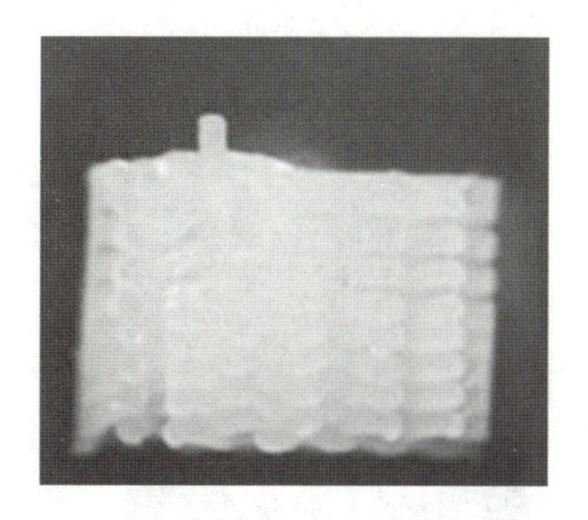

图9.45 FDM成形的支架(植入前宏观图)

9.7.3 SLS的应用

SLS技术作为3D打印技术中最为成熟的类型之一，其成形的应用对象可以是任何行业中的模型和原型。目前SLS技术已被广泛地应用于机械制造、航空航天、建筑、造船、医学等领域。SLS技术可快速制造出所需零件的原型，用于对产品进行评价、修正；SLS技术适合形状复杂零件的小批量定制、快速模具与工具的制作，此外，SLS技术还可以用于新材料的开发。

在机械制造领域，利用SLS技术可以大大缩减小批量生产或者复杂结构制品单件加工的生产成本和生产周期。图9.46所示为SLS成形的用于汽车制造的零件。

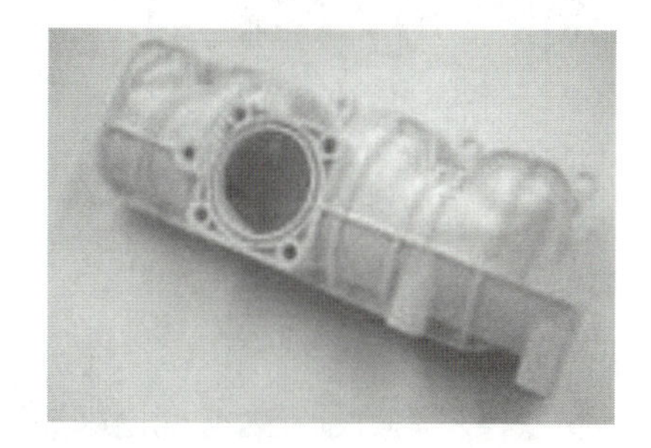

图9.46 SLS成形的用于汽车制造的零件

SLS技术在生物领域与医学领域的应用是目前研究的热点之一。SLS技术已经广泛应用于血管外科、口腔颌面外科、神经外科疾病的诊断、术前评估及手术方式的确定等方面。人造骨骼、生物组织工程支架等都具有相当复杂的个性化结构,可通过 SLS 技术完成复杂的快速制造。而且高分子材料与生物体的相容性更好,设计更灵活。在图 9.47 中,图(a)所示为采用 SLS 技术打印的下颌骨蜡模,图(b)所示为采用 SLS 技术打印的鼻蜡模。

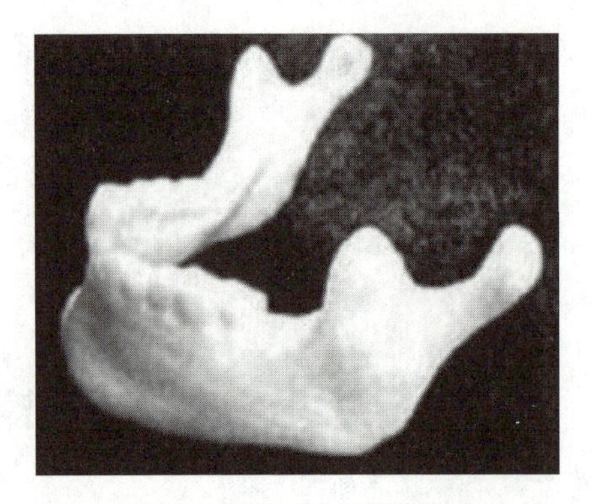

(a) SLS打印的下颌骨蜡模

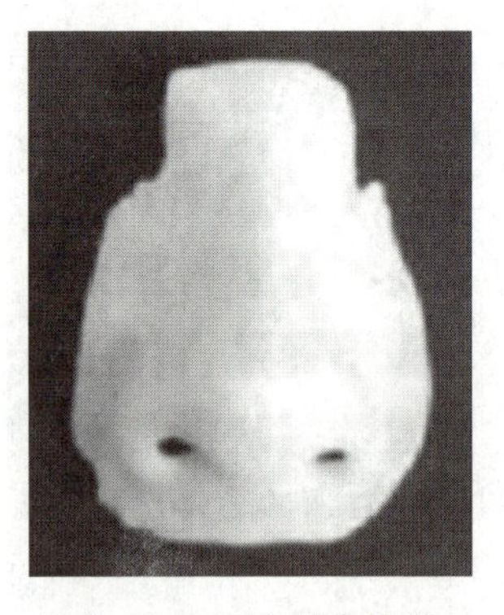

(b) SLS打印的鼻蜡模

图 9.47 SLS 技术在医学领域中的应用

9.7.4 SLM 的应用

SLM 技术可以直接成形金属零件,获得冶金结合、组织致密、尺寸精度高和力学性能良好的成形件,主要应用于生物医用零件、散热器零件、超轻结构零件、微型器件等的制作。图 9.48 所示为采用 SLM 技术成形的钛合金构件。

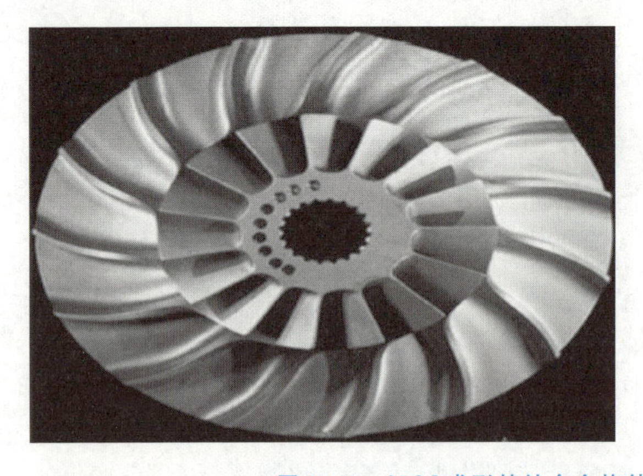

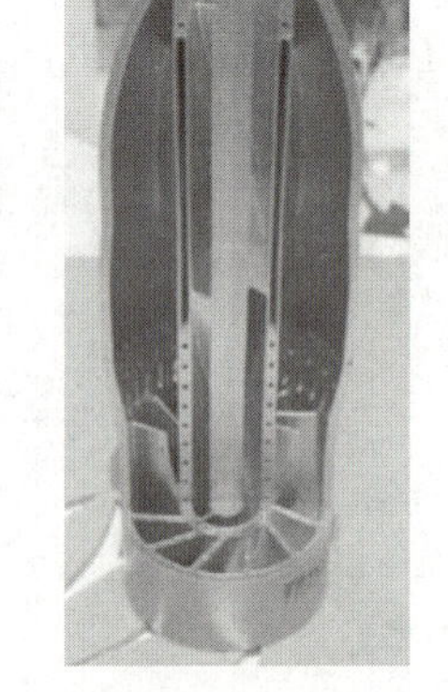

图 9.48 SLM 成形的钛合金构件

SLM 技术在医学领域也有不少应用,图 9.49 所示为采用 SLM 技术打印的合金义齿。

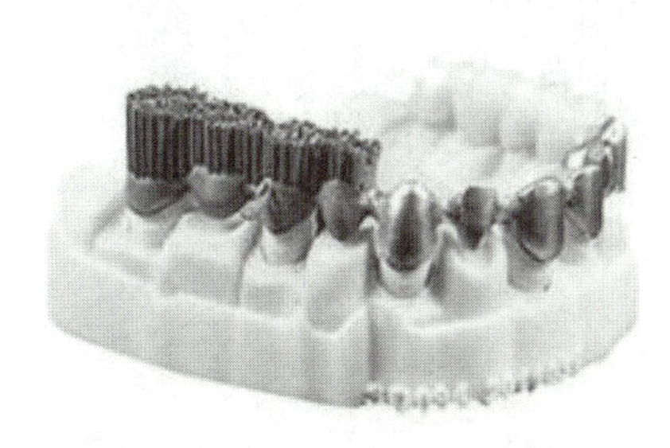

图9.49　SLM成形的合金义齿

9.7.5　3DP的应用

作为一种新兴技术,3DP技术的应用边界还远远未被划定。3DP技术不仅可以使用石膏粉、淀粉等材料,还可以使用金属粉末、陶瓷粉末和玻璃粉末作为打印材料,甚至可以打印出混凝土制品、食品和生物细胞等,应用范围极广。图9.50所示为3DP成形的彩色艺术品,图9.51所示为3DP成形的彩色立体人偶。

图9.50　3DP成形的彩色艺术品

图9.51　3DP成形的彩色立体人偶

在建筑领域,3DP技术可以快速打印彩色建筑模型,如图9.52所示。

9.7.6　LOM的应用

采用LOM技术制造的原型精度高,在制造中激光束只需按照分层信息提供的截面轮廓进行扫描,而不用扫描整个截面,且无须设计和制作支撑,所以LOM技术

图 9.52　3DP 成形的彩色建筑模型

具有制作效率高、速度快、成本低等特点,在汽车、航空航天、通信电子领域及日用消费品、运动器械等行业得到了广泛的应用。图 9.53 所示为 LOM 成形的制件。

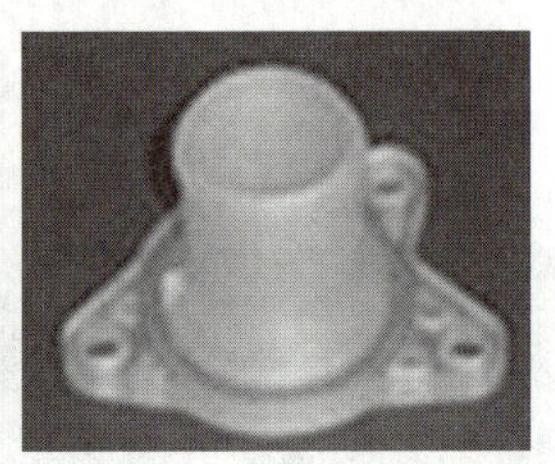

图 9.53　LOM 成形的制件

生物 3D 打印——从形似到神似

1. 生物 3D 打印的概念

随着生物 3D 打印技术的发展,其概念也在不断地延伸拓展,目前生物 3D 打印可分为广义及狭义的概念。从广义上来说,直接为生物医疗领域服务的 3D 打印都可视为生物 3D 打印的范畴,而从狭义上来说,通常将操纵含细胞生物墨水构造活性结构的过程称之为生物 3D 打印。从广义上来分,生物 3D 打印大致可划分为 4 个层次:第一层次为制造无生物相容性要求的结构,比如目前广泛应用于手术路径规划产品的 3D 打印等；第二层次为制造有生物相容性要求、不可降解的制品，比如钛合金关节、缺损修复的硅胶假体等；第三层次为制造有生物相容性要求，可降解的制品，比如活性陶瓷骨、可降解的血管支架等；第四层次就是狭义生物 3D 打印，即操纵活细胞构建仿生三维组织，比如打印药物筛选及机理研究用的细胞模型、肝单元、皮肤、血管等。操纵细胞的生物 3D 打印过程也可称之为细胞打印(cell printing)。在狭义的概念上，细胞打印与生物 3D 打印概念可以互换，此外，有时也会见到器官打印(organ printing)的概念，通常这个概念也可认为可与细胞打印及狭义的生物 3D 打印互换。

2. 生物 3D 打印研究现状

如图 9.54 所示，生物 3D 打印是将生物材料(水凝胶等)和生物单元(细胞、DNA、蛋白质等)按仿生形态学、生物体功能、细胞生长微环境等要求用 3D 打印的手段制造出具有个性化的生物功能结构体的制造方法。

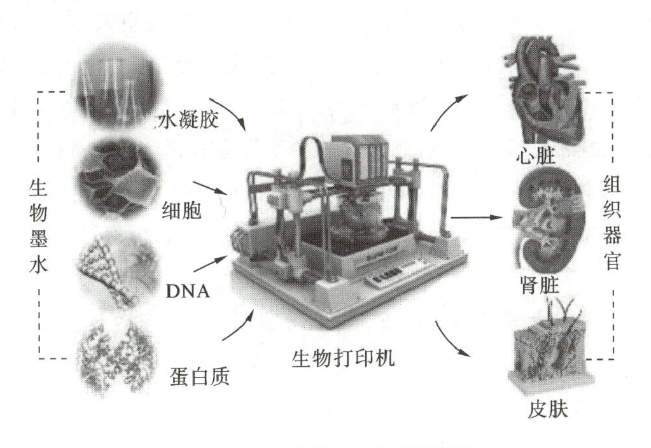

图 9.54　生物 3D 打印原理

相比于传统制造方法(以切削加工为例)，生物 3D 打印有三个显著特点：

(1) 在材料使用上，生物打印从传统制造的金属材料转变为载细胞的水凝胶材料(称作生物墨水)。

(2) 在成形方式上，生物打印从传统制造的金属弹塑性变形转变为水凝胶所特有的交联成形。

(3) 在加工后处理上，生物打印从传统制造的晶向结构调控转变为细胞的功能化诱导。因此，从制造角度看，生物 3D 打印面临两个难题：

① 控形制造以实现形似，需要寻找合适的水凝胶材料并开发稳定的打印工艺，确保载细胞的水凝胶利用交联特性精确成形；

② 控形制造以实现神似，对打印后的结构需要提供细胞特定生长微环境并进行功能化诱导，使得独立的细胞个体融合成有功能的组织。现有研究大都围绕这两个难题，从材料、工艺、装备、应用四个方面努力实现生物 3D 打印的技术突破。

1）生物墨水研究

开发合适的生物墨水一直是生物3D打印中的一个核心问题。生物墨水首先要有非常好的生物活性，类似于体内的细胞外基质环境，便于打印后的细胞进一步发育，并建立细胞彼此间的通信。生物墨水的另一大需求是成形性，3D打印要求墨水在打印时必须具有很好的流动性，打印后又能很快固化以便固定成形。通过提高水凝胶浓度及交联剂密度可加快固化时间，提高凝胶强度，有利于更好的打印成形，但同时会降低凝胶含水量，缩小凝胶内部微孔径，不利于细胞生存及细胞外基质的沉积，因此生物墨水有一个合适的成形工艺区间，也就是生物制造窗口(biofabrication window)。该窗口主要是指兼顾打印要求、细胞活性及生长要求，由打印工艺参数(打印速度、挤出压力、打印温度、墨水浓度、交联剂浓度、光固化时间等)构成的一个能成功打印的区间。在具体打印过程中，可以根据实际细胞类型和打印精度的需要沿不同方向移动窗口，调整凝胶性能。

目前的生物墨水主要有离子交联型、温敏型、光敏型及剪切变稀型四大类。离子交联型生物墨水主要是通过离子交联反应实现水凝胶的固化，比如海藻酸盐系列墨水，使用时海藻酸钠中的钠离子与钙离子进行置换，获得海藻酸钙水凝胶；温敏型生物墨水主要是通过加热或冷却的方式实现墨水从溶胶态到凝胶态的转变，比如明胶类墨水，打印时需要加热喷头以熔化明胶，冷却底部的打印平台以实现明胶定形；光敏型生物墨水主要是通过光来激活墨水中的光引发剂实现墨水从溶胶态到凝胶态的转变；剪切变稀型生物墨水主要是利用一些材料的表观黏度随着切应力的增加而减小的现象，在不受剪切力时表现为凝胶态，当受剪切力作用时变为溶胶态。

生物墨水的性能可采用可打印性、生物相容性及机械性能来评价。“可打印性”用于评价墨水的成形性能，要求材料黏度可调可控、溶胶态到凝胶态的相变转换速度快、可打印工艺参数窗口宽；“生物相容性”用于评价墨水模拟细胞外基质的能力，要求墨水能尽可能地接近所打印细胞在体内的微环境，细胞能在凝胶化的墨水内增殖、伸展、分化并实现最终彼此间的通信。“机械性能”要求凝胶化后的墨水有足够的强度来支持后续的培养及体内植入过程，通常打印后的结构需要在体外培养一段时间，培养过程中可能会出现营养的灌注、降解等，要求结构必须有足够的强度支撑，同样植入体内时如果组织的强度太低也会导致植入失败。

目前最常用的海藻酸盐系列生物墨水的成形性能及机械性能较好，缺点是生物兼容性较弱，直接影响打印后细胞向组织的转化；而胶原类生物墨水由于来自动物体内，有很好的生物相容性，缺点是成形速度慢，机械性能差，需要后续的改性或者混入其他材料使用。就目前来看，GelMA材料兼具可打印性及可成形性两大优点，有望在生物3D打印中获得广泛的应用。除了成形性及生物相容性外，水凝胶作为典型的软物质材料，打印后的变形也严重影响三维结构的高精度制造，现有的很多文献报道主要还是关于准三维结构的打印(基本还是打印一些网格结构)，真正实现类组织结构的打印还需要从打印工艺及打印方法上做很多努力。

2) 生物3D打印工艺研究进展

根据成形原理和打印材料的不同，生物3D打印技术又可细分为喷墨式、激光直写式、挤出式、光固化式生物3D打印等。

(1) 喷墨式生物3D打印(inkjet-based 3D bioprinting)。

喷墨式打印是以液滴为基本成形单元的打印过程，可比喻为以土豆丁组装土豆的过程，喷墨式打印技术被认为是最早的生物3D打印技术。与传统的2D喷墨打印类似，喷墨式生物3D打印利用压电或热力驱动喷头，将生物墨水(水凝胶和细胞的混合物)分配成一系列的微滴，如图9.55所示，经过层层打印，含有三维细胞的结构可以打印成形。

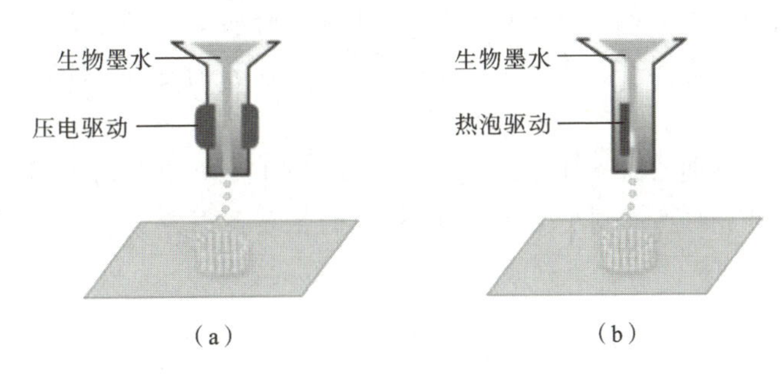

图9.55　喷墨式生物3D打印原理

由于商用的喷墨打印机很容易获取，将其改造成三维打印装置较为容易，因此喷墨式打印是成本相对较低的生物3D打印技术，另外喷墨打印机上可装配多个喷头，可同时打印不同的细胞，打印速度快。

(2) 激光直写式生物3D打印(laser direct writing 3D bioprinting)。

激光直写式打印技术最早被用来制造加工电子元器件的金属模板。2000年，Odde等利用这个技术来打印活细胞，接着激光直写式生物打印技术得到了发展。这种方法也是以液滴作为基本成形单元，如图9.56所示，激光吸收材料用来产生微气泡以避免细胞直接接触高能量的激光。首先，将一层激光吸收材料涂覆在玻璃基底上，将生物墨水均匀地铺展在激光吸收层表面；打印时，激光穿透玻璃基底使吸收层材料产生气泡，通过气泡的膨胀驱动生物材料和细胞脱离基底，沉积到成形平台上，通过三维运动平台驱动玻璃基底或者成形平台的运动，三维结构可以制造成形。

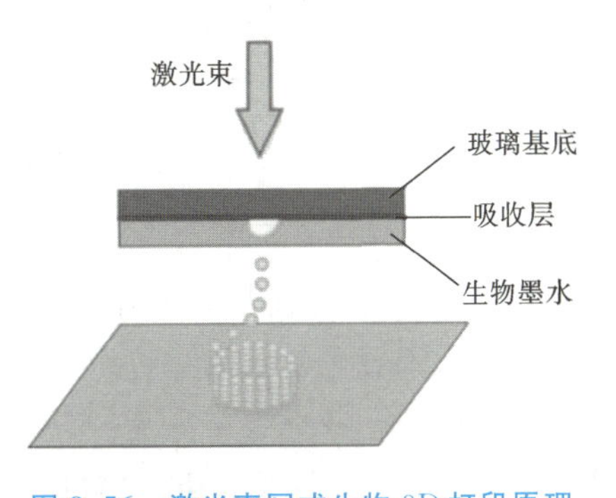

图9.56　激光直写式生物3D打印原理

从某种意义上说,激光直写式技术是一种无喷头的喷墨式打印技术。

与喷墨式打印技术相比,激光直写式技术可以避免生物墨水和处理装置的直接接触,这种非接触式的制造方式不会对细胞造成机械剪切损伤,这种方式可以打印较高黏度的生物材料,而且适用的材料范围也比喷墨打印的广泛。然而,大部分相关研究还停留在讨论这种工艺过程本身,缺乏进一步的应用探讨,目前限制该工艺广泛应用的原因包括:① 基于激光直写原理的打印机成本比较高,工艺也不够成熟,缺乏商业化的打印装置;② 每打印一层后,在激光吸收材料上涂覆生物墨水比较耗时;③ 产生的微滴的重复性还需要进一步研究。

(3) 挤出式生物 3D 打印(extrusion-based 3D bioprinting)。

挤出式打印技术是应用最为广泛的生物打印技术,是从喷墨式打印技术演变而来的,可以打印黏度较高的生物材料。这一方式利用气压或者机械驱动的喷头将生物墨水可控挤出,如图 9.57 所示,微纤维从喷头处被挤出,沉积到成形平台上形成二维结构,随着喷头或者成形平台在 z 方向上的运动,二维结构层层堆积形成三维结构。

在挤出式打印过程中,通过连续挤出力可以挤出不间断的纤维,而不只是单个的微滴,这种成形方式可以打印不同黏度的生物材料和不同浓度的细胞,材料适用范围比较广,可以制造出强度较好的组织结构。

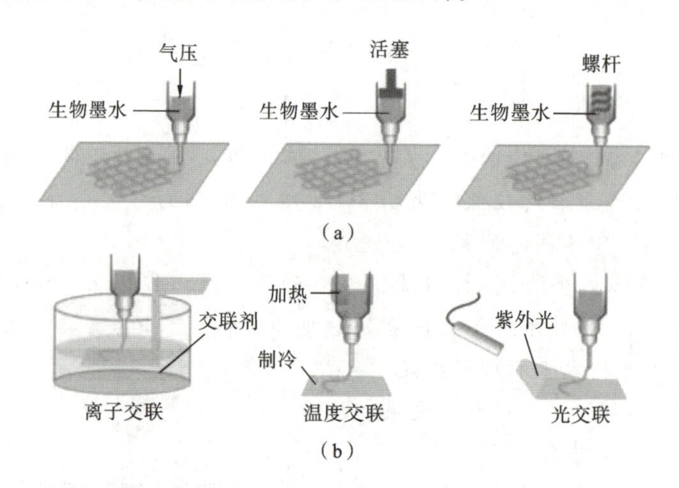

图 9.57 挤出式生物 3D 打印原理

(4) 光固化式生物 3D 打印(photocuring-based 3D bioprinting)。

光固化式打印技术最初用于制造细胞支架,细胞种在打印的支架表面,而不是直接和材料一起成形。后来,光固化式打印被改用于生物打印,与激光直写式打印类似,光固化式打印也是利用光有选择性地交联生物墨水,层层固化形成三维结构,如图 9.58 所示,紫外光通过数字微镜装置有选择性地投射到生物墨水表面,被照射区域的材料开始固化,通过成形平台的上下运动,逐层固化得到三维结构。光固化式打印装置利用数字光处理投影仪对生物墨水的整个面进行固化,效率较高,不论单层结构的复杂程度如何,打印时间都是相同的,且打印精度较高。打印机只需要一个垂直方向运动的平台,相比于其他方法,装置比较简单,利于控制;缺点是紫外光及其引发剂会对细胞造成损伤。

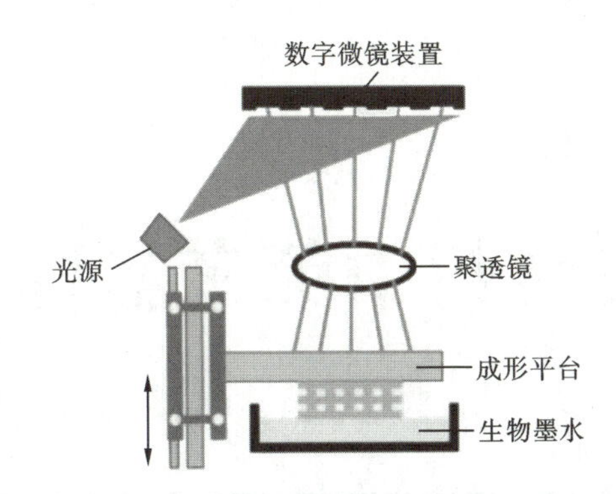

图9.58 基于数字微镜(DMD)的光固化式生物3D打印原理

3. 生物3D打印的应用研究

由于生物3D打印不仅可以制造特定形状的结构,而且可以提供细胞三维培养环境,生物3D打印在组织器官的制造中有着广泛的应用,目前主要用于软骨、皮肤、血管、肿瘤模型及其他复杂器官的打印。

生物3D打印是将生物制造与增材制造结合起来的一项新技术,是机械、材料、生物、医学等多学科交叉的前沿技术,为组织工程和再生医学领域的研究提供了新途径。目前生物打印已在生物墨水制备、打印工艺研发、打印设备开发及医学应用研究方向取得了很多进展,但目前这些研究大多聚焦解决制造问题,未来应与临床需求紧密结合,尽快实现生物3D打印技术的功能化突破和应用。

1. 3D打印建筑能否作为民房使用?为什么?
2. 3D打印汽车在轻量化方面的应用有哪些?
3. 3D打印食品的卫生安全是否能达标?未来的应用前景如何?
4. 3D打印在文创领域的应用有哪些?
5. 3D打印在生物医学领域的应用前景如何?
6. 3D打印在教育领域面临着怎样的机遇和挑战?

附录 A

常用材料中英文名称对照

英文简称	英文全称	中文名称
ABS	acrylonitrile butadiene styrene	丙烯腈-丁二烯-苯乙烯共聚物
AC	acetic acid	醋酸
	acetone	丙酮
BA	butyl alcohol	丁醇
DBP	dibutyl phthalate	邻苯二甲酸二丁酯
DCM	dichloromethane	二氯甲烷
DL-PLA	poly(D,L-lactide)	外消旋聚乳酸
DMF	dimethylformamide	二甲基甲酰胺
EAA	ethyl acetoacetate	乙酰乙酸乙酯
EA	ethyl alcohol	乙醇
IPA	isopropyl alcohol	异丙醇
ITO	indium tin oxide	氧化铟锡
TL	toluene	甲苯
EG	ethylene glycol	乙二醇
MT	methanol	甲醇
mPEG	methoxy polyethylene glycol	甲氧基聚乙二醇
PG	propylene glycol	丙二醇
PA	polyamide	聚酰胺(尼龙)
PAA	polyacrylic acid	聚丙烯酸

续表

英文简称	英文全称	中文名称
PANI	polyanilene	聚苯胺
PASF	polyarylsulfone	聚芳砜
PC	polycarbonate	聚碳酸酯
PCL	polycaprolactone	聚己内酯
PEI	polyetherimide	聚醚酰亚胺
PET	polyethylene terephthalate	聚对苯二甲酸乙二醇酯
PI	polyimide	聚酰亚胺
PLA	polylactic acid	聚乳酸
PLGA	poly lactic-co-glycolic acid	聚乳酸聚乙醇酸共聚物
PMMA	polymethylmethacrylate	聚甲基丙烯酸甲酯
PP	polypropylene	聚丙烯
PVA	polyvinylalcohol	聚乙烯醇
PVC	polyvinylchloride	聚氯乙烯
PVP	polyvinylpyrrolidone	聚乙烯吡咯烷酮
PZT	lead zirconate titanate	锆钛酸铅
SDS	sodium dodecyl sulfate	十二烷基硫酸钠
SHMP	sodium hexametaphosphate	六偏磷酸钠
STPP	sodium tripolyphosphate	三聚磷酸钠
TCP	tricalcium phosphate	磷酸三钙
STPP	sodium polyphosphate	焦磷酸钠

附录 B

本书部分中英文术语对照

英文简称	英文全称	中文名称
AM	additive manufacturing	增材制造
ASTM	American Society for Testing and Materials	美国材料与试验协会
RP	rapid prototyping	快速原型
LM	layered manufacturing	分层制造
SLA	stereo lithography apparatus	光固化成形
FDM	fused deposition modeling	熔融沉积成形
SLS	selective laser sintering	激光选区烧结
3DP	3 dimensional printing	三维打印
SLM	selective laser melting	激光选区熔化
	solid modeling	实体建模
	surface modeling	曲面建模
	parametric modeling	参数化建模
CAD	computer aided design	计算机辅助设计
CAM	computer aided manufacturing	计算机辅助制造
PDM	product data management	产品数据管理
	point cloud	点云
STL	stereo lithography	三角形文件格式
PLY	polygon file format	多边形文件格式
	Stanford triangle format	斯坦福三角形格式

续表

英文简称	英文全称	中文名称
CT	computer tomography	计算机断层扫描
AMF	additive manufacturing file	加法制造文件格式
LOM	laminated object manufacturing	分层实体制造
MIT	Massachusetts Institute of Technology	美国麻省理工学院
SDM	shape deposition manufacturing	形状沉积制造
DLP	digital light processing	数字光照加工
DMD	direct metal deposition	直接金属沉积
DMLS	direct metal laser sintering	直接金属激光烧结
	pixel	像素
	tissue engineering	组织工程
TI	Texas Instruments	美国德州仪器
DMD	digital micro-mirror device	数字微镜器件
	sliding peel	滑动剥离
	stop motion	定格动画

参考文献

[1] 张李超,张楠.3D 打印数据格式[M].武汉:华中科技出版社,2019.

[2] 史玉升,张李超,白宇,等.3D 打印技术的发展及其软件实现[J].中国科学:信息科学,2015,45(2):197-203.

[3] 卢秉恒,李涤尘.增材制造(3D 打印)技术发展[J].机械制造与自动化,2013(4):1-4.

[4] 奚利飞,郑俊萍,张红磊,等.智能材料的研究现状及展望[J].材料导报,2003(S1):235-237.

[5] 秦芳芳.3D 打印的兴起与我国制造业的发展研究[D].新乡:河南师范大学,2015.

[6] GIBSON I, ROSEN D, STUCKER B. Additive manufacturing technologies [M]. New York: Springer, 2015.

[7] 罗文煜.3D 打印模型的数据转换和切片后处理技术[D].南京:南京师范大学,2015.

[8] 孙水发,李娜,董方敏,等.3D 打印逆向建模技术及应用[M].南京:南京师范大学出版社,2016.

[9] 傅自钢.基于工程图的三维形体重建方法研究[D].长沙:中南大学,2011.

[10] 张峰.基于断层图像的三维实体重建[D].合肥:中国科学技术大学,2009.

[11] 钱凌燕.立体视觉三维重建相关技术研究与实现[D].南京:南京理工大学,2012.

[12] 李绪武.基于三维扫描工程建模的面部整形点云数据处理方法研究[D].重庆:重庆大学,2013.

[13] 李小丽,马剑雄,李萍,等.3D 打印技术及应用趋势[J].自动化仪表,2014(1):1-5.

[14] 欧立松.面向三维打印的几何模型后处理技术研究[D].南京:南京航空航天大学,2015.

[15] 吴长友.三维打印扫描路径生成技术研究与实现[D].南京:南京航空航天大学,2016.

[16] 邵中魁,姜耀林. 光固化3D打印关键技术研究[J]. 机电工程,2015,32(2):180-184.

[17] 刘海涛.光固化三维打印成形材料的研究与应用[D].武汉:华中科技大学,2009.

[18] 卢凯.基于FDM的3D打印分层处理技术研究[D].长春:长春工业大学,2015.

[19] 晁艳艳.基于FDM技术的3D打印路径规划技术研究[D].长春:长春工业大学,2016.

[20] 李磊.基于FDM成形技术的3D打印工件机械性能及质量研究分析[D].广州:华南理工大学,2016.

[21] 贾礼宾.选择性激光烧结成形件精度及抗压强度的研究[D].济南:山东建筑大学,2016.

[22] 冯春梅,杨继全,施建平.3D打印成形工艺及技术[M].南京:南京师范大学出版社,2016.

[23] 李志伟.激光选区熔化快速成形设备结构设计[D].南京:南京理工大学,2016.

[24] 罗浩.三维大尺寸彩色模型成形技术研究[D].武汉:华中科技大学,2015.

[25] 李玲,王广春. 叠层实体制造技术及其应用[J].农业装备与车辆工程,2005(3):17-19.

[26] 冯培锋,王公海,王大镇,等. 类柔性形状沉积制造系统构成设备的结构特性[J]. 组合机床与自动化加工技术,2014(4):116-118.

[27] 方浩博.基于数字光处理技术的3D打印设备研制[D].北京:北京工业大学,2016.

[28] 王广春,袁圆,刘旭东. 光固化快速成形技术的应用及其进展[J]. 航空制造技术,2011(6):18-21.

[29] 王文奎.金属激光选区熔化设备成形系统研究[D].石家庄:河北科技大学,2016.

[30] 贺强,程涵,杨晓强. 面向3D打印的三维模型处理技术研究综述[J]. 制造技术与机床,2016(6):54-58.

[31] 李景顺. SLA模型后处理研究[J]. 机械加工(冷加工),2004(3):39-41.

[32] 王伟,王璞璇,郭艳玲. 选择性激光烧结后处理工艺技术研究现状[J]. 森林工程,2014,30(2):101-104.

[33] 吴芬,邹义冬,林文松. 选择性激光烧结技术的应用及其烧结件后处理研究进展[J]. 人工晶体学报,2016,45(11):2666-2673.
[34] 郑金库,梁起瑞,周浩,等. 3D 打印技术的研究与应用述评[J]. 科技与创新,2016(13):1-3.
[35] 刘铭,张坤,樊振中. 3D 打印技术在航空制造领域的应用进展[J]. 装备制造技术,2013(12):232-235.
[36] 陈妮. 3D 打印技术在食品行业的研究应用和发展前景[J]. 农产品加工学刊,2014(8):57-60.
[37] 陶雨濛,张云峰,陈以一,等. 3D 打印技术在土木工程中的应用展望[J]. 钢结构,2014, 29(8):1-8.
[38] 贺超良,汤朝晖,田华雨,等. 3D 打印技术制备生物医用高分子材料的研究进展[J]. 高分子学报,2013(6):722-732.
[39] 杨洁,刘瑞儒,霍惠芳. 3D 打印在教育中的创新应用[J]. 中国医学教育技术,2014(1):10-12.
[40] 李荣帅. 建筑 3D 打印关键技术的研究方向与进展[J]. 建筑施工,2017,39(2):248-250.
[41] 赵婧. 3D 打印技术在汽车设计中的应用研究与前景展望[D]. 太原:太原理工大学,2014.
[42] EVANS B. Practical 3D printers: the science and art of 3D printing[M]. Berkely:APress,2012.
[43] 杨继全,李娜,施建平,等. 异质材料 3D 打印技术[M]. 武汉:华中科技大学出版社,2019.
[44] 李东方,陈继民,袁艳萍,等. 光固化快速成形技术的进展及应用[J]. 北京工业大学学报,2015,41(12):1769-1774.
[45] 刘洋子健,夏春蕾,张均,等. 熔融沉积成形 3D 打印技术应用进展及展望[J]. 工程塑料应用,2017,45(3):130-133.
[46] 何敏,乌日开西·艾依提. 选择性激光烧结技术在医学上的应用[J]. 铸造技术,2015(7):1756-1759.
[47] 杨永强,宋长辉,王迪. 激光选区熔化技术及其在个性化医学中的应用[J]. 机械工程学报,2014, 50(21):140-151.
[48] 丁红瑜,孙中刚,初铭强,等. 选区激光熔化技术发展现状及在民用飞机上的应用[J]. 航空制造技术,2015, 473(4):102-104.
[49] 杜宇波,张会. 基于 3DP 的快速模具制造技术在手轮制件上的应用[J]. 机械设计与制造,2010(10):142-144.
[50] 张迪涅,杨建明,黄大忠,等. 3DP 法三维打印技术的发展与研究现状[J]. 制造技术与机床,2017(3):38-43.

二维码资源使用说明

本书配套数字资源以二维码的形式在书中呈现，读者用智能手机在微信端扫码成功后提示微信登录，授权后进入注册页面，填写注册信息。按照提示输入手机号后点击获取手机验证码，在提示位置输入验证码，按要求设置密码，点击“立即注册”，注册成功（若手机已经注册，则在“注册”页面底部选择“已有账号？马上登录”，进入“用户登录”页面，然后输入手机号和密码，提示登录成功）。接着提示输入学习码，需刮开教材封底防伪涂层，输入13位学习码（正版图书拥有的一次性使用学习码），输入正确后提示绑定成功，即可查看二维码数字资源。手机第一次登录查看资源成功，以后便可直接在微信端扫码登录，重复查看本书所有的数字资源。

友好提示：如果读者忘记登录密码，请在PC端输入以下链接http://jixie.hustp.com/index.php?m=Login，先输入自己的手机号，再单击“忘记密码”，通过短信验证码重新设置密码即可。